中国科技政策蓝皮书 2021

杜宝贵　王　欣　著

科 学 出 版 社

北 京

内 容 简 介

《中国科技政策蓝皮书 2021》是以研究报告形式公开出版的年度科技政策蓝皮书，本书基于中国社会转型的大背景和中国经济高质量发展的伟大科技政策实践，综合运用了 ROST CM、CiteSpace 及 PMC 等政策文本分析工具和文本可视化研究方法，依据经典政策工具理论，从"总体""国家及主要部委""区域""专项"四个维度刻画了中国科技政策的外部特质和内部属性。同时，本书也对年度中国科技政策学术研究的总体状况进行了系统总结，对部分科技政策领域进行了相关学术探讨。

本书不仅适用于科技政策研究领域的学生和专家学者，也适合各级政府部门的科技政策实践者阅读与研究。

图书在版编目（CIP）数据

中国科技政策蓝皮书. 2021 / 杜宝贵，王欣著. —北京：科学出版社，2021.12
ISBN 978-7-03-070932-5

Ⅰ. ①中⋯ Ⅱ. ①杜⋯ ②王⋯ Ⅲ. ①科技政策–研究报告–中国–2021
Ⅳ. ①G322.0

中国版本图书馆 CIP 数据核字（2021）第 258168 号

责任编辑：杭 玫 / 责任校对：贾娜娜
责任印制：张 伟 / 封面设计：无极书装

科学出版社 出版
北京东黄城根北街 16 号
邮政编码：100717
http://www.sciencep.com

北京建宏印刷有限公司 印刷
科学出版社发行 各地新华书店经销

*

2021 年 12 月第 一 版 开本：787×1092 1/16
2022 年 12 月第二次印刷 印张：15 3/4
字数：364 000

定价：138.00 元
（如有印装质量问题，我社负责调换）

作 者 简 介

　　杜宝贵，男，中共党员，教授，博士研究生导师。1975年4月18日出生于辽宁省辽中县（现为沈阳市辽中区），1998年毕业于东北大学行政管理专业，获得管理学士学位；2000年、2003年分别获该校的科技哲学专业硕士和博士学位。辽宁省普通高等学校优秀青年骨干教师、辽宁省中青年哲学社会科学人才、辽宁省"百千万人才工程"百人层次人选、宝钢优秀教师。

　　现任东北大学文法学院副院长、东北大学公共政策研究院院长。教育部科技委科技政策战略研究基地主任、科技部国家科技政策东北研究中心主任、辽宁省普通高等学校公共管理类专业教学指导委员会秘书长、辽宁省软科学研究会理事长。中国科学学与科技政策研究会理事、中国系统工程学会应急管理系统工程专业委员会理事、中国管理现代化研究会公共管理专业委员会理事。加利福尼亚州立大学、大阪国际大学、莫斯科罗蒙诺索夫国立大学高级访问学者。《中国科技论坛》《科学学与科学技术管理》《科技进步与对策》等期刊审稿人。主要研究方向为科技管理与科技政策。

　　作者创办了中国首个科技政策研究微信公众平台（CSTPRN），此微信公众平台是该系列蓝皮书动态政策数据的支撑平台。

科技政策研究

前　　言

在这个全球抗击新型冠状病毒肺炎疫情的特殊时期，"中国科技政策蓝皮书"系列丛书的第二部如期与读者见面了。在总结第一部蓝皮书文本搜集、撰写体例、研究视角、研究内容、研究方法等方面相关经验的基础上，本部蓝皮书规范了科技政策的筛选过程，调整了科技政策的研究内容，丰富了科技政策的研究方法。

本部蓝皮书分为总报告、国家及主要部委科技政策、区域科技政策、专项科技政策、科技政策学术研究及科技政策专题研究等六部分内容，政策文本的时间范围为2018年1月至2019年6月。相比于第一部，本部蓝皮书主要做了如下方面的更新：首先，在政策数据的选取上，更加聚焦"科技政策"本身，对纳入分析范围的科技政策制定了更为科学的甄选标准和更为严密的筛选程序，确保科技政策文本的有效性；其次，在研究内容上，为了响应国家区域发展战略的提出和实施，本部蓝皮书改变了以往基于省域层面科技政策的分析方式，选取了"京津冀区域"、"长三角区域"、"东北区域"及"中部区域"等四个典型区域层面的科技政策进行局部分析；最后，在研究方法上，除使用既往的ROST CM、CiteSpace等分析方法外，本部蓝皮书还尝试运用PMC方法对相关科技政策进行评价分析。

本部蓝皮书由杜宝贵负责体例设计、内容安排、全书统稿和整体协调等工作，王欣负责撰写总报告及科技政策学术研究，张慧芳负责分析国家及主要部委科技政策，陈磊负责分析区域科技政策，廉玉金负责分析专项科技政策，姚宏勃、林晗负责辅助分析科技政策专题研究部分。此外，参与本部科技政策蓝皮书政策搜集及书稿整理的还有于晓玄、左志远、王源瀛、隗博文、杨红玉、王婧婧、赵清清、张焕涛、张桓浩、李函珂、叶体民等，他们为本部蓝皮书的顺利出版也付出了诸多辛苦。

科学出版社各位编辑严谨的工作态度、科学的工作方式以及顺畅的沟通过程为本部蓝皮书顺利出版提供了重要保障，在此一并表示感谢！同时，本书得到了科技部国家科技政策东北研究中心、教育部科技委科技政策战略研究基地相关领导和老师的关心与指导，还受到了"中央高校建设世界一流大学（学科）和特色发展引导专项（2019—2022）——科技政策创新智库建设工程"的资助。

目前，除了我们尝试出版过科技政策类蓝皮书以外，国内尚无类似出版物。对于此类蓝皮书的撰写方法、撰写内容与撰写体例也未有相关规范，我们也一直处于摸索阶段，在摸索中总结、在总结中提升、在提升中把握规律。因此，本部蓝皮书中一定还存在着诸多不足和疏漏，希望从事科技政策研究的研究者和推动科技政策发展的实践者多多批评指正，共同提高科技政策的整体研究水平，共同提升中国科技政策的整体实操质量。

科技部国家科技政策东北研究中心主任

教育部科技委科技政策战略研究基地主任

东北大学公共政策研究院院长

杜宝贵

2020 年 6 月

于沈阳东北大学滨湖园

目 录

第1章 中国科技政策的总体状况（2018~2019年）

1.1 国内外科技发展及政策环境

  2018 年，由于世界经济复苏的推动，各国在科技发展方面的财政投入随之增加。以中美为代表的大国之间的科技竞争也日趋激烈，集中在以量子领域、5G 通信、航空航天等为代表的尖端性科技领域和信息技术、新能源、装备制造等基础性领域。各国因地制宜地实施科技发展战略，加大科技研发资金、技术、人才投入，在原有发展基础上不断寻求创新突破，在各个领域取得了丰硕的成果。国外部分国家科技发展成果如表 1.1 所示。

表 1.1　2018 年国外部分国家科技发展概况

领域	美国	英国	德国	日本	以色列	乌克兰
生物医学和新材料	借助核糖核酸（ribonucleic acid，RNA）实现海兔之间的记忆转移；开发出 Cas9 酶的升级版 "xCas9"，扩展其可编辑范围并提高其正确性；开发出新型人类免疫缺陷病毒（human immunodeficiency virus，HIV）预防药物；使用干细胞技术培养出具有血管和复杂神经的人脑类组织。使用掺有铬和钒元素的锂镁氧化物开发出新型正极材料；开发可再生、可降解乳蛋白包装材料	制造出人类第一颗实验室卵子；利用聚合物研发出高度有序的晶体半导体结构，有助于开发高效太阳能电池和光电探测器	实施 "国家十年抗癌计划"；为 "预防和个性化医疗" 开发数字化解决方案；发现金属材料通过有针对性的折叠可展现全新的属性	分析了脚手架蛋白 Liprin-α4 的性质，为治疗小细胞肺癌提供新的思路	在蛋白质活动中发现 "隧道效应" 这一量子现象；发现新的原子量级加热机制，促进石墨烯基材料技术的发展	

领域	美国	英国	德国	日本	以色列	乌克兰
航空航天和能源环保	首次发现了宇宙高能中微子的来源;首次制造了"超离子水冰",其能够促进天王星和海王星磁场的研究;在太空中探测到放射性分子氟化铝;鼓励私营部门参与美国太空空间探索任务;减少太空轨道碎片威胁,力图主导国际空间交通管理	制造出世界首个不受干扰的指向,能自我维持,不依赖全球定位系统(global positioning system, GPS)的量子指南针	大幅减少塑料使用对环境的污染;借助大数据和绿色技术,进一步实现工业温室气体中性化	首次"看"到环绕超大黑洞的半径约20光年的甜圈型旋转气体云;投建世界上最大规模利用可再生能源的制氢系统;开发出全球首款能实现高热效率和低氮氧化物(NO_x)的火花点火氢燃料发动机	捕捉到早期宇宙中正常物质与暗物质相互作用的无线电信号;发现著名的木星条纹是木星绵延数千公里的云带,木星的大气层厚度约为3000千米;生产出水基氢燃料溶液,并利用专利催化剂,供给氢燃料电池产生电能	乌克兰航天科研企业参与4次国际航天项目;建立了喀尔巴阡环境研究中心,通过监测和研究解决环境问题
信息技术和先进制造	全方位加速量子科技的研发与应用;制定国家频谱战略,引导美国未来几年5G网络发展建设	开启量子传感器、微型原子钟原型、低成本集成芯片和先进接收机等量子技术应用项目的研发	开发出一种新的纳米机器人电驱动技术	成功开发出更节省内存、可大幅提高模拟脑速度的计算机算法	成功寻找到捕捉和释放单个光子的途径,其将用于量子信息存储和保障量子光学系统的通信安全	
基础科研和科技政策	发布《国家太空战略》,保持美国在太空领域的科技实力和竞争力的优势地位;制定《国家生物防御战略》,评估和打击针对美国的生物威胁;出台《国家网络战略》,巩固美国在网络空间的利益	启动《未来领导者研究基金计划》,意图保持英国作为"全球研究人才之家"的地位;开展一系列关于自动驾驶汽车、车联网等交通发展方面的研究	发现反铁磁体材料比传统铁磁部件计算速度更快,借助磁子可以实现计算部件长距离的信息传输;出台《高科技战略2025》报告,为德国未来7年高科技创新制定了目标	发现一种名为"微泡内爆"的全新粒子加速机制;提出充分利用大数据、人工智能等技术,实现网络空间与现实世界高度融合的"社会5.0"计划;将采取政策刺激科学论文发表数量的增加	在量子、光子、电子等基础物理研究领域取得较大突破;公布新的资本激励计划,兴建工厂提供更多就业岗位;军工企业在高科技领域加强与民营企业的合作力度	批准了2018~2022年乌克兰国家空间科学和技术计划以解决社会经济等领域的迫切性问题,推动科学和教育的发展;成立针对基础科学和应用科学研究进行评估的政府间跨部门委员会,并将各个高校的自然科学、社会科学等七大领域基础研究和应用科学研究项目纳入评审的范畴,以推动基础科学研究的发展

另外，美国《科学》（*Science*）杂志在 2018 年末公布了 2018 年十大科学突破的评选结果，这是对一年科技领域大事的盘点，更能折射出未来科技领域前沿的研究方向，具有一定的风向标意义。文章 *2018 Breakthrough of the Year* 公布的 2018 年度十大科学突破如下。①单细胞基因活性分析技术。②来自遥远星系的信使：首次发现宇宙高能中微子从何而来。③更快速简单地确定分子结构。④冰河时代大碰撞：有助于解释一些气候变化。⑤科学界反性骚扰运动取得成效。⑥古人类的"混血儿"：为欧亚大陆古人类种群间迁徙和融合提供证据。⑦法医系谱学走向成熟。⑧基因沉默药物获批上市。⑨探索原始世界的分子窗口。⑩细胞内的"相分离"。

面对严峻的国际形势和激烈的国际竞争，我国国内科技发展丝毫不敢松懈，仍处在科技发展的"快车道"。据有关部门报道，2018 年 1 月 24 日，中国科学院宣布我国在国际上首次实现了非人灵长类动物的体细胞克隆，标志着我国率先开启以体细胞克隆猴作为动物实验模型的新时代，我国在非人灵长类研究领域实现领跑；1 月 30 日，硬 X 射线调制望远镜卫星"慧眼"正式投入使用，将显著提升中国大型科学卫星研制水平，填补中国空间 X 射线探测卫星的空白，实现中国在空间高能天体物理领域由地面观测向天地联合观测的跨越；4 月 25 日，世界顶级权威学术期刊《自然》（*Nature*）登载了由我国牵头实施的"3010 份水稻基因组计划"最新研究成果，该成果扩大了我国水稻功能基因组研究的国际领先优势，加快优质、广适、绿色、高产水稻新品种培育；6 月 8~11 日，我国自主研发的疏浚重器"天鲲号"试航，加快了我国由疏浚大国向疏浚强国迈进的步伐；10 月 24 日，港珠澳大桥正式通车运营，堪称"现代世界七大奇迹"；12 月 12 日，嫦娥四号探测器实施近月制动，被月球成功捕获，顺利进入环月轨道；12 月 17 日，首个国产免疫疗法抗癌药获批上市，无数国内恶性肿瘤患者将受益；12 月 24 日，多款"复兴号"新型动车组首次公开亮相；12 月 27 日，北斗三号卫星导航系统基本完成建设，开始提供全球服务，标志着北斗系统迈入全球时代。

在国际局势不稳定、外部发展环境较为恶劣的情况下，我国依然能取得如此巨大的科技进步，这与我国政府部门出台推行的方针政策密不可分。我们将 2018 年 1 月~2019 年 6 月科技政策进行汇总和筛选，共得到有效政策 900 项，其中国家总体设计层面科技政策 206 项，地方因地制宜层面科技政策 694 项。

总体来看，地方因地制宜制定的科技政策既能落实中央顶层设计的普适性发展精神，又能体现各自特殊性。由此可见，我国科技事业能够保持迅猛发展，不仅依赖中央缜密的顶层科技政策设计，还归功于各省的促进落实。与 2017 年相似，2018 年 1 月至 2019 年 6 月中国科技政策的逻辑主线依然是：顶层设计—资源配置—组织建设—过程管理—效果评估。但结合国内外大环境，各环节具体内涵有所不同。现如今我们在自我发展的同时需要面对来自外部环境更大的压力，因此顶层设计在开展设立改革发展目标、制订中长期发展规划等工作时，更加注重扬长补短，将中国的科技命脉牢牢掌握在自己手中；在资源配置环节，中央及各省地方政府加大对拥有核心科技的企事业单位的政策倾斜及资金支持力度，不断建设高素质人才队伍，进一步优化自然资源与社会资源的分配；在组织建设环节继续鼓励改革创新，减少政府行政权力的直接干预，使企业作为市场主体更具有创新活力和能力，另外，加强对科技企业人员的培训，提高劳动者素质，为未来科技发展提供人才支持；在过程管理环节注重同高校及科研院所的合作，加快科技成果转化，采用现代科学管理手段以提高效率，降低成本，促进科技革新；在效果评估方面，引入第三方进行监管和评估，落实"创新、协调、绿色、开放、共享"五大发展理念，保障科技可持续发展。

1.2　科技政策的逻辑主线布局

本节通过 ROST CM 内容分析软件对既有政策文本进行分析，输出了排在前 200 名的高频关键词。经过进一步的数据清洗，删除了"一些""以上""包括""纳入"等无实际分析意义的词语，移除了含义过于宽泛的词语，剔除了与其他关键词共现次数为 0 的词语，最终共获得有效关键词 73 个。这里需要说明的是，后续将运用共词聚类分析法，主要研究的是两两共同出现的词语之间的相互关系；在关键词的共现矩阵中，若某词与其他词语并未共同出现过，表示该词单独成为一类，对研究无意义，故作剔除处理；有一种例外情况，即某词与其他关键词在共现矩阵中的共现次数不为 0，但是在后续的聚类分析中，受到划分尺度宽严的影响，它仍有可能在树状图中被单独划分为一类，这种情况下有必要单独分析该词语。

为进行共词聚类分析，需要构建由 73 个高频关键词组成的 73×73 的关键词共现矩阵、相关系数矩阵和相异系数矩阵。本节采用组内连接和欧氏距离的方法，对高频关键词进行聚类分析，得到如图 1.1 所示的关键词聚类分析谱系图。

经过观察与分析谱系图可知，可将 73 个高频关键词分成 17 个词簇，各个词簇中的关键词聚在一起，共同构成 2018 年 1 月~2019 年 6 月中国科技政策的逻辑主线，因此，这 17 个词簇可分别代表一条逻辑主线。根据各个词簇所包含的关键词，可对它们进行命名，词簇名称及对应的关键词如表 1.2 所示。

运用 SPSS 将 73 个高频关键词进行多维尺度分析，观察不同高频词之间的距离远近、密度大小，判断它们是否属于同一个类别。通常来说，高频词之间的距离越近、密度越大，说明它们之间的关联越紧密，属于同一个类别；高频词之间的距离越远、密度越小，说明它们之间的关联越小，属于不同类别。上述 73 个高频词的多维尺度分析结果见图 1.2，多维尺度分析结果与聚类分析结果一致。

重新标度的距离聚类组合

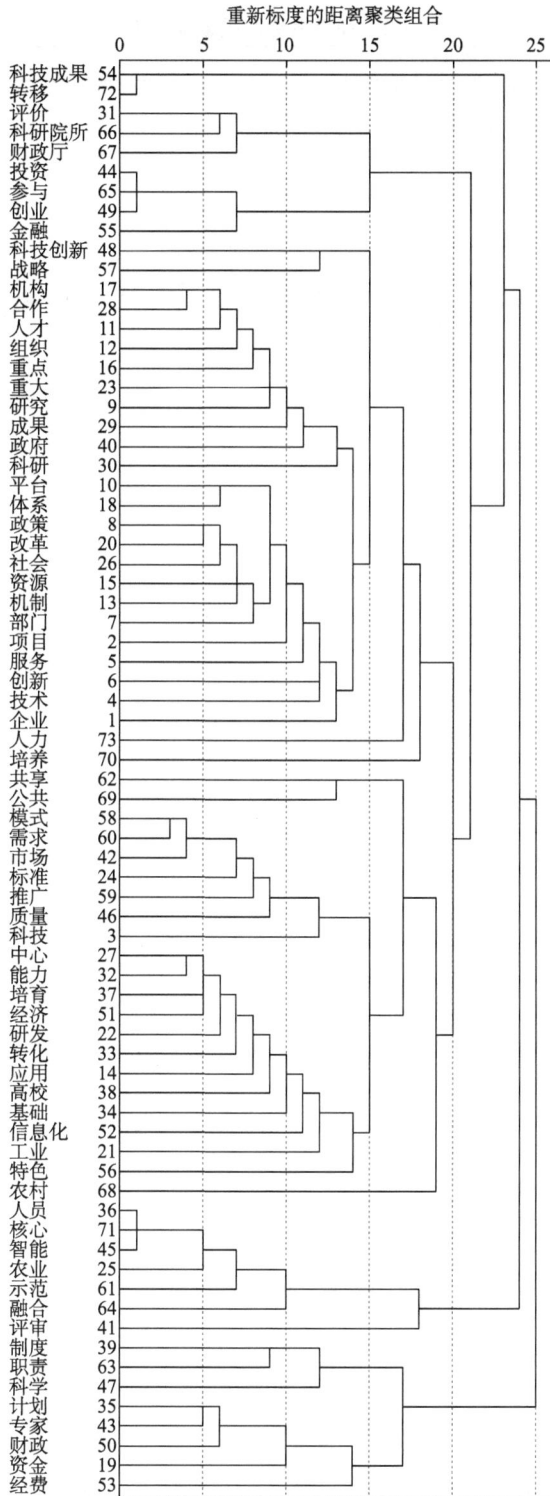

图 1.1　2018 年 1 月~2019 年 6 月中国科技政策关键词的谱系图

表 1.2　词簇名称及关键词明细

关键词	词簇名称
科技成果、转移	科技成果转移转化
评价、科研院所、财政厅	机构评估
投资、参与、创业、金融	创业投融资与金融服务
科技创新、战略	科技创新战略
机构、合作、人才、组织、重点、重大、研究、成果、政府、科研	重大（重点）研究中的机构合作与人才队伍建设
平台、体系、政策、改革、社会、资源、机制、部门、项目、服务、创新、技术、企业	技术创新服务与体制机制改革政策
人力	人力资源
培养	人才培养
公共、共享	公共资源共享
模式、需求、市场、标准、推广、质量、科技	市场需求与质量标准
中心、能力、培育、经济、研发、转化、应用、高校、基础、信息化、工业	创新主体的 R&D 能力培育与工业和信息化
特色	区域及领域特色
农村	农业农村发展
人员、核心、智能、农业、示范、融合	人工智能核心技术与融合示范基地、项目和企业
评审	项目评审
制度、职责、科学	制度建设与职责分工
计划、专家、财政、资金、经费	财政资金与经费

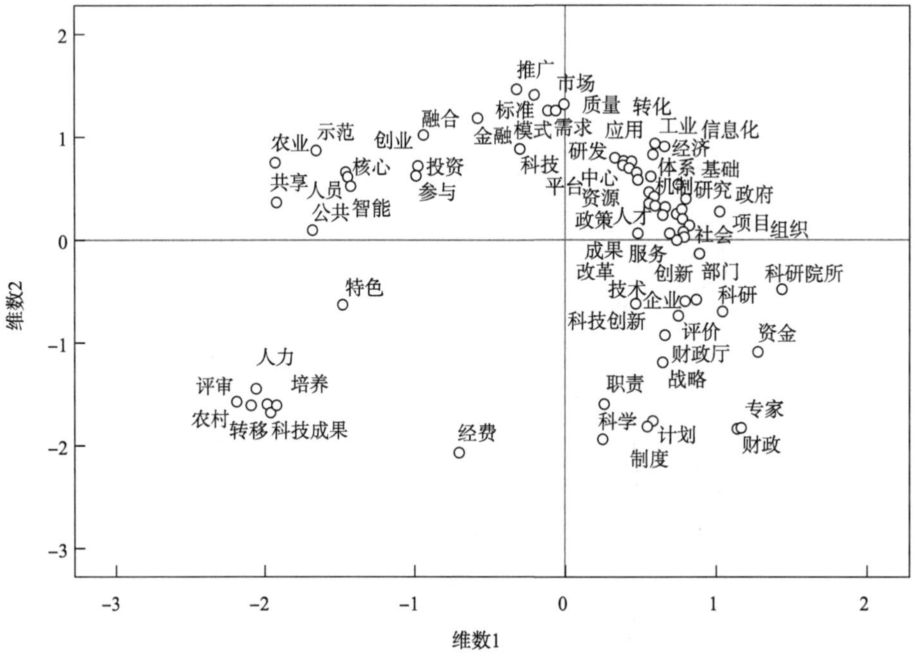

图 1.2　2018 年 1 月~2019 年 6 月中国科技政策关键词的多维尺度分析图

多维尺度图、聚类谱系图、共词网络，这些图的数据源于共词矩阵，而共词矩阵与词频表未必完全一致，所以可能会出现词频表与上述三种图有些许出入的情况

　　将73个高频词重新放回2018年1月~2019年6月中国科技政策文本的具体语境中，理解每个类别高频词的深层内涵，详细分析和总结该年度中国科技政策的焦点、特征及逻辑主线布局。结合共词聚类分析、多维尺度分析，并参考具体政策内容，2018年1月~2019年6月中国科技政策的逻辑主线呈现以下特征。

　　（1）强化顶层设计，优化体系布局，遴选示范基地、园区、项目和企业，搭建服务平台，多维度推动并提升科技成果转移转化进程与能力。制定与完善科技成果转移转化相关法律法规，以《中华人民共和国专利法》《中华人民共和国促进科技成果转化法》、国务院《实施〈中华人民共和国促进科技成果转化法〉若干规定》等为代表的法律和行政法规作为重要依据，制定颁布相应的地方性法规、政府职能部门规章制度、规范性文件等，从而形成纵横交错的政策网络，为科技成果转移转化的各项工作提供全面、完善、有力的制度保障。在部分地区和领域开展科技成果转移转化的试点工作，统筹科技成果转移转化示范基地与园区布局，制定示范项目与示范企业的遴选规则和配套优惠政策，探索技术发明、技术转化、技术交易、技术评估、技术推广与实施的多元体系和路径，定期总结可复制的经验并在更大范围内推广。搭建科技成果转移转化服务平台，促进技术转移中介服务机构有序发展，优化科技成果孵化、知识产权保护、信息采集发布、对接交易、路演展示、科技金融及各项综合科技服务。

　　（2）树立科学的评价导向，重塑科研院所、高等院校、国有企业等机构评估体系与制度，改革创新科研经费使用管理方式。根据中共中央办公厅、国务院办公厅印发的《关于深化项目评审、人才评价、机构评估改革的意见》，在项目评审、人才评价、机构评估中，要坚持尊重规律、问题导向、分类评价、客观公正的基本原则，克服唯论文、唯职称、唯学历、唯奖项倾向。应按照科研机构所从事的创新活动类别，构建符合不同创新活动特点的评估指标体系，进行分类评价。优化政府采购第三方机构评估服务，完善政府采购目录、范围、主体、对象、程序等制度和政策，确保相关工作平稳有序进行。改革创新科研经费使用管理方式，明确经费支持方向与对象，确立财政部门在经费管理中的责任主体地位，统筹协调配合部门的职责分工并制定权责清单，改革经费支持方式，即资助手段可用于创新活动的前、中、后期全过程，奖励手段主要用于事后支持，明确支出类型和上限，健全资金验收及有效监督机制。

　　（3）构建多元化、多层次的创新创业投融资体系，创新金融服务产品和方式，广泛吸纳社会资本，壮大投资规模，有效发挥创业投资在创新创业中的作用。2018年江苏省《省政府办公厅关于印发创新型省份建设工作实施方案的通知》提到"鼓励各类社会资本兴办科技小额贷款公司，支持各类金融机构发展科技金融专营（特色）机构，大力发展知识产权质押融资，形成覆盖产业科技创新全过程的科技投融资体系"。发挥财政性引导资金的杠杆作用，完善科技金融创新体系并提供覆盖整个生命周期和活动阶段的投融资服务，丰富创新创业差异化金融支持政策举措，引导城市商业银行、村镇银行、农村中小金融机构等根据自身的特色与能力，发挥出能够满足各类创新创业主体不同需求的投融资功能。创新金融服务产品，设计创业投资基金、参股基金、银行信贷、融资担保、贷款风险补偿、科技保险等多种金融服务产品。吸纳社会资本参与创新创业投融资，引导社会资本参与组建金融机构，完善政府与社会资本合作（public-private partnership，PPP）模式，鼓励具有较高风险识别、风险评价、风险转移和风险承受能力的投资人参与到投资对象的日常业务开展中。

（4）有效对接国家科技创新战略，策划并实施符合区域实际情况、促进区域发展、体现区域和行业特色的科技创新战略。例如，《自然资源科技创新发展规划纲要》中在既有的国家"深空、深海、深地、深蓝"科技创新战略策划基础上"实施以'一核两深三系'为主体的自然资源重大科技创新战略，构建地球系统科学核心理论支撑（'一核'），引领深地探测、深海探测国际科学前沿（'两深'），建立自然资源调查监测、国土空间优化管控、生态保护修复技术体系（'三系'），全面增强对高质量经济发展和生态文明建设的科技支撑，持续提高科技贡献率，推进自然资源治理体系和治理能力现代化，努力使自然资源主要领域科技创新跻身先进国家行列"。

（5）明确重大（重点）研究计划项目、方向与任务，加强协同创新与机构合作，重视人才队伍建设。优化学科体系，构建重大研究问题学科群，以优势主干学科带动相关学科协同发展，鼓励交叉学科发展。《关于高等学校加快"双一流"建设的指导意见》提出"着重围绕大物理科学、大社会科学为代表的基础学科，生命科学为代表的前沿学科，信息科学为代表的应用学科，组建交叉学科，促进哲学社会科学、自然科学、工程技术之间的交叉融合。鼓励组建学科联盟，搭建国际交流平台，发挥引领带动作用"。各个领域应制订重点研究计划，比如在信息通信领域重点研究制定天线技术、5G 技术等；在人工智能领域重点研究大数据知识表征和计算模型、分析推理引擎等关键共性技术，以及人工智能核心算法、代码分析与检测、神经网络处理器芯片、图像处理芯片、智能传感芯片等核心软硬件技术。加强机构合作，鼓励不同主体间资源共享和优势互补，比如《湖南省工业和信息化厅关于印发〈湖南省国防科技重点实验室管理办法〉的通知》中提到"以现有省级及以上创新平台为基础，重点研究方向在国家国防科技创新领域内并具有领先地位，依托具有国防科研优势的骨干企业或国家国防科技工业局、省人民政府共建高校"。重视人才队伍建设，强化科教融合与科教协同育人，以大学科技园、协同创新中心、工程技术中心、重点研究基地等为平台，搭建大学生开展技术实践活动和创新创业活动平台，塑造创新意识，培养创新精神。改革人才评价制度，破除"四唯"体制机制障碍，构建以创新质量和贡献为导向的人才评价制度体系，实施分类评价，推行代表作制度，同时结合人才评价结果，加大对高层次科研人才的奖励，建立有利于促进创新创造的分配激励机制。

（6）破除体制机制藩篱，推动科技体制改革，制定并落实改革配套政策，优化技术创新服务体系。推动科技管理体制改革，进一步深化"放管服"改革，简政放权，优化职能配置，制定权力清单制度，下沉行政审批权限，减少办事手续，简化办事流程，推行"最多跑一次"和"一站式服务"。推动科技评价体制改革，深入开展清理"四唯"问题专项工作，构建以创新质量和贡献为导向的评价制度体系。其中，在项目评审中，要完善项目指南编制和发布机制、项目负责人科研背景核查制度、专家入库信息定期更新机制、项目成果评价验收制度等；在机构评估中，要实施章程管理，落实法人自主权，建立中长期绩效评价制度，完善国家科技创新基地评价考核体系等；在人才评价中，要统筹科技人才计划，科学设立人才评价指标，树立正确的人才评价使用导向，强化用人单位人才评价主体地位，加大对优秀人才和团队的稳定支持力度，等等。推动科技成果转化机制改革，赋予科技成果转化方自主权，完善收益分配制度，鼓励人员在不同技术转移转化载体间的流动，搭建科技成果转化平台，共建产业技术创新战略联盟。优化技术创新服务体系，建设产业技术公共服务平台和协同创新平台，推动众创空间、新型孵化器等服务机构创新发展，丰富技术研发、信息咨询、成果转移转化、技术市场交易、科技金融等各项技术创新服务内容与形式。

（7）开发人力资源增量，不断加大人才引进力度，持续优化人力资源服务，激发人力资源的创造力。《内蒙古自治区人民政府关于强化实施创新驱动发展战略进一步推进大众创业万众创新深入发展的实施意见》中表示"进一步加大人才引进力度。强化人才引进工作，创新人才引进政策，支持携带拥有自主知识产权、具有国际先进或国内一流水平科技成果的区内外高层次科技人才和团队到我区开展科技成果转化，对符合条件的团队分类给予扶持"。持续优化人力资源服务，深化"放管服"改革和商事制度改革，大力发展"互联网+人力资源服务"，力争在线上处理大部分审批事项，在线下推行"最多跑一次"服务，在服务大厅设置智能服务终端，减少排队等待时间。强化资源集聚，建设人力资源产业园，引入高端人力资源猎头公司、人才中介等人力资源服务机构。创新人才激励机制，推行协议工资制、项目工资制、年薪制等多种分配方式；拓宽收入来源渠道，允许通过培训咨询、技术转让、自主创业、技术入股等渠道，增加人才收入；鼓励通过兼职、轮岗等多种方式促进人才流动；打通人才晋升通道，突出质量与贡献导向，对于能力强、贡献大的人才，允许破格提拔和晋升。

（8）盘活人力资源存量，加强人才培养。扩大高校办学自主权，根据国际前沿技术、国家科技发展战略、产业规划等，加强新兴学科建设，鼓励交叉学科融合与发展。创新人才培训、培养模式方式，《关于发展数字经济稳定并扩大就业的指导意见》提到"加强教育与培训信息化基础设施和数字教育资源建设，提升教育、培训机构网络运行能力，促进教育、培训数据资源共享。开发全网络学习培训方案，实现从课程设计、课程开发、教学过程到教学评估全流程网络化。大力发展'互联网+'教学和技能培训，积极采用移动技术、互联网、虚拟现实与增强现实、人机互动等数字化教学培训手段，推广微课程、线上线下混合式教学、在线直播等新型教学培训模式"。完善人才培养基础设施和培训基地建设，鼓励高校、企业、科研院所、第三方服务机构等联合建立培训基地，共享优势资源，实现产教融合。

（9）树立开放、共享理念，合理配置公共资源，促进基本公共服务均等化。促进科技资源共享，《国家发展改革委关于培育发展现代化都市圈的指导意见》提到"支持联合建设科技资源共享服务平台，鼓励共建科技研发和转化基地。探索建立企业需求联合发布机制和财政支持科技成果共享机制"。促进信息资源共享，上述文件还提到"推动各类审批流程标准化和审批信息互联共享。建立都市圈市场监管协调机制，统一监管标准，推动执法协作及信息共享"。统筹城乡、区域协调发展，推动基本公共服务均等化。增强公共服务保障能力，适当提高转移支付占比，加大对贫困地区、薄弱环节和重点人群的转移支付倾斜支持力度；提高基本公共服务统筹层次，如中共福建省委、福建省人民政府印发的《关于建立更加有效的区域协调发展新机制的实施方案》中提到"完善企业职工基本养老保险省级统筹""巩固城乡居民基本医疗保险设区市统筹""建立城镇职工基本医疗保险基金全省统筹调剂制度"；促进区域基本公共服务有效对接，推动文化教育、就业创业、卫生医疗等基本公共服务跨区域、跨城乡统筹合作。

（10）构建以市场需求为导向的人才、技术、产品、政府等方面的供给模式，提高供给质量和效率，并规范行业管理，制定质量标准体系。构建以市场需求为导向的人才供给模式，就是要瞄准国际前沿技术、国家战略布局、区域和产业的创新需求，构建新兴学科，创新人才联合培养模式，深化产教融合，培养学术型与应用型人才；构建以市场需求为导向的政府供给模式，就是要加大对具有前瞻性和重大创新意义产品的政府采购力度，带动创新产品的供给能力，为其开拓销路，提高创新产品的市场认可度；构建以市场需求为导向的技术供给模式，正如吉林省科学技术厅印发的《关于推动民营企业创新发展的实施办法》所言，"发挥企业技术创新的主体作用，围绕具有重大市场空间、较强竞争力的民营企业对技术研发方向、路线选择和各类创新资源配置的选择，按照产业链部署创新链，统筹布局人才队伍、创新创业平台、重点科技研发计划，促进产学研用结合，建立开放协同创新机制，推动区域创新资源的优化配置"。与此同时，应通过制定严格的质量标准体系，规范行业管理，不断提高制造、工艺、产品、设施、服务等方面的供给质量，以满足人民日益增长的美好生活需要。

（11）提升高校、技术创新中心等主体的基础研究、应用研究、试验与发展研究能力，贯通基础研究、工程技术研发、成果转化的创新链条。应重视原始创新和基础研究，加强顶层设计，制订国际前沿技术、关键技术、共性技术研究计划和路线图，加大基础研究投入力度，优化基础研究人才队伍建设，广泛开展大科学工程与大科学计划的国际交流合作。开展应用研究，有效衔接基础研究和试验与发展研究，提高科技成果转移转化能力，创新人才激励机制，对于从事应用研究、技术研发、成果转化的科研人员，应加大成果转移转化、技术推广等评价指标的权重，并予以不同程度的奖励。推动基础研究、应用研究和技术创新融通发展，《安徽省人民政府关于进一步加强基础科学研究的实施意见》中明确提出，"在重视原创性、颠覆性发明创造的基础上，大力推进智能制造、信息技术、现代农业、资源环境等重点领域应用技术创新，通过应用研究衔接原始创新与产业化，把省级科技计划项目等打造成为融通创新的重要载体。创新体制机制，搭建平台，促进科研院所、高校、企业、创客等各类创新主体协作融通，推动基础研究、应用研究与产业化对接融通"。

（12）发挥首创精神，突出特色，探索异质化协同发展道路。应从两个方面理解异质化协同发展：首先，它强调发展的异质性，不同区域、行业、组织、个体在发展中应根据自身的资源禀赋、主要功能、基本内涵等方面，科学合理定位，厘清自身优势与劣势，探索出符合实际情况、扬长避短的发展模式；其次，它强调发展的协同性，世界是普遍联系的，开放、合作、共享是当今世界发展的主旋律，通过协同发展，共享资源，不同主体间合作共赢，发挥出"1+1＞2"的效应甚至是乘法效应。因此，在合作网络中，不同主体既要找准自身定位、明确各自分工、发挥各自功能，找到发展的核心支撑点，又要协同发展、资源共享、合作共赢，借助多方力量，巩固既有的核心支撑点并探索出新的核心支撑点，从而达到分工合理、强强联合、优势互补的效果，最终探索出异质化协同发展道路。例如，《国家发展改革委关于培育发展现代化都市圈的指导意见》提到，"以推动都市圈内各城市间专业化分工协作为导向，推动中心城市产业高端化发展，夯实中小城市制造业基础，促进城市功能互补、产业错位布局和特色化发展""增强中心城市核心竞争力和辐射带动能力，推动超大特大城市非核心功能向周边城市（镇）疏解，推动中小城市依托多层次基础设施网络增强吸纳中心城市产业转移承接能力，构建大中小城市和小城镇特色鲜明、优势互补的发展格局"。

（13）贯彻落实乡村振兴战略，创新乡村治理模式，打通公共服务"最后一公里"，处理好"三农"问题，统筹城乡协调发展。加强农业科技园区建设，《国家农业科技园区发展规划（2018—2025 年）》认为，农业科技园区是保障国家粮食安全的重要基地、加快农业科技创新创业和成果转移转化的重要平台、推动农业产业升级和结构调整的重要支撑、探索农业科技体制机制改革创新的重要载体。因此，应全面深化体制改革，积极探索机制创新；集聚优势科教资源，提升创新服务能力；培育科技创新主体，发展高新技术产业；优化创新创业环境，提高园区"双创"（大众创业、万众创新）能力；鼓励差异化发展，完善园区建设模式；建设美丽宜居乡村，推进园区融合发展。加强农村人才队伍建设，培育新型农业经营主体和新型职业农民，针对二者开展科学知识和职业技能培训，开展经营经验总结与交流，支持返乡下乡创业，持续优化农村物流、交通、互联网等基础设施，下沉创新创业相关的财权与事权，优化农村创新创业的营商环境。推动农村产业融合发展，《农业农村部关于实施农村一二三产业融合发展推进行动的通知》提出，要以政策引导融合、以创业创新促进融合、以产业支撑融合、以机制带动融合、以服务推动融合。

（14）攻克人工智能核心技术，发展人工智能核心产业；推动一二三产业融合、产教融合、军民融合、文化与科技融合、大数据与产业深度融合等，建设融合示范基地、项目和企业。为攻克人工智能核心技术，《四川省新一代人工智能发展实施方案》从人工智能基础理论、关键共性技术、核心软硬件技术等方面提出了详细的政策举措。在人工智能基础理论方面，开展大数据智能、跨媒体感知、人机混合增强智能、高级机器学习、类脑智能计算等基础理论方面研究；在关键共性技术方面，重点研究大数据知识表征、知识演化与推理，以及大数据计算模型和框架，构建分析推理引擎；在核心软硬件技术方面，推动人工智能核心算法的硬件化、系统化、编程智能化等，支持人工智能相关芯片、硬件和计算平台、代码智能分析与检测、代码生成的智能化、智能设计等技术发展。为发展人工智能核心产业，《天津市新一代人工智能产业发展三年行动计划（2018—2020年）》将智能芯片、人工智能软件及算法、人工智能算力提升、大数据支撑作为产业核心基础，将智能传感器、智能运载工具、智能机器人、智能安防系统、智能信息终端作为智能终端产品，将智能制造、工业互联网和企业上云、智能交通与物流、智能医疗与健康、智能政务、智能家居、智能农业、智能金融、智能文化创意旅游作为人工智能示范应用工程，将前沿技术创新平台、公共研发服务平台、检验检测服务平台、军民融合支撑平台作为支撑体系。

（15）完善项目评审制度，加强项目评审前、中、后期的管理，完善项目指南目录编制和发布机制，做好专家遴选工作，建立健全评审监督机制、维权申诉机制，简化审批流程和手续。完善项目指南目录编制和发布机制，充分吸收社会各界对指南目录的需求和意见；项目指南应依据不同的类别划分，分类推进实施，对于站在国际前沿、具有明确国内国际战略目标、清晰技术路线、投入大量资源、组织程度较高的项目，可以通过定向择优或者定向委托的方式确定项目承担单位，如大科学工程、大科学项目，需要广泛集中社会各界的优势资源，开展国际科技合作，建立关键共性技术联盟，合力突破技术瓶颈，共同攻关重大项目；对于应由企业主导的项目，应综合考虑企业的资源禀赋、技术创新能力、企业信用等情况，鼓励不同企业间分工合作、资源共享。做好专家遴选工作，收集并细化专家的业绩积累、质量口碑、代表作影响力、研究领域方向，建设标准统一、分类明确、开放透明的专家库系统；切实开展专家的背景调查，确保专家库信息的真实性与准确性；建立完善的专家科研诚信动态追踪、失信惩戒机制，严格规范专家评审行为；建立健全专家随机抽取、回避、轮换、公示制度，确保项目评审中的公平性。简化项目评审流程，合并缩减各类手续，缩短项目评审时间，明确各个步骤的时间节点、进度公示及审批流上的具体责任人，构建统一的项目申报单位和人员的基本信息系统，实现表格内重复项目一键自动匹配填入，减少不必要的重复工作。

（16）加强各类制度建设，将权力置于制度的规制之下，规范各类主体行为，完善权力清单和责任清单，明确职责分工。中共中央办公厅、国务院办公厅印发的《关于进一步加强科研诚信建设的若干意见》提到，"完善科研诚信管理制度。科技部、中国社科院要会同相关单位加强科研诚信制度建设，完善教育宣传、诚信案件调查处理、信息采集、分类评价等管理制度。从事科学研究的企业、事业单位、社会组织等应建立健全本单位教育预防、科研活动记录、科研档案保存等各项制度，明晰责任主体，完善内部监督约束机制"。制定完善的权力清单和责任清单，厘清政府各职能部门的权限、责任和义务，公示各项行政事项的必要材料、所需时间、办事流程、常见问题及解决方案等，实现依法行政、简政放权、公开透明。

（17）加强财政资金及经费管理，提高财政资金的使用效益，发挥财政资金杠杆的撬动作用。制定财政资金和经费管理办法，明确使用范围、责任主体、使用限额、监督机制等具体内容，广西壮族自治区人民政府办公厅印发的《创新预算管理支持补短板实施方案（2019—2021年）》提到，"全面实施预算绩效管理，加快构建与预算执行进度、监督检查结果、项目评审结果、绩效评价结果等挂钩的运行机制，全面提高财政资金配置效率和使用效益"。发挥财政资金的杠杆作用和引导作用，加大对创新能力强、技术含量高、市场需求大的基地和项目、科技型小微企业初创阶段的财政支持力度，以优惠的财税政策吸引社会资本的投入。

1.3　科技政策的重点领域分布

针对 2018 年 1 月~2019 年 6 月的科技政策文本，本节将其划分为 7 个类别，从这些类别中可以分析出科技政策分布的重点领域。根据前期调查整理汇总，2018 年 1 月~2019 年 6 月科技政策文本共计 900 项。如图 1.3 所示，其中"双创"与科技成果转化类、战略导向和规划布局类、科技管理体制改革类、科技基础能力建设类、人才队伍建设类的科技政策较多，每个类别的科技政策数量均接近或超过 100 项。这说明，中央和地方不仅较为重视顶层设计，积极着眼整体，做好宏观战略规划，大力倡导科研体制机制改革，引导科技事业健康发展，还对科技成果转化尤为重视，把激发和调动广大科技人员转化的积极性作为重点，促进成果与创新创业的对接，发挥各类技术转移服务机构的作用，推动科技成果等创新资源与大学科技园、孵化器、众创空间等方面进行对接，推进以大学、科技园等科研平台和高科技型企业相互合作，完善促进高新企业发展、加速平台建设的"双创"孵化转化体系，以及知识产权运营平台、科技金融服务体系等支撑平台，最终打造全流程孵化转化平台。同时，科技基础能力建设是经济社会发展的地基，是一个地区增强发展后劲、打造新增长点的重要保障。要坚持以强化科技基础能力建设为主导推进培育区域发展、国家发展新优势。打好经济、科技、社会在新形势、新常态情况下发展的坚实基础。最后，将人才作为重要的战略资源，多举措并举引进人才，明确紧缺人才认定标准，完善人才引进配套措施，按照简政放权的改革原则，简化相关办事流程，注重人才培养及人力资源的可持续开发，进一步完善人才激励机制。

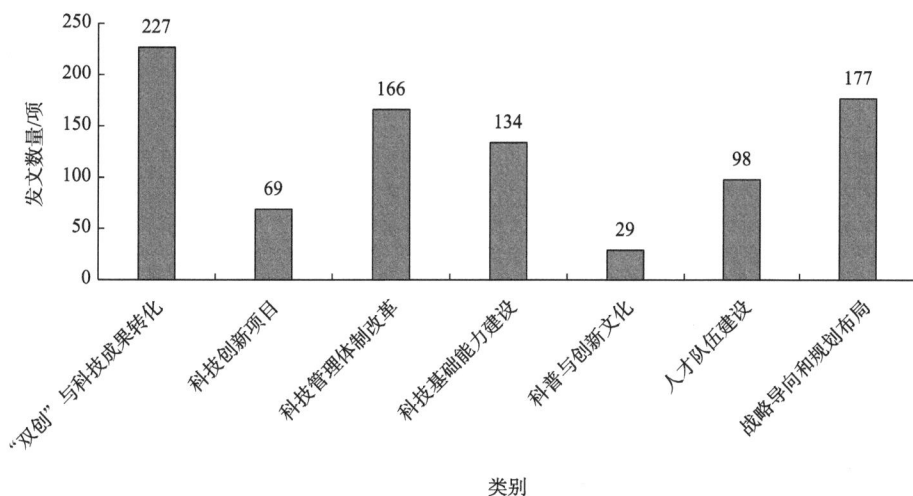

图 1.3　2018 年 1 月~2019 年 6 月科技政策的重点领域分布

相对而言，科技创新项目类、科普与创新文化类的科技政策颁布数量较少。一方面原因是单纯的创新项目、创新文化项目及科普项目难以形成可观效益，社会参与度较低，因而所配套的指导性、规范性政策文件需求度也不高。另一方面，这些类别的专项科技政策较少，有关政策措施仅在综合类科技政策中有所涉及。另外，从政策创新扩散的角度来看，中央层面相关类别的科技政策颁布数量较少，地方政府在制定这些类型的政策时缺少一定的依据；或者是中央制定了相关类别的科技政策，地方政府未能及时跟进，政策执行力度不足。某个类别的政策数量较少，也不能够作为政府对该领域不够重视这一论断的依据，政策数量受实际国情、地区差异、生产生活需求等因素的影响，往往只能够代表当年的状态。

各地所面临的发展环境和现实问题不同，所颁布的政策类型也不尽相同。普遍来看，各地制定了较多的综合类科技政策，以适应日益复杂的科技发展环境。总体上来看，如图 1.4 所示，多数省区市对"双创"与科技成果转化较为重视。除此之外，西藏自治区、天津市、青海省、浙江省和安徽省相对更加重视科技管理体制改革；山西省、陕西省、河南省、福建省、河北省更加重视科技创新项目；湖北省、江西省、海南省、甘肃省更加重视科技基础能力建设；黑龙江省更加重视科普与创新文化；贵州省、新疆维吾尔自治区侧重于人才队伍建设；湖南省、江苏省、辽宁省、宁夏回族自治区、云南省则更加侧重战略导向和规划布局。另外，广西壮族自治区尤其重视科技管理体制改革，同时对战略导向和规划布局也有较高的关注，而吉林省着力齐抓科技创新项目、科技基础能力建设两项内容。各省级单位均立足本省具体情况，从实际出发，着眼于最大可能发挥自身优势的同时补足科技发展短板，实现在新形势下促进区域科技政策协调健康发展。

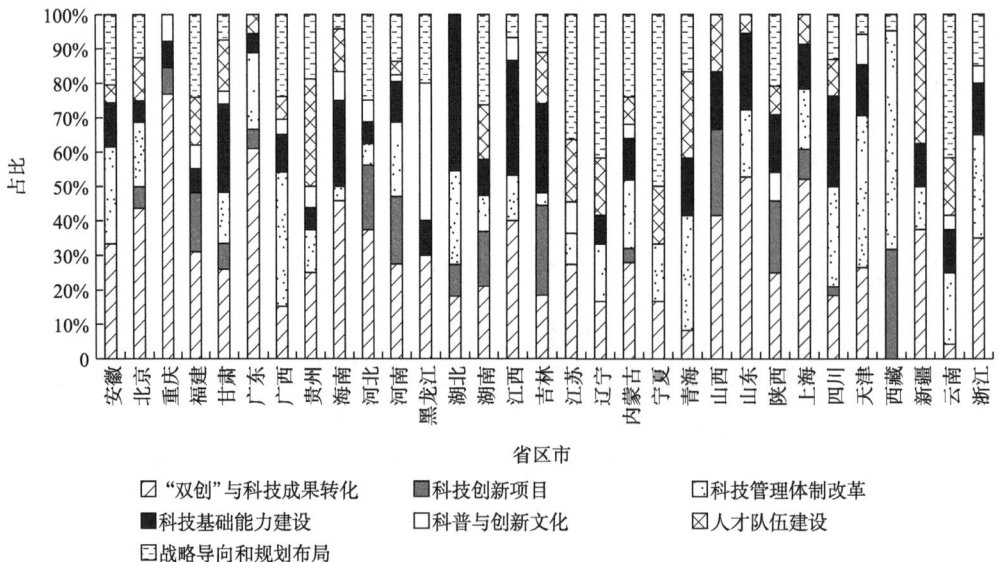

图 1.4　各地科技政策重点领域分布情况

1.4　科技政策的部门协同度

以 2018 年 1 月~2019 年 6 月国家层面的科技政策及其发文机构为研究对象，运用社会网络分析法，以部门间的共现矩阵为数据基础，借助 UCINET 构建合作网络，以节点大小、节点之间连线的疏密和粗细程度、网络密度、度中心性、中介中心性等为指标，分析独立发文机构和联合发文机构的基本情况、合作网络结构，从而多维度地分析科技政策的部门协同度。

如图 1.5 所示，在国家层面的科技政策中，发文机构的主要特征为：以联合主体为主，以单一主体为辅；在联合发文机构中，以两个机构联合发文为主。

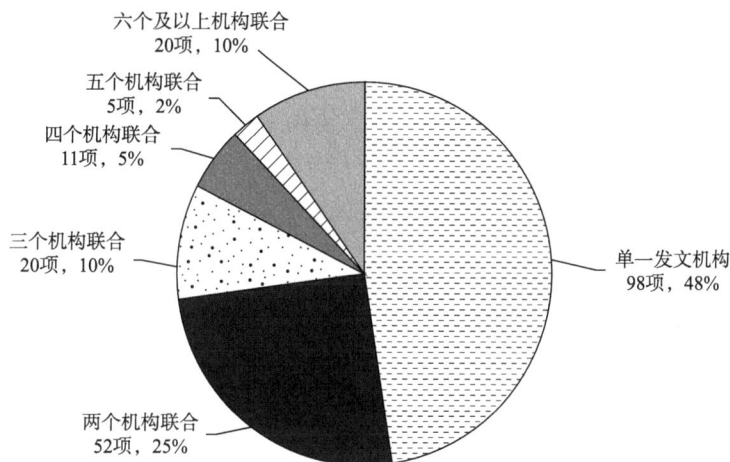

六个及以上机构联合
20项，10%

五个机构联合
5项，2%

四个机构联合
11项，5%

三个机构联合
20项，10%

单一发文机构
98项，48%

两个机构联合
52项，25%

图 1.5　科技政策的部门协同情况及政策数量

继蒸汽技术革命、电力技术革命、信息技术革命后，以人工智能、机器人、虚拟现实等核心技术为代表的"第四次工业革命"到来，它带动的不仅是科学技术与生活方式的革新，也推动着体制机制的革新。

随着"互联网+"、大数据、云计算等概念和技术的到来，政府治理理念、组织机构、治理模式正在发生改变，在治理理念上越发强调"小政府、大社会"和多维复合治理，在组织机构上开展"大部制"改革，在治理模式上强调"循数治理"，这些都要求位于纵向系列的不同层级政府和位于横向系列的同级政府及职能部门相互协作配合，协同治理。

与此同时，传统的治理模式所固有的分割性、独立性等弊端已然暴露。随着"放管服"改革的不断深入，政府的公共服务职能越发重要，一方面，通过构建权力清单、责任清单、负面清单等清单制度，厘清了政府部门间的权责边界，做到了依法行政和信息公开，各类公共服务事项和流程高度透明，降低了"踢皮球"的可能性，也有利于社会监督；另一方面，通过"大部制"改革，一些处在部门分工边界、无人认领的公共服务事项和权限得以归口管理，实现了部门职能与权限的深度融合，在一定程度上提高了部门政策协同度，"政出多门"的矛盾有所缓解。

通常而言，学者常用的衡量发文机构合作网络关系的指标主要有网络规模、网络密度、网络中心性（如度中心性、中介中心性）等。

网络规模指的是一个网络中全部行动者的数量，其数量越多，网络规模越大，网络结构越复杂。在此，即指在 2018 年 1 月~2019 年 6 月中央层面科技政策中有联合发文关系的全部发文机构数量，该时间范围内共有 86 个部门机构曾联合发文，所以网络规模为 86。

网络密度是指合作网络中各个成员之间联系的紧密程度，其数值越大，说明网络中成员间的联系越紧密。采用 UCINET 计算分析可知，2018 年 1 月~2019 年 6 月中央层面科技政策发文机构合作网络密度为 0.2428，数值较小，说明部门间的合作较少，部门协同度不高。但是，据《中国科技政策蓝皮书 2020》记载，2017 年中央层面科技政策发文机构合作网络密度为 0.1031。相比之下，当前的部门合作网络密度有所增加，说明部门间的合作关系较之前更加紧密。

结合网络规模和网络密度，2018 年 1 月~2019 年 6 月，共有 86 个部门曾参与联合发文，网络规模较大，但是网络密度却很低，存在一定的矛盾。经过初步分析，可能的原因是多数部门仅与固定的几个部门合作关系较为紧密，而与其他部门的合作关系较为松散。

网络中心性是整个合作网络中心化程度的重要衡量指标，在网络中心的行动者具有更多的资源和更大的影响力。其中，度中心性是衡量合作网络中某个行动者即节点中心性最直接的指标，节点越大，意味着该行动者（节点）的中心性越高，在网络中的参与度越高，影响力越大。中介中心性则是以经过某个节点的最短路径数目来刻画节点重要性的指标，体现该行动者（节点）的控制能力，其数值越大，说明该行动者（节点）在网络中的桥梁与中介作用越明显。2018 年 1 月~2019 年 6 月中国科技政策部门合作网络的度中心性和中介中心性绝对值如表 1.3 所示，由于篇幅所限，只节选展示排名前 30 的数据。

表 1.3   度中心性和中介中心性绝对值（节选）

部门名称	度中心性	部门名称	中介中心性
科学技术部	66	科学技术部	529.796
工业和信息化部	61	工业和信息化部	278.799
国家发展和改革委员会	59	财政部	189.253
财政部	57	国家发展和改革委员会	161.303
农业农村部	54	教育部	151.172
国家市场监督管理总局	54	人力资源和社会保障部	117.214

续表

部门名称	度中心性	部门名称	中介中心性
教育部	53	国家市场监督管理总局	112.03
公安部	50	农业农村部	106.925
交通运输部	50	国家税务总局	66.378
商务部	49	中国科学院	63.895
国家税务总局	49	交通运输部	52.205
中华全国总工会	49	中共中央网络安全和信息化委员会办公室	50.089
中国人民银行	48	水利部	48.776
自然资源部	48	公安部	41.327
中国科学院	46	国家知识产权局	38.218
中国证券监督管理委员会	46	中国科学技术协会	31.373
中国银行保险监督管理委员会	46	商务部	27.266
国务院国有资产监督管理委员会	45	国家广播电视总局	27.211
海关总署	43	中华全国总工会	22.665
水利部	43	中国人民银行	20.531
中共中央网络安全和信息化委员会办公室	43	海关总署	19.664
中国国家铁路集团有限公司	43	自然资源部	18.066
中共中央宣传部	43	中国证券监督管理委员会	15.905
共青团中央	42	国务院国有资产监督管理委员会	15.469
中国科学技术协会	42	中国银行保险监督管理委员会	12.115
国家自然科学基金委员会	42	住房和城乡建设部	8.948
中国工程院	41	中国国家铁路集团有限公司	8.796
中央军事委员会装备发展部	41	中共中央宣传部	8.796
中央机构编制委员会办公室	41	文化和旅游部	8.26
国家广播电视总局	41	国家能源局	8.046

注：科学技术部简称科技部，工业和信息化部简称工信部，国家发展和改革委员会简称国家发展改革委，中国科学技术协会简称中国科协，人力资源和社会保障部简称人社部，中国银行保险监督管理委员会简称中国银保监会，国务院国有资产监督管理委员会简称国资委，中国证券监督管理委员会简称中国证监会，国家市场监督管理总局简称市场监管总局，国家税务总局简称税务总局，中共中央网络安全和信息化委员会办公室简称中央网信办，中共中央宣传部简称中宣部，中央机构编制委员会办公室简称中央编办，国家广播电视总局简称广电总局，中华全国总工会简称全国总工会，住房和城乡建设部简称住建部

据表 1.3 可知，在中国科技政策发文机构合作网络中，科技部的度中心性为 66，位居首位，紧随其后的是工信部（61）、国家发展改革委（59）、财政部（57）、农业农村部（54）、市场监管总局（54）、教育部（53）、公安部（50）、交通运输部（50）。整体而言，合作网络中各部门的度中心性较为接近，说明各部门在合作网络中的影响力在伯仲之间，均处于相对重要的地位。然而，相对而言，科技部、工信部、国家发展改革委等国务院组成部门在合作网络中的影响力较大，这些部门不仅彼此之间联系紧密，而且与其他部门合作广泛密切。

就中介中心性而言, 科技部的中介中心性高达 529.796, 以绝对优势领先于合作网络中的其他部门, 说明科技部作为主要的科技政策制定主体及重要的中介和桥梁, 能够广泛充分协调其他部门, 统筹各方资源, 优化科技政策资源配置。工信部、财政部、国家发展改革委、教育部等职能部门在合作网络中也发挥着重要的桥梁作用。

基于度中心性的发文机构网络结构如图 1.6 所示。首先, 代表科技部、工信部、国家发展改革委等部门的节点相对较大, 说明这些部门在合作网络中的影响力相对较大, 与其他部门联合发文的频率较高, 联系较为紧密; 然而, 所有节点大小差异并不明显, 说明各部门在合作网络中的作用和影响力较为接近, 未能形成可以绝对主导整个合作网络的"领导者"。其次, 少数部门间的连线较粗, 多数部门间的连线较细, 说明整个合作网络中, 固定的几个部门间联合发文数量较多, 联系紧密, 协同度高; 而其他部门联合发文数量较少, 协同度低。这也进一步解释了"合作网络规模较大而网络密度却较低"的原因。

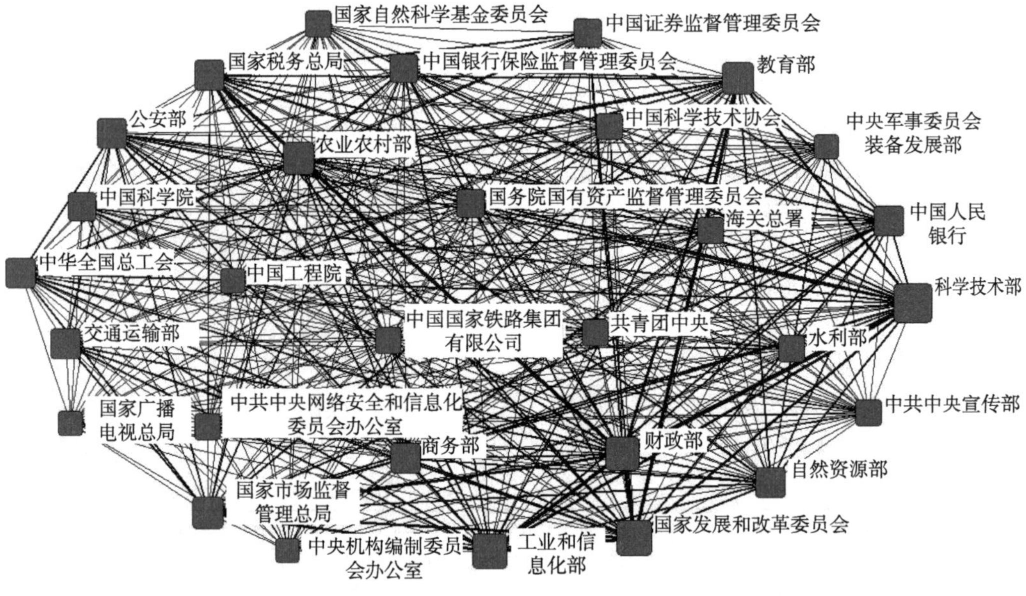

图 1.6　发文机构网络结构图（基于度中心性）

综上所述, 中国科技政策发文机构合作网络规模为 86, 网络密度为 0.2428, 表现出"网络规模大, 网络密度低"的问题。通过计算网络中心性和构建合作网络结构图可知, 产生这一问题的原因在于合作网络中部门间的合作较少, 参与度低, 仅有固定的几个部门在彼此间和其他部门间建立了广泛而密切的协同合作关系。此外, 在合作网络中, 缺少具有绝对主导权的行动者, 各部门的影响力差异不明显, 只是相对而言, 科技部、工信部、国家发展改革委等部门的作用和影响力略大。

1.5　科技政策的政策力度

根据《中华人民共和国立法法》对法律、行政法规、部门规章、规范性文件、地方性法规、自治条例和单行条例、地方政府规章等法律渊源的制定主体、制定程序、效力次序、适用范围等内容所给出的详细规定及解释，不同的政策发文主体所制定的具体政策形式不同，相应的政策效力也存在一定差异，进而政策约束力也不尽相同。

本节首先针对各项国家层面和地方层面科技政策的法律渊源进行初步研究。在2018 年 1 月~2019 年 6 月有明确制定主体和法律渊源的科技政策共计 900 项，具体数据如图 1.7 所示。

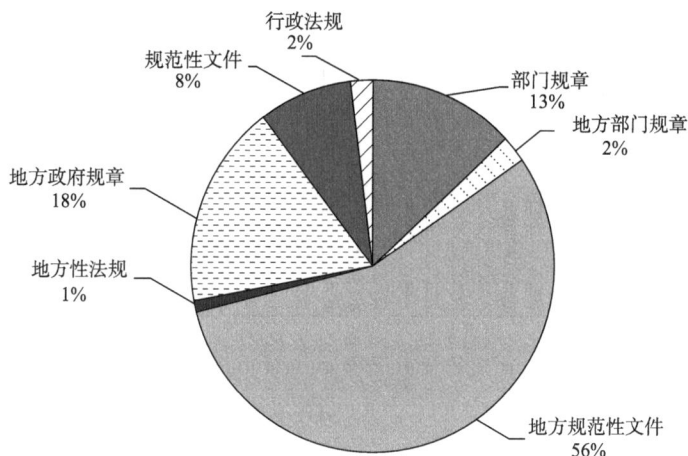

图 1.7　2018 年 1 月~2019 年 6 月中国科技政策的法律渊源

总体来看，中国科技政策的政策效力层次分布极为广泛，除了法律和自治条例与单行条例外，其他各项法律渊源均有涉及，国家和地方层面政策形式均较为丰富，形成多主体、多层次、多角度共同发力的科技政策格局。在"简政放权、放管结合、优化服务"政府改革背景下，国家层面更加注重宏观战略指导，给予地方政府更多自主权。因而各地政府成为制定科技政策的主力军，根据各自行政区划内的实际科技发展现状和具体问题，因地制宜地制定各类科技政策。然而，法律、行政法规等中央层级的科技政策及地方性法规等政策效力较高的政策文本占比较低，而地方针对具体问题出台的政策效力较低的地方政府规章、地方规范性文件占比较高。

为进一步深入分析地方政府所颁布的科技政策的效力，本节按照包括地方人民代表大会及其常委会、地方政府和地方政府部门在内的发文主体，将地方科技政策效力分为三个等级，即依照上述三个发文主体的排列次序，地方科技政策效力依次递减。如图 1.8 所示，从总体角度上来讲，科技政策数量均表现为地方政府部门颁布的科技政策数量最多，地方政府颁布的科技政策数量次之，而由地方人民代表大会及其常委会颁布的科技政策数量最少。各地方情况也与总体情况基本保持一致。作为各地区立法机关，仅有安徽省、广西壮族自治区、内蒙古自治区、宁夏回族自治区、湖南省、天津市、四川省和云南省的人民代表大会及其常委会颁布过科技政策，而其他省区市的人民代表大会及其常委会均未颁布科技政策，说明各地在科技领域的立法工作力度尚有不足。此外，由于"金字塔"式的政府层级结构，层级越低，职能部门数量越多，所以较低层级的政府部门发文数量多于较高层级的政府，符合部门数量与政策数量的关系。地方政府及其各部门必须深化部门体制改革，理顺政府职能，在紧密配合的基础上，进行有机分工，这样才能进一步加快政策出台效率，提高政策内容质量，推进、深化、巩固科技事业发展。

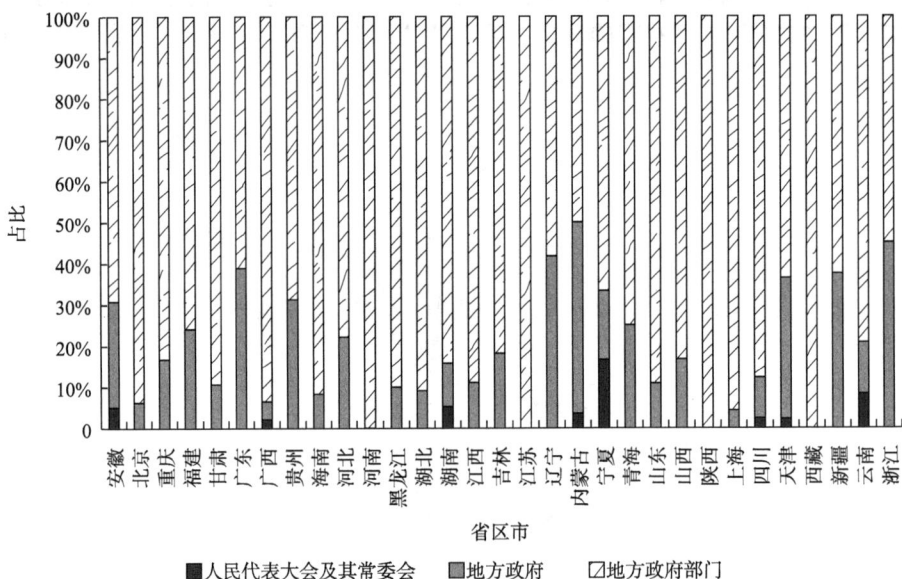

图 1.8　地方科技政策颁布部门分布情况

1.6　科技政策的回应性

本节侧重从科技政策的依据和内容两个维度，对中国科技政策的回应性进行分析。

首先，从内容上来看，可将科技政策划分为七个类别：战略导向和规划布局、科技创新项目、"双创"与科技成果转化、科技管理体制改革、科技基础能力建设、人才队伍建设、科普与创新文化。为使分析结果更为直观，本节制定如下分析标准：对于同一层级政府而言，若某一类别科技政策数量占该层级政府所颁布的科技政策数量总和的比重较大，则表示该层级政府更为重视该类别的科技政策；若某一类别科技政策数量占该层级政府所颁布的科技政策数量总和的比重较小，则表示该层级政府较不重视该类别的科技政策。

将中央与地方制定的科技政策区分开来，对比二者在不同类别科技政策上的比重及其雷达图变化趋势和重叠面积，可以看出二者在关注焦点上的相似与区别，从而分析出地方政府对中央层面科技政策在内容上的回应性，统计结果如表 1.4 所示。

表 1.4　中央与地方不同类别科技政策数量占相应层级科技政策总数比重分布

政策类型	中央	地方
"双创"与科技成果转化	13.59%	28.67%
科技创新项目	8.74%	7.35%
科技管理体制改革	15.53%	19.31%
科技基础能力建设	15.53%	14.70%
科普与创新文化	2.91%	3.31%
人才队伍建设	16.02%	9.37%
战略导向和规划布局	27.67%	17.29%

在中央层面的科技政策中，战略导向和规划布局类的科技政策数量占比最大，达到了 27.67%，表明中央层面注重科技政策的顶层设计，致力于引导关键共性技术发展，立足国际前沿开展国际合作，制订了国家和区域科技发展规划及创新驱动发展路径，围绕军民融合及大众创业、万众创新等方面做出了战略选择与制度设计。

在地方层面的科技政策中，"双创"与科技成果转化类的科技政策数量占比最大，达到了 28.67%，表明地方层面科技政策着墨于用好增量、盘活存量，通过建设"双创"载体、发展科技服务业、强化金融支持、促进科技成果转化等手段，持续优化创新创业环境。

值得注意的是，无论是在中央层面还是地方层面的科技政策中，科普与创新文化类的科技政策数量占比均很低，分别仅为 2.91% 和 3.31%。据此可知，当前的科技政策在科普基础设施、科普活动、科学精神与素养等方面尚存较大空白。

如图 1.9 所示，将代表不同类别科技政策占比的点依次连接，可形成封闭且凹凸不平的不规则平面，用以观测科技政策的单一性和多样性。分析可知：①地方科技政策的覆盖面与中央科技政策的覆盖面存在较大面积的重叠，说明地方政府能够积极跟进中央的步伐，回应国家战略需求，在符合本地资源禀赋的基础上，贯彻落实中央层面的科技政策；②中央层面的科技政策更加关注战略导向和规划布局，以及人才队伍建设，相比之下，地方层面的科技政策对这两方面的关注度略显不足；③地方层面的科技政策较为关注"双创"与科技成果转化；④无论是中央抑或是地方的科技政策，均对科普与创新文化、科技创新项目的关注度较低。

其次，从科技政策依据（即一项政策是否将其他政策作为依据）上来看，科技政策的回应性可从中央各部委间、地方政府间、地方政府对中央层面的政策回应情况进行分析。

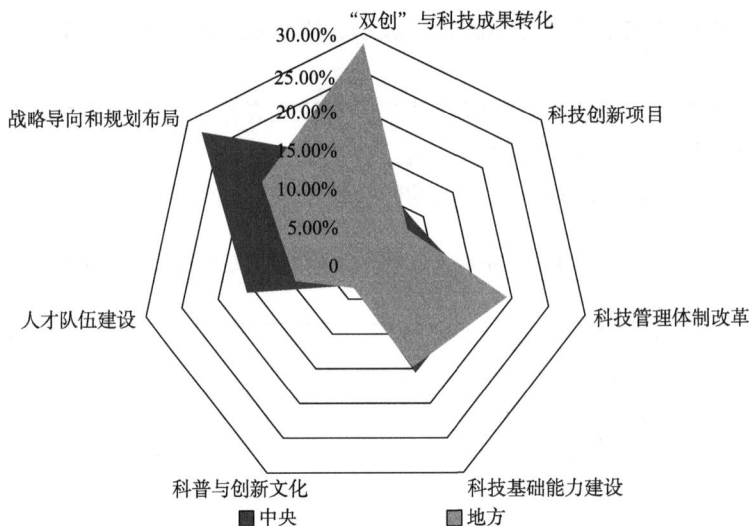

图 1.9　中央与地方政府科技政策类型比重分布雷达图

（1）中央各部委间科技政策的回应性分析：2018 年 1 月~2019 年 6 月，搜集并筛选出 206 项中央层面的政策文本。其中，有 83 项政策将其他政策作为依据，占比 40.29%；其余 123 项政策没有将其他政策作为依据，占比 59.71%。

（2）地方政府间科技政策的回应性分析：为了能够获取以其他地方政府科技政策作为依据的相关信息，需要在政策依据和发文字号中，将筛选条件限定为"省、市、县、乡"中的任一字段。经过筛选，在 694 项地方政策中，共有 221 项政策明确将地方政府科技政策作为依据，占比 31.84%。

（3）地方政府对中央层面科技政策的回应性分析：为了能够获取以中央层面科技政策为依据的地方政府科技政策的相关信息，需要在政策依据和发文字号中，将筛选条件限定为"中央、国、部、委、署、局、院"中的任一字段，对于命中的政策文本再进行筛选，去掉仅以"省委""市局"等非中央层面政策为依据的文本。经过多轮筛选，在 694 项地方政策中，共有 298 项政策明确将中央政策作为依据，占比 42.94%。

综上所述，在自上而下的政策执行框架中，政治功能是科技政策的主要功能之一。就政策内容而言，尽管中央和地方科技政策侧重点略有差异，但总体上地方以中央科技政策内容为导向，若中央层面在某些方面的科技政策数量占比高或低，地方则呈现出相似的趋势与特征。就政策依据而言，地方更为注重援引中央层面的科技政策，其数值和比重均高于地方政府间互为援引的对应值。

第2章 国家及主要部委科技政策^①

2018年1月至2019年6月国家层面的部门共颁布206项科技政策，中共中央与国务院合计颁布18项，其他各部门合计颁布188项。其中，科技部颁布科技政策最多，颁布了33项；教育部与国家发展改革委分别颁布24项和22项，财政部与工信部皆颁布18项，农业农村部与人社部皆颁布13项，其他部门颁布的科技政策则低于10项，如表2.1所示。本章对中共中央与国务院、科技部、教育部、国家发展改革委、财政部、工信部的发文情况进行具体的分析。

表2.1　2018年1月至2019年6月中共中央与国务院及各部门颁布科技相关政策一览表 单位：项

部门名称	颁布数量	部门名称	颁布数量
中共中央	8	国家市场监督管理总局	3
国务院	10	税务总局	3
科技部	33	生态环境部	3
教育部	24	交通运输部	3
国家发展改革委	22	国家中医药管理局	2
财政部	18	中国科协	2
工信部	18	国家自然科学基金委员会	1
农业农村部	13	应急管理部	1
人社部	13	中国科学院	1
国家能源局	9	中国国家原子能机构	1
国家知识产权局	7	国家外国专家局	1
自然资源部	4	国家标准化管理委员会	1
国家卫生健康委员会	4	国务院学位委员会	1

---

① 国家及主要部委科技政策的机构统计以牵头机构为准。

2.1   中共中央与国务院颁布的科技政策

2.1.1   政策外部特征

1. 政策数量

2018 年 1 月至 2019 年 6 月中共中央牵头颁布 8 项科技政策，包含中共中央与国务院共同颁布的 7 项和中共中央组织部与人社部联合颁布的 1 项。国务院牵头颁布 10 项科技政策，其中 5 项由国务院单独颁布，另外 5 项是国务院办公厅单独颁布的，如表 2.2 所示。

表 2.2   2018 年 1 月至 2019 年 6 月中共中央与国务院颁布科技相关政策一览表

序号	政策名称	颁布单位
1	《国务院办公厅关于推进农业高新技术产业示范区建设发展的指导意见》	国务院办公厅
2	《国务院关于全面加强基础科学研究的若干意见》	国务院
3	《关于分类推进人才评价机制改革的指导意见》	中共中央办公厅、国务院办公厅
4	《关于加强知识产权审判领域改革创新若干问题的意见》	中共中央办公厅、国务院办公厅
5	《关于提高技术工人待遇的意见》	中共中央办公厅、国务院办公厅
6	《积极牵头组织国际大科学计划和大科学工程方案》	国务院
7	《知识产权对外转让有关工作办法（试行）》	国务院办公厅
8	《科学数据管理办法》	国务院办公厅
9	《关于进一步加强科研诚信建设的若干意见》	中共中央办公厅、国务院办公厅
10	《关于深化项目评审、人才评价、机构评估改革的意见》	中共中央办公厅、国务院办公厅
11	《国务院关于推动创新创业高质量发展打造"双创"升级版的意见》	国务院
12	《中共中央 国务院 关于建立更加有效的区域协调发展新机制的意见》	中共中央、国务院
13	《国务院关于加快推进农业机械化和农机装备产业转型升级的指导意见》	国务院
14	《国务院办公厅关于抓好赋予科研机构和人员更大自主权有关文件贯彻落实工作的通知》	国务院办公厅
15	《国务院办公厅关于推广第二批支持创新相关改革举措的通知》	国务院办公厅
16	《国务院关于推进国家级经济技术开发区创新提升打造改革开放新高地的意见》	国务院
17	《关于进一步弘扬科学家精神加强作风和学风建设的意见》	中共中央办公厅、国务院办公厅
18	《事业单位工作人员奖励规定》	中共中央组织部、人社部

2. 政策类别

通过对中共中央与国务院 2018 年 1 月至 2019 年 6 月的科技政策进行分类与统计，得到结果如图 2.1 所示。由此可见，中共中央与国务院在 2018 年 1 月至 2019 年 6 月，主要关注 6 个方面，分别是科技基础能力建设、科技管理体制改革、人才队伍建设、"双创"与科技成果转化、科普与创新文化，以及战略导向和规划布局。其中，科技基础能力建设与科技管理体制改革是重中之重，分别颁布了 4 项政策。例如，《国务院关于全面加强基础科学研究的若干意见》《科学数据管理办法》等属于科技基础能力建设类的政策，科技管理体制改革类的政策则是颁布了《关于加强知识产权审判领域改革创新若干问题的意见》《关于深化项目评审、人才评价、机构评估改革的意见》等。

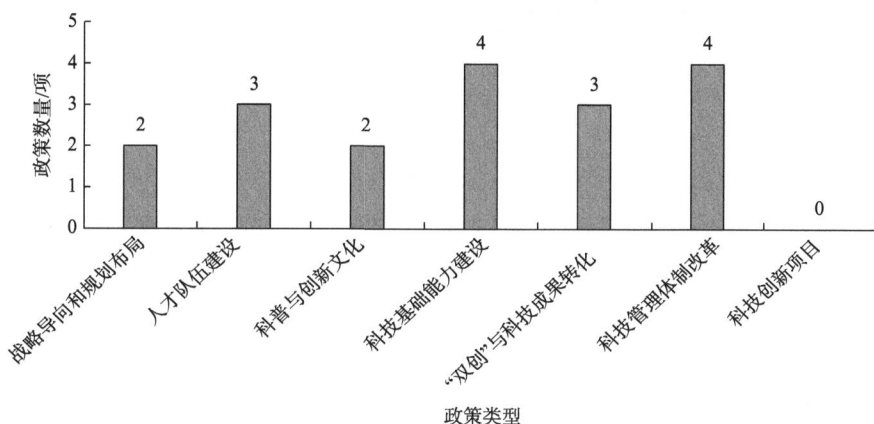

图 2.1　2018 年 1 月至 2019 年 6 月中共中央与国务院各类科技政策数量图

3. 政策载体

2012 年中共中央办公厅、国务院办公厅出台了《党政机关公文处理工作条例》，明确了 15 个公文种类，具体包括决议、决定、命令（令）、公报、公告、通告、意见、通知、通报、报告、请示、批复、议案、函、纪要①。

中共中央与国务院 2018 年 1 月至 2019 年 6 月颁布的科技政策按载体划分，主要包括意见和通知两种，如图 2.2 所示。

2.1.2　政策内部特征

1. 政策主题

政策高频词是政策文本中出现次数最多的词语，通常可以用来说明一项政策的主题或目标。通过 ROST CM6 软件对 18 项中共中央与国务院颁布的政策文本进行词频统计，剔除一些含义宽泛或与科技关联性较弱的词语后，得出中共中央与国务院科技政策文本

---

① 中共中央办公厅，国务院办公厅.《党政机关公文处理工作条例》. http://www.gov.cn/gongbao/content/2013/content_2344541.htm[2021-03-25].

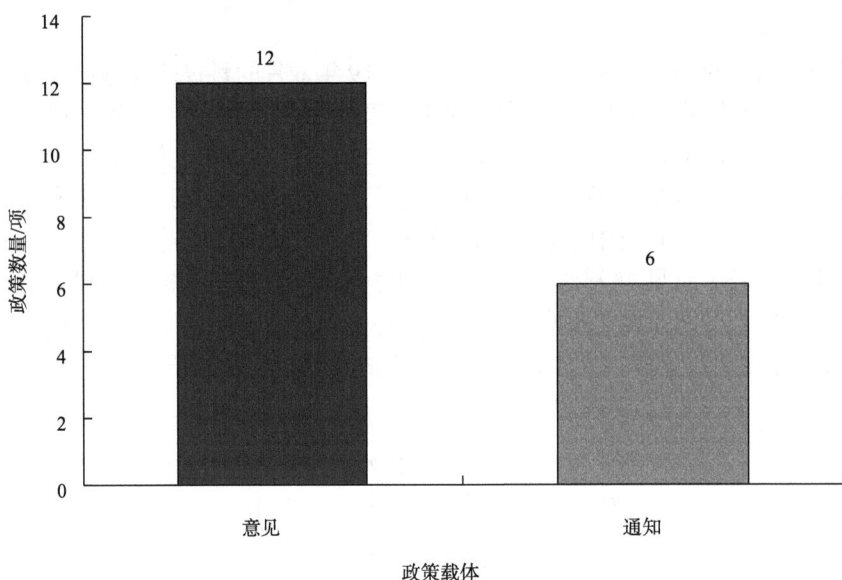

图 2.2　2018 年 1 月至 2019 年 6 月中共中央与国务院颁布的科技政策发文载体

高频词，如表 2.3 所示。其中，从政策作用对象来看，主题词有"国家"、"部门"与"社会"，其词频依次是 209 次、157 次和 109 次，这说明中共中央与国务院颁布的科技政策主要侧重于国家层面的宏观政策，其次是部门参与及社会治理；从词频高低排序来看，词频较高的是"发展"、"加强"、"建设"、"支持"与"建立"等一系列的正向词汇，这说明颁布的科技政策主要是偏向于激励性的政策。

表 2.3　高频词一览表（一）　　　　　　　　　　单位：次

主题词	词频	主题词	词频	主题词	词频
发展	379	推动	147	坚持	98
加强	248	实施	124	加快	91
建设	233	发挥	124	职责	91
支持	216	作用	118	充分	90
建立	210	相关	116	有关	90
国家	209	重大	112	保障	89
管理	189	负责	109	促进	89
工作	186	社会	109	健全	87
完善	162	落实	106	提升	87
部门	157	鼓励	106	探索	85
推进	155	协调	105	全面	84
开展	147	体系	98	财政部	83

通过 ROST CM6 软件对中共中央与国务院 2018 年 1 月至 2019 年 6 月科技政策的 36

个高频词建立 36×36 的共词矩阵，进行相关系数转化，继而处理得到相异系数矩阵。采用 SPSS 的组间连接和欧氏距离方法，对高频词进行聚类分析，得到谱系图如图 2.3 所示。

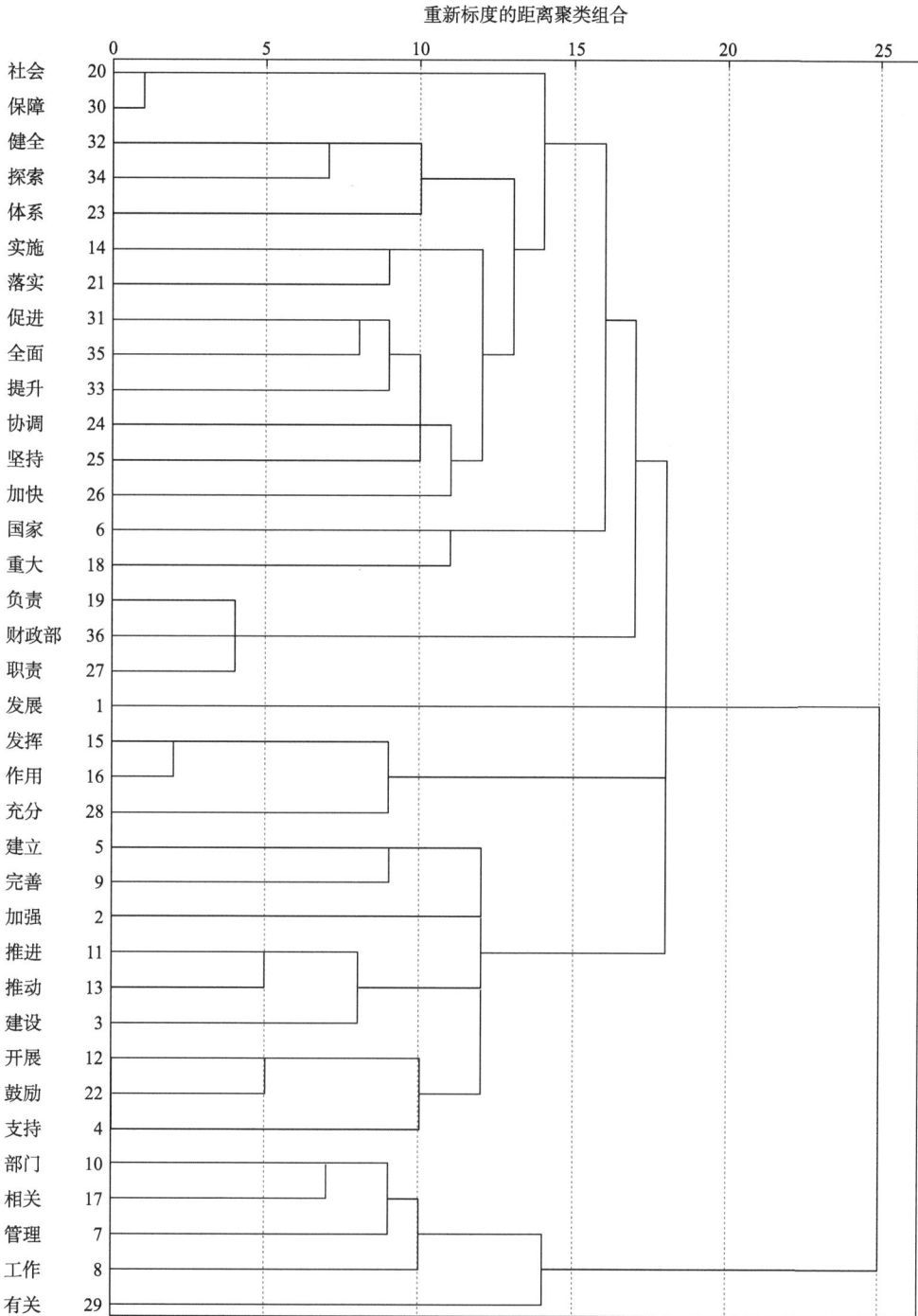

重新标度的距离聚类组合

| | | 0 | 5 | 10 | 15 | 20 | 25 |

社会　20
保障　30
健全　32
探索　34
体系　23
实施　14
落实　21
促进　31
全面　35
提升　33
协调　24
坚持　25
加快　26
国家　6
重大　18
负责　19
财政部　36
职责　27
发展　1
发挥　15
作用　16
充分　28
建立　5
完善　9
加强　2
推进　11
推动　13
建设　3
开展　12
鼓励　22
支持　4
部门　10
相关　17
管理　7
工作　8
有关　29

图 2.3　高频词谱系图（一）

紧接着运用 SPSS 对政策高频词进行多维尺度分析，通过观察不同高频词之间的距离远近、密度大小，判断它们是否属于同一个类别，高频词多维尺度分析结果如图 2.4 所示。

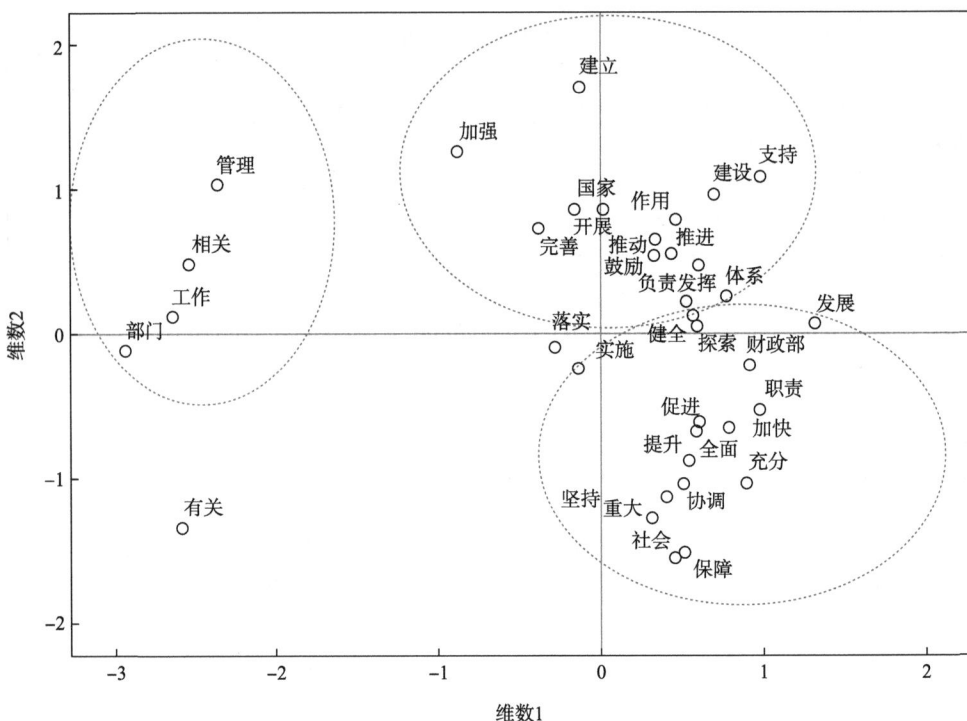

图 2.4　高频词多维尺度分析图（一）

结合政策高频词聚类谱系图和多维尺度分析图，删除与其他词关系不紧密的词后，可将 35 个政策高频词划分为 3 个词团，如表 2.4 所示。

表 2.4　高频词及词团名称（一）

高频词	词团名称
社会、保障、健全、探索、体系、实施、落实、促进、全面、提升、协调、坚持、加快、国家、重大、发挥、作用	健全国家社会保障，探索体系实施，促进协调落实
负责、财政部、职责、建立、完善、加强、推进、推动、建设、开展、鼓励、支持、发展、充分	财政部负责推进
部门、相关、管理、工作	相关部门管理工作

将 35 个高频词放回 18 项政策文本的具体语境中，理解每个词团及其包含高频词的具体含义，分析政策文本传达出的政策焦点与主题。结合共词聚类分析、多维尺度分析，

并参考具体政策内容，可将中共中央与国务院于 2018 年 1 月至 2019 年 6 月间出台的 18 项科技政策的政策主题归纳和总结为以下 3 个方面。

一是健全国家社会保障，探索体系实施，促进协调落实。主要是指宏观层面的体系构建、政策保障及方向指导。具体来说，涉及人才评价机制改革、科研创新建设、知识产权审判领域改革、项目审批和机构评估、双创升级。这些方面政策的侧重点在于宏观指导，提出指导思想及基本原则、政策目标，以及一系列的实施方向或措施。重中之重是人才评价改革，在《关于深化项目评审、人才评价、机构评估改革的意见》中提出了要形成科学的评价体系，并指出"优化科研项目评审管理机制"、"改进科技人才评价方式"及"完善科研机构评估制度"的方向和落实保障措施。《关于分类推进人才评价机制改革的指导意见》则具体到分类健全人才评价标准、改进和创新人才评价方式、加快推进重点领域人才评价改革、健全完善人才评价管理服务制度。另外，《关于提高技术工人待遇的意见》在某些程度上也是对人才评价改革的细化。

二是财政部负责推进相关科技政策。在颁布的科技政策中，虽然发文主体是中共中央和国务院，但是很多政策都涉及财政部，在政策中它的职责是负责推进相关科技政策的实施。例如，《国务院关于推进国家级经济技术开发区创新提升打造改革开放新高地的意见》中，在具体到拓展利用外资方式、优化外商投资导向、提升对外贸易质量、加强产业布局统筹、实施先进制造业集群培育行动等多方面，都缺少不了财政部的支持。

三是相关部门管理工作支持科技政策实施。虽然政策是中共中央和国务院颁布的，但是在政策的具体实施和落实过程中需要各个相关部门参与，故而在高频词聚类后会形成该词组。在《积极牵头组织国际大科学计划和大科学工程方案》中，需要相关的国家实验室、科研机构、高等院校、科技社团等参与；而在《国务院关于推动创新创业高质量发展打造"双创"升级版的意见》中，则是涉及市场监管总局、自然资源部、水利部、国家发展改革委、工信部、教育部、国家卫生健康委员会等多个相关部门。

2. 政策效力（政策力度、政策目标、政策工具）

政策测量是政策内容分析的重要方式之一。通过结合多位学者的研究成果（王帮俊和朱荣，2019；徐美宵和李辉，2018；郭本海等，2018；王再进等，2018；黄萃等，2011；彭纪生等，2008），我们构建了科技政策量化指标体系，该指标体系围绕"政策力度—政策目标—政策工具"三个一级指标，分别设置若干个二级指标，并对每个二级指标进行赋值，科技政策量化指标赋值见表 2.5。其中政策力度的赋值层次为 5、4、3、2、1、0，政策目标和政策工具的赋值层次为 5、3、1、0。操作者以科技政策量化指标赋分表为依据，根据相应的量化标准，通过研读和对照每份科技政策的内容，对该政策相应指标进行打分，最后根据计算公式算出每项科技政策的政策效力成绩，从而得出各部分政策效力结果。

表 2.5　科技政策量化指标赋值表

一级指标	二级指标	赋值层次
政策力度	法律	5/0
	行政法规	4/0
	地方性法规、自治条例和单行条例	3/0
	部门规章	2/0
	地方政府规章	2/0
	其他地方政府部门规范性文件	1/0
政策目标	政治功能	5/3/1/0
	科技进步	5/3/1/0
	经济效益	5/3/1/0
	社会发展	5/3/1/0
	生态进化	5/3/1/0
政策工具	基础设施建设（供给型）	5/3/1/0
	科技信息支持（供给型）	5/3/1/0
	人力资源管理（供给型）	5/3/1/0
	公共财政支持（供给型）	5/3/1/0
	公共科技服务（供给型）	5/3/1/0
	金融支持（环境型）	5/3/1/0
	法规管制（环境型）	5/3/1/0
	目标规划（环境型）	5/3/1/0
	税收优惠（环境型）	5/3/1/0
	国际交流合作（需求型）	5/3/1/0
	贸易管制（需求型）	5/3/1/0
	示范工程（需求型）	5/3/1/0
	政府采购（需求型）	5/3/1/0

政策效力的计算公式：

$$PE = (pg_j + pt_j)pe_j \tag{2.1}$$

$$TPE_i = \sum_{j=1}^{n}(pg_j + pt_j)pe_j \tag{2.2}$$

$$APE_i = \frac{\sum_{j=1}^{n}(pg_j + pt_j)pe_j}{n} \tag{2.3}$$

其中，i 表示年份；j 表示第 i 年的第 j 项政策；n 表示政策总量；PE（policy effectiveness）表示单项政策效力；TPE_i（total policy effectiveness）表示第 i 年的政策效力之和；APE_i（average policy effectiveness）表示平均政策效力；pg_j（policy goal）表示第 j 项政策的政策目标得分；pt_j（policy tool）表示第 j 项政策的政策工具得分；pe_j（policy effect）表示第 j 项政策的政策力度得分。

对中共中央与国务院 2018 年 1 月至 2019 年 6 月的 18 项科技政策进行政策力度、政策目标、政策工具的评价和打分，并得出政策效力的评估结果，如表 2.6 所示。

表2.6　2018年1月至2019年6月科技政策效力打分表（中共中央与国务院）

单位：分

政策序号	政策目标					政策工具														政策力度							政策效力得分
	政治功能进步	科技进步效益	经济社会发展	生态进化	小计	基础设施建设（供给型）	科技信息支持（供给型）	人力资源管理（供给型）	公共财政支持（供给型）	公共科技服务（供给型）	金融支持（环境型）	法规管制（环境型）	目标规划（环境型）	税收优惠（环境型）	国际交流合作（需求型）	贸易管制（需求型）	政府采购（需求型）	示范工程（需求型）	小计	法律	行政法规	地方性法规、自治条例和单行条例	部门规章	地方政府规章	其他地方政府部门规范性文件	小计	
1	0	3	1	0	4	3	1	1	1	0	1	1	0	0	0	0	5	0	13	0	0	0	2	0	0	2	34
2	3	3	0	1	7	5	0	5	3	0	3	0	0	0	0	0	0	0	16	0	0	0	2	0	0	2	46
3	1	3	0	0	4	0	0	0	0	0	0	3	3	0	0	0	0	0	6	0	0	0	2	0	0	2	20
4	5	3	3	1	12	0	3	3	0	0	0	5	0	0	0	0	0	0	8	0	0	0	2	0	0	2	40
5	1	1	3	0	5	0	5	5	1	1	0	0	0	0	0	0	0	0	7	0	0	0	2	0	0	2	24
6	1	3	0	1	5	0	0	3	0	0	0	0	5	0	3	0	3	0	14	0	0	0	2	0	0	2	38
7	1	3	3	1	8	0	0	0	0	0	0	5	0	0	0	0	0	0	5	0	0	0	2	0	0	2	26
8	1	3	1	1	6	1	0	0	0	0	0	5	0	0	0	0	0	0	6	0	0	0	2	0	0	2	24
9	1	1	3	1	6	0	3	0	0	0	0	3	0	0	0	0	1	0	7	0	0	0	2	0	0	2	26
10	1	3	0	0	4	3	0	3	3	0	0	0	0	0	0	0	0	0	9	0	0	0	2	0	0	2	26
11	1	3	3	1	8	1	0	5	3	0	5	3	0	0	0	0	3	3	25	0	0	0	2	0	0	2	66
12	3	1	3	1	8	0	1	0	3	0	1	0	0	0	0	0	0	0	5	0	0	0	2	0	0	2	26
13	1	3	3	1	9	0	3	1	0	1	3	0	0	0	0	0	0	0	8	0	0	0	2	0	0	2	34
14	1	1	1	1	4	0	0	0	1	0	0	0	0	0	0	0	0	0	2	0	0	0	2	0	0	2	16
15	1	1	1	1	5	0	0	0	0	0	0	0	1	0	0	0	1	0	2	0	0	0	2	0	0	2	14
16	1	3	1	1	7	3	3	3	0	0	3	0	0	0	3	0	0	0	13	0	0	0	2	0	0	2	40
17	1	1	1	0	3	1	3	0	0	0	0	3	0	0	0	0	0	0	7	0	0	0	2	0	0	2	20
18	1	0	0	1	2	0	0	0	0	1	0	1	0	0	0	0	0	0	2	0	0	0	2	0	0	2	8
总计	25	39	22	16	107	17	13	26	16	2	17	32	12	0	6	0	13	3	157	0	0	0	36	0	0	36	528

2.2　科技部颁布的科技政策

2.2.1　政策外部特征

1. 政策数量

2018 年 1 月至 2019 年 6 月科技部共计牵头颁布 33 项科技政策，颁布政策的具体名称、颁布单位见表 2.7。

表 2.7　2018 年 1 月至 2019 年 6 月科技部颁布科技相关政策一览表

序号	政策名称	颁布单位
1	《国家农业科技园区管理办法》	科技部、农业农村部、水利部、国家林业局、中国科学院、中国农业银行
2	《国家农业科技园区发展规划（2018—2025 年）》	科技部、农业部、水利部、国家林业局、中国科学院、中国农业银行
3	《国家科技重大专项（民口）验收管理办法》	科技部、国家发展改革委、财政部
4	《关于鼓励香港特别行政区、澳门特别行政区高等院校和科研机构参与中央财政科技计划（专项、基金等）组织实施的若干规定（试行）》	科技部、财政部
5	《国家科技资源共享服务平台管理办法》	科技部、财政部
6	《国家文化和科技融合示范基地认定管理办法（试行）》	科技部、中宣部、中央网信办、文化和旅游部、广电总局
7	《关于进一步推进中央企业创新发展的意见》	科技部、国资委
8	《关于坚持以习近平新时代中国特色社会主义思想为指导推进科技创新重大任务落实深化机构改革加快建设创新型国家的意见》	中共科技部党组
9	《关于推动民营企业创新发展的指导意见》	科技部、中华全国工商业联合会
10	《关于技术市场发展的若干意见》	科技部
11	《促进国家重点实验室与国防科技重点实验室、军工和军队重大试验设施与国家重大科技基础设施的资源共享管理办法》	科技部、国家发展改革委、国家国防科技工业局、军委装备发展部、军委科学技术委员会
12	《科技部 财政部关于加强国家重点实验室建设发展的若干意见》	科技部、财政部
13	《国家野外科学观测研究站管理办法》	科技部
14	《关于修改〈高等级病原微生物实验室建设审查办法〉的决定》	科技部
15	《科技部 财政部 税务总局关于科技人员取得职务科技成果转化现金奖励信息公示办法的通知》	科技部、财政部、税务总局
16	《中共科学技术部党组关于创新驱动乡村振兴发展的意见》	中共科技部党组
17	《国家科学技术秘密定密管理办法》	科技部

序号	政策名称	颁布单位
18	《国家科学技术秘密持有单位管理办法》	科技部、国家保密局
19	《国家农业高新技术产业示范区建设工作指引》	科技部
20	《纳入国家网络管理平台的免税进口科研仪器设备开放共享管理办法（试行）》	科技部、海关总署
21	《科学技术部科技统计工作管理办法》	科技部
22	《科技企业孵化器管理办法》	科技部
23	《国家重点研发计划项目综合绩效评价工作规范（试行）》	科技部办公厅
24	《进一步深化管理改革激发创新活力确保完成国家科技重大专项既定目标的十项措施》	科技部、国家发展改革委、财政部
25	《关于调整国家科学技术奖奖金标准的通知》	科技部、财政部
26	《中共科学技术部党组关于以习近平新时代中国特色社会主义思想为指导 凝心聚力 决胜进入创新型国家行列的意见》	中共科技部党组
27	《创新驱动乡村振兴发展专项规划（2018—2022 年）》	科技部
28	《科技部 财政部关于进一步优化国家重点研发计划项目和资金管理的通知》	科技部、财政部
29	《国家大学科技园管理办法》	科技部、教育部
30	《国家野外科学观测研究站建设发展方案（2019—2025）》	科技部办公厅
31	《关于促进国家大学科技园创新发展的指导意见》	科技部、教育部
32	《振兴东北科技成果转移转化专项行动实施方案》	科技部、国家发展改革委、教育部、工信部、国资委、国家知识产权局、中国科学院、国家自然科学基金委员会、国家开发银行
33	《科技部 教育部 人力资源社会保障部 中科院 工程院关于开展清理"唯论文、唯职称、唯学历、唯奖项"专项行动的通知》	科技部、教育部、人社部、中国科学院、中国工程院

2. 政策类别

如图 2.5 所示，2018 年 1 月至 2019 年 6 月科技部颁布的科技政策中，数量较多的政策类型有科技管理体制改革类、科技基础能力建设类和"双创"与科技成果转化类。其中，科技管理体制改革类政策颁布的数量最多，共 10 项。这些政策主要为各个领域的管理办法或改革措施，如《国家农业科技园区管理办法》《国家科技资源共享服务平台管理办法》《国家科学技术秘密定密管理办法》《科学技术部科技统计工作管理办法》《进一步深化管理改革激发创新活力确保完成国家科技重大专项既定目标的十项措施》《中共科学技术部党组关于以习近平新时代中国特色社会主义思想为指导 凝心聚力 决胜进入创新型国家行列的意见》等。科技基础能力建设类政策共 8 项，包含《科技部 财政部关于加强国家重点实验室建设发展的若干意见》《关于修改〈高等级病原微生物实验室建设审查办法〉的决定》《纳入国家网络管理平台的免税进口科研仪器设备开放共享管理办法（试行）》等。"双创"与科技成果转化类政策共 6 项，包含《关于进一步推进中央企业创新发展的意见》《关于推动民营企业创新发展的指导意见》《振兴东北科技成果转移转化专项行动实施方案》等。其他种类的文件科技部颁布的较少，战略导向和规划布局类、人才队伍建设类、科技创新项目类政策分别为 4 项、3 项、2 项。表明科技部颁布的科技政策类别分布广泛，较为重视科技管理体制改革类、科技基础能力建设类和"双创"与科技成果转化类政策。

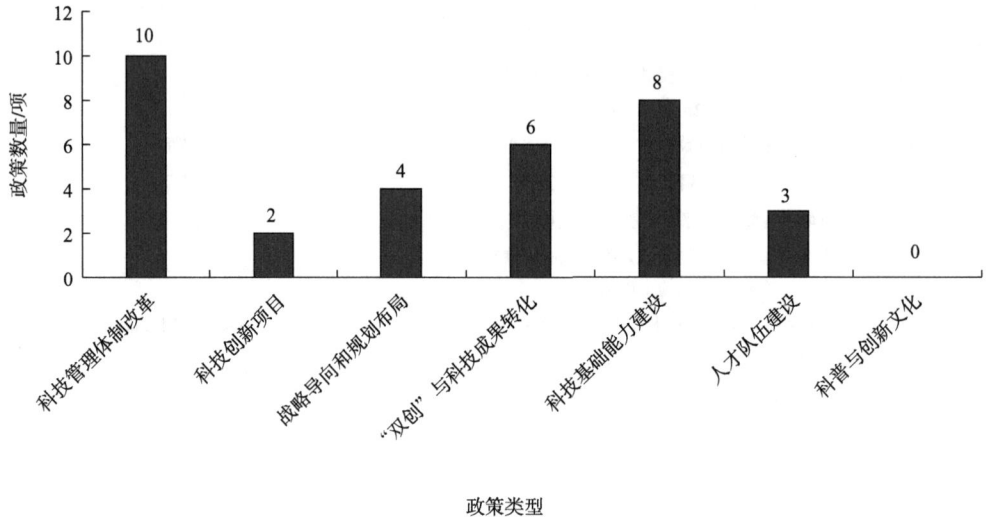

图 2.5　2018 年 1 月至 2019 年 6 月科技部各类科技政策数量图

3. 政策载体

2018 年 1 月至 2019 年 6 月科技部颁布的科技政策发文载体如图 2.6 所示。可以看出，科技部颁布的科技政策侧重于通知和意见等宏观性政策。

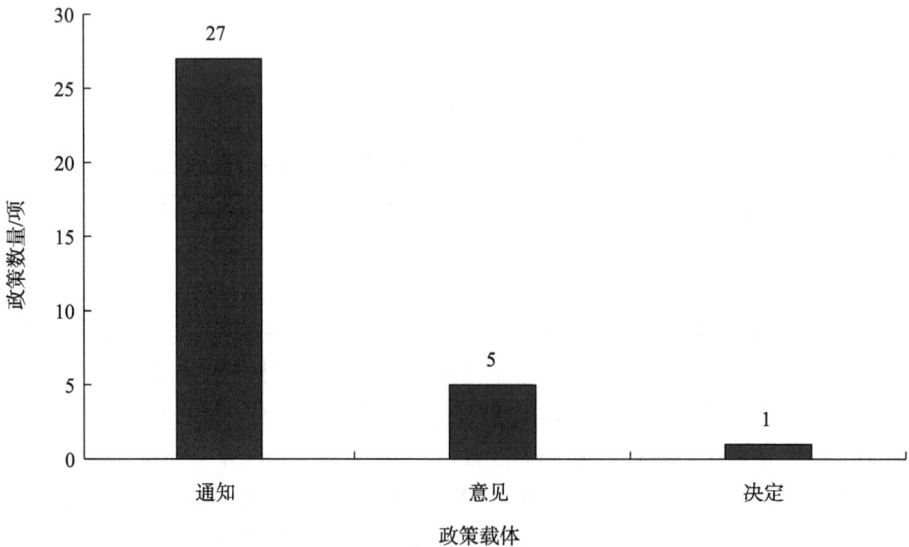

图 2.6　2018 年 1 月至 2019 年 6 月科技部颁布的科技政策发文载体

2.2.2　政策内部特征

1. 政策主题

通过 ROST CM6 软件对科技部颁布的 33 项政策文本进行词频统计，剔除含义过宽泛的词语，得出科技部科技政策文本高频词，如表 2.8 所示。其中，从政策作用对象来看，宏观层面的主题词有"国家"、"机制"与"资源"等，而中观层面的有"能力"、"管理"、"平台"与"技术"，微观层面的是"企业"、"部门"、"机构"与"单位"等，说明科技部颁布的政策既包括宏观层面的政策，又对企业及科研机构进行了有效引导；其他的主题词则主要是正导向的动词，如"发展"、"建设"、"创新"、"加强"、"推进"与"驱动"等。

表 2.8　高频词一览表（二）　　　　　　　　　　单位：次

主题词	词频	主题词	词频	主题词	词频
科技	1431	科研	303	推进	202
创新	1151	加强	300	农村	200
国家	1071	研究	298	共享	197
发展	744	开展	285	机制	195
管理	632	机构	284	科学技术	190
农业	583	组织	249	战略	190
建设	570	部门	242	能力	174
技术	539	人才	238	转化	173
单位	430	推动	225	基地	169
项目	395	平台	223	办法	150
企业	375	创业	217	提升	149
资源	324	科技部	207	促进	142
成果	319	重点	206	驱动	115
服务	314	野外	202		

在高词频的基础上，建立 41×41 的共词矩阵，删除 13 个与其他高频词联系微弱的词语，对所得的 28×28 的共词矩阵进行相关系数转化并得到相异系数矩阵，运用 SPSS软件中的聚类分析功能，依照高频词的组内连接和欧氏距离进行聚类，得出谱系图如图 2.7 所示。

重新标度的距离聚类组合

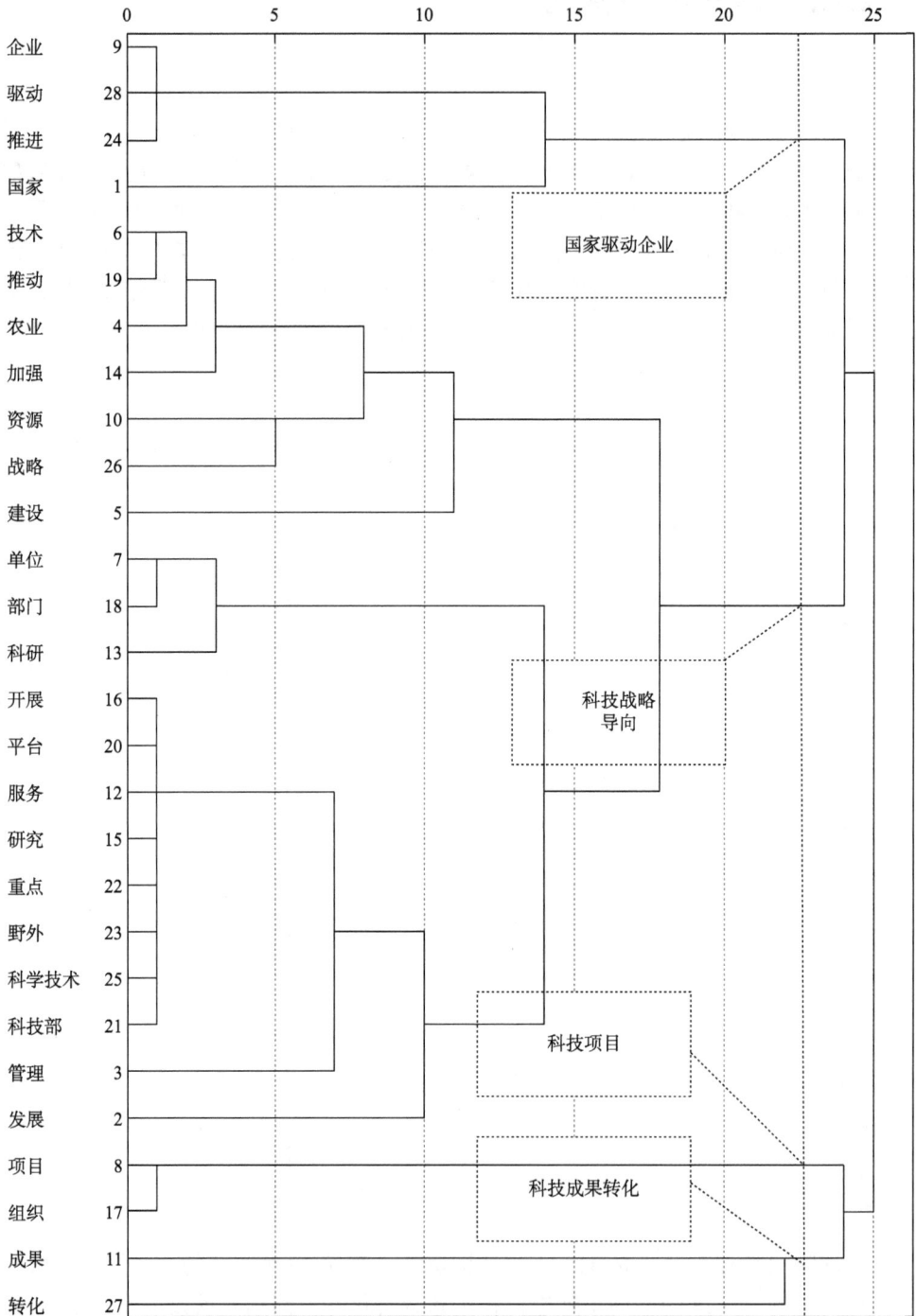

图2.7　高频词谱系图（二）

同时，运用 SPSS 对政策高频词进行多维尺度分析，通过观察不同高频词之间的距离远近、密度大小，判断它们是否属于同一个类别，高频词多维尺度分析结果如图 2.8 所示。

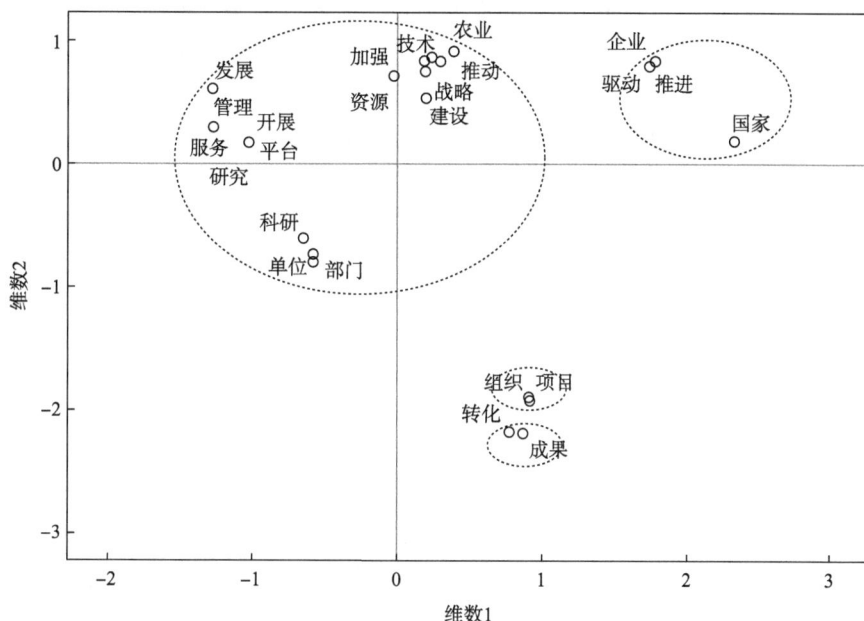

图 2.8　高频词多维尺度分析图（二）

结合政策高频词聚类谱系图和多维尺度分析图，删除与其他词关系不紧密的词后，可将 28 个政策高频词划分为 4 个词团，这些词团在科技政策的语境下可以体现政策的主题内容，见表 2.9。

表 2.9　高频词及词团名称（二）

高频词	词团名称
企业、驱动、推进、国家	国家驱动企业
发展、管理、农业、建设、技术、单位、资源、服务、科研、加强、研究、开展、部门、推动、平台、科技部、重点、野外、科学技术、战略	科技战略导向
项目、组织	科技项目
成果、转化	科技成果转化

将 28 个高频词放回 33 项政策文本的具体语境中，分析每个词团及其包含高频词的具体含义，分析政策文本传达出的政策焦点与主题。结合共词聚类分析和多维尺度分析，并参考具体政策内容，可将科技部 2018 年 1 月至 2019 年 6 月 33 项科技政策的政策主题归纳和总结为以下 4 个方面。

（1）进一步明确企业的创新主体地位，以企业主体驱动国家创新战略。党的十八大以来，党中央、国务院把科技创新摆在国家发展全局的核心位置，围绕实施创新驱动发展战略做出了一系列重大决策部署。企业作为国民经济发展的重要支柱，是践行创新发展新理念、实施国家科技创新部署的重要力量。因此，为深入贯彻落实党的十九大精神，进一步贯彻落实《中华人民共和国中小企业促进法》《中华人民共和国促进科技成果转化法》《国家创新驱动发展战略纲要》，实施创新驱动发展战略，深化供给侧结构性改革、激发市场活力、加快建设创新型国家和实现经济社会持续健康发展，科技部从央企、民企两个角度，针对产业园、民企国家实验室、企业孵化器、企业驱动乡村振兴等方面，进一步强化了企业创新主体的功能定位和运行机制，健全了分类精准支持措施，激发各类创新主体活力，推动产学研用深度融合，促进创新要素顺畅流动，完善了市场竞争规则，强化了市场在配置创新资源中的决定性作用，着力增强企业技术创新主体地位和主导作用。

（2）明确科技战略导向，完善多领域科技创新管理规定。为进一步落实《国家创新驱动发展战略纲要》《国家"十三五"时期文化发展改革规划纲要》，从"五位一体"总体布局、"四个全面"战略布局和"三步走"战略目标的高度谋划科技工作的方向和任务，在"创新驱动是国策""发展是第一要务，人才是第一资源，创新是第一动力"的指引下，科技部结合党的十九大关于"实施乡村振兴战略"部署和《中共中央国务院关于实施乡村振兴战略的意见》《国家科技重大专项（民口）管理规定》《国家科技重大专项（民口）资金管理办法》《国家文化科技创新工程纲要》等一系列文件精神，针对农业、文化、科研院所、国家野外重点实验室等方面，从经济社会发展和国家安全对科技创新的新需求出发，确定了近、中、远期的工作目标和任务，为努力走出一条从人才强、科技强到产业强、经济强、国家强的发展新路径，加快建设创新型国家和世界科技强国，并提出了一系列管理规定。

（3）以项目为指引，强化组织领导。组织领导作为政策保障的关键环节，科技部为进一步明确国家科技重大专项的组织管理和工作流程，推动重大专项的组织实施，根据《关于深化中央财政科技计划（专项、基金等）管理改革的方案》《国家科技重大专项（民口）管理规定》《国家科技重大专项（民口）资金管理办法》，以及国家科技管理相关规定，从组织架构、评审机制、办事流程、经费支持等方面，专注目标指标、组织实施、资金使用、档案管理、成效影响、成果转化、后续管理等具体环节，为进一步明确国家科技重大专项的组织管理和工作流程，推动国家创新项目的组织实施，提供了一系列政策保障。

（4）建立健全科技创新政策，促进科技成果转化。为贯彻落实《中华人民共和国中小企业促进法》《中华人民共和国促进科技成果转化法》《国家创新驱动发展战略纲要》，深入实施创新驱动发展战略，引导我国科技创新的高质量发展，构建良好的科技成长生态，推动大众创业、万众创新纵深发展，激发企业、高校等多方创新主体的积极性和创造性，加快创新型国家建设，科技部从供给高校产业园、技术市场、企业孵化园等多个角度，制定了详细政策，促进科技成果的落地、转化。

2. 政策效力

对科技部 2018 年 1 月至 2019 年 6 月的 33 项科技政策进行“政策力度、政策目标、政策工具”的评价和打分，并得出政策效力的评估结果，如表 2.10 所示。

表 2.10　2018 年 1 月至 2019 年 6 月科技部科技政策效力评分结果　单位：分

项目	总得分	均值	最大值	最小值	单项满分
政策力度	66	2.00	2	2	5
政策目标	207	6.27	15	1	25
政策工具	524	15.88	38	0	65
政策效力	1462	44.30	96	2	450

首先，通过政策效力的评估结果可以看出，科技部各项科技政策的政策力度得分均为 2 分。由此可见，科技部颁布的科技政策力度较为一致，以宏观性较强的通知、意见和决定等部门规章为主，缺乏政策效力较高的行政法规等。

其次，就政策目标而言，政策目标各子目标的得分有所差异。通过计算各政策子目标得分所占总体政策目标得分的比重，得出图 2.9。由此可见，科技部的科技政策注重实现其政治功能目标，并重点关注政策在经济效益和科技进步方面的作用，而对社会发展和生态进化的关注度较低。

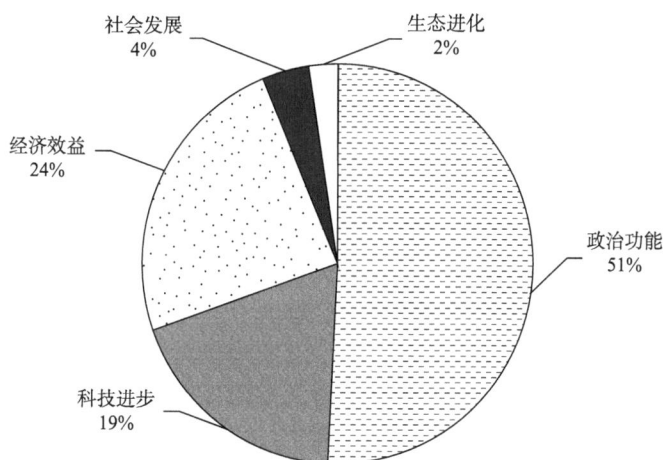

图 2.9　科技部政策目标子目标得分扇形图

最后，就政策工具而言，各子工具所占比重体现了政策的侧重点。图 2.10 为科技部各政策子工具得分所占政策工具总体得分的比重。可以看出，科技部的科技政策主要采用供给型政策以提供基础设施、科技信息、人力资源、公共财政和科技服务等直接支持，并通过部分的国际交流合作、贸易管制、示范工程和政府采购等方式促进需求，同时运用金融支持、法规管制、目标规划和税收优惠等手段为科技发展营造良好的氛围。

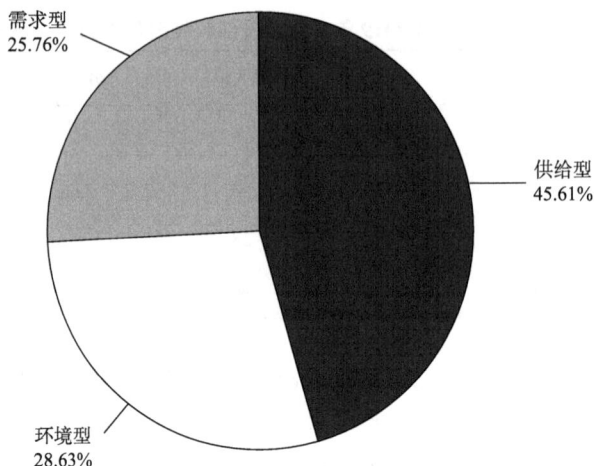

图 2.10　科技部政策工具子工具得分扇形图

综上所述，根据科技部 2018 年 1 月至 2019 年 6 月科技政策效力评估结果，可以得出以下结论。

第一，科技部的科技政策效力在政策目标、政策工具和政策力度三个维度上均表现为中下水平，从而导致整体政策效力也偏低。

第二，科技部颁布的科技政策力度较低。科技部颁布的科技政策力度均属于部门规章，缺乏政策效力较高的行政法规等，进而影响了整体的政策效力水平。

第三，科技部在设定政策目标上，兼顾了政治功能、科技进步、经济效益、社会发展和生态进化多个方面，根据部门职能特点、科技发展现状和需求战略对政策目标进行了一定的细化分解，并提出了部分明确、具体、可衡量的科技发展目标。但是，科技部对五个方面的政策目标关注度不均衡，最为关注其政治功能目标，也较为重视经济效益和科技进步目标，而对社会发展和生态进化目标有所忽视。

第四，在运用政策工具方面，科技部采取了较为全面的措施，主要在基础设施、科技信息、人力资源、公共财政和公共科技服务等方面提供支持，同时也通过国际交流合作、贸易管制、示范工程和政府采购来促进需求，以及运用金融支持、法规管制、目标规划和税收优惠等措施为科技发展营造良好的氛围。

2018 年 1 月至 2019 年 6 月科技部科技政策效力打分表如表 2.11 所示。

表2.11 2018年1月至2019年6月科技政策效力打分表（科技部）

单位：分

政策序号	政策目标						政策工具													政策力度							政策效力得分
	政治功能	科技进步	经济效益	社会发展	生态进化	小计	基础设施建设（供给型）	科技信息支持（供给型）	人力资源管理（供给型）	公共财政支持（供给型）	公共科技服务（供给型）	金融支持（环境型）	法规管制（环境型）	目标规划（环境型）	税收优惠（环境型）	国际交流合作（需求型）	贸易管制（需求型）	示范工程（需求型）	政府采购（需求型）	小计	法律	行政法规	地方性法规、自治条例和单行条例	部门规章	地方政府规章	其他地方政府部门规范性文件	小计	
	5/3/1/0	5/3/1/0	5/3/1/0	5/3/1/0	5/3/1/0		5/3/1/0	5/3/1/0	5/3/1/0	5/3/1/0	5/3/1/0	5/3/1/0	5/3/1/0	5/3/1/0	5/3/1/0	5/3/1/0	5/3/1/0	5/3/1/0	5/3/1/0		5/0	4/0	3/0	2/0	2/0	1/0		
1	3	0	3	0	0	6	1	0	3	0	5	1	0	5	1	0	0	3	0	19	0	0	0	2	0	0	2	50
2	5	5	5	0	0	15	1	0	5	0	5	3	0	5	1	1	0	5	0	26	0	0	0	2	0	0	2	82
3	3	0	0	0	0	3	0	0	0	0	0	0	3	3	0	0	0	3	0	9	0	0	0	2	0	0	2	24
4	3	0	0	0	0	3	0	0	0	0	5	0	0	1	0	0	0	0	0	6	0	0	0	2	0	0	2	18
5	3	1	0	0	0	4	0	0	0	5	0	0	1	1	0	1	0	0	0	8	0	0	0	2	0	0	2	24
6	3	0	0	1	0	4	0	0	0	0	0	0	0	1	0	0	0	5	0	6	0	0	0	2	0	0	2	20
7	5	1	3	0	0	9	1	0	3	1	5	3	0	3	0	5	0	5	0	26	0	0	0	2	0	0	2	70
8	3	3	3	3	0	12	3	0	5	0	3	1	0	5	0	5	0	5	0	27	0	0	0	2	0	0	2	78
9	5	0	3	0	0	8	3	0	3	0	3	3	0	1	3	3	0	3	1	23	0	0	0	2	0	0	2	62
10	5	0	5	3	0	13	3	3	3	0	5	0	0	3	0	3	0	1	0	21	0	0	0	2	0	0	2	68
11	3	3	0	0	0	6	5	3	1	0	5	0	1	0	0	0	0	1	1	17	0	0	0	2	0	0	2	46
12	5	5	1	0	0	11	3	0	3	1	5	1	0	5	0	5	0	0	0	23	0	0	0	2	0	0	2	68
13	1	0	0	0	0	1	0	0	1	1	0	0	0	3	0	0	0	3	0	8	0	0	0	2	0	0	2	18
14	1	0	0	0	0	1	0	0	0	0	0	0	0	0	0	0	0	0	0	0	0	0	0	2	0	0	2	2
15	3	0	0	0	0	3	0	0	0	0	0	0	0	0	0	0	0	0	0	0	0	0	0	2	0	0	2	6
16	3	3	3	0	1	10	0	0	5	1	5	0	0	3	0	1	0	5	0	20	0	0	0	2	0	0	2	60

续表

政策序号	政策目标						政策工具													政策力度							政策效力得分
	政治功能	科技进步	经济效益	社会发展	生态进化	小计	基础设施建设（供给型）	科技信息支持服务（供给型）	人力资源管理支持（供给型）	公共财政支持（供给型）	金融支持（环境型）	法规管制（环境型）	目标规划（环境型）	税收规制优惠（环境型）	国际交流合作（需求型）	贸易管制（需求型）	示范工程（需求型）	政府采购（需求型）	小计	法律	行政法规	地方性法规、自治条例和单行条例	部门规章	地方政府规章	其他地方政府规范性文件	小计	
	5/3/1/0	5/3/1/0	5/3/1/0	5/3/1/0	5/3/1/0		5/3/1/0	5/3/1/0	5/3/1/0	5/3/1/0	5/3/1/0	5/3/1/0	5/3/1/0	5/3/1/0	5/3/1/0	5/3/1/0	5/3/1/0	5/3/1/0		5/0	4/0	3/0	2/0	2/0	1/0		
17	3	0	0	0	0	3	0	0	0	0	0	0	0	0	1	0	0	0	1	0	0	0	2	0	0	2	8
18	3	0	0	0	0	3	0	0	0	0	0	0	0	0	0	0	5	0	5	0	0	0	2	0	0	2	16
19	3	3	3	0	1	10	3	0	0	0	1	1	3	1	0	0	0	0	9	0	0	0	2	0	0	2	38
20	3	0	0	0	0	3	5	3	0	0	0	5	0	5	0	5	0	0	23	0	0	0	2	0	0	2	52
21	3	0	0	0	0	3	0	0	0	0	1	1	0	0	1	0	0	0	3	0	0	0	2	0	0	2	12
22	3	0	3	0	0	6	1	0	3	0	3	3	3	0	1	0	1	0	15	0	0	0	2	0	0	2	42
23	1	0	0	0	0	1	0	0	0	0	0	3	5	0	3	0	3	0	14	0	0	0	2	0	0	2	30
24	3	3	0	0	0	6	0	0	0	3	0	3	5	0	3	0	3	0	17	0	0	0	2	0	0	2	46
25	3	1	0	0	0	4	0	0	0	5	0	0	0	0	0	0	0	0	5	0	0	0	2	0	0	2	18
26	1	3	3	0	0	7	1	3	5	3	1	5	5	1	5	0	5	1	35	0	0	0	2	0	0	2	84
27	5	1	5	0	0	11	5	0	5	3	5	5	3	0	3	0	5	0	34	0	0	0	2	0	0	2	90
28	3	1	0	0	0	4	0	0	3	5	0	3	0	0	3	0	0	0	14	0	0	0	2	0	0	2	36
29	3	0	1	0	0	4	0	0	0	5	1	3	0	0	0	0	1	0	10	0	0	0	2	0	0	2	28
30	5	3	1	1	3	13	3	3	3	3	0	3	5	1	5	0	5	0	31	0	0	0	2	0	0	2	88
31	3	3	3	0	0	9	3	3	5	0	3	5	1	0	3	0	1	1	25	0	0	0	2	0	0	2	68
32	5	0	5	0	0	10	3	3	5	5	3	5	3	0	5	0	5	1	38	0	0	0	2	0	0	2	96
33	1	0	0	0	0	1	0	0	5	0	1	0	0	0	0	0	0	0	6	0	0	0	2	0	0	2	14

2.3　教育部颁布的科技政策

教育部有关科技政策的职能主要包括：规划、指导高等学校的自然科学和哲学、社会科学研究，协调、指导高等学校参与国家创新体系建设和承担国家科技重大专项等各类科技计划的实施工作，指导高等学校科技创新平台的发展建设，指导教育信息化和产学研结合等工作；负责协调我国有关部门开展与联合国教科文组织在教育、科技、文化等领域国际合作，负责与联合国教科文组织秘书处及相关机构、组织的联络工作；负责本部门教育经费的统筹管理，参与拟订教育经费筹措、教育拨款、教育基建投资的政策，负责统计全国教育经费投入情况。

2.3.1　政策外部特征

1. 政策数量

2018 年 1 月至 2019 年 6 月，教育部及其办公厅共计牵头颁布 24 项科技政策，其中 2018 年全年颁布 18 项，2019 年 1~6 月颁布 6 项，见表 2.12。

表 2.12　2018 年 1 月至 2019 年 6 月教育部颁布科技相关政策一览表

序号	政策名称	颁布单位
1	《教育部关于职业院校专业人才培养方案制订与实施工作的指导意见》	教育部
2	《教育部关于加强高校实验室安全工作的意见》	教育部
3	《全国职业院校教师教学创新团队建设方案》	教育部
4	《中国特色高水平高职学校和专业建设计划项目遴选管理办法（试行）》	教育部、财政部
5	《关于在院校实施"学历证书+若干职业技能等级证书"制度试点方案》	教育部、国家发展改革委、财政部、市场监管总局
6	《教育部办公厅关于进一步规范和加强研究生培养管理的通知》	教育部办公厅
7	《高等学校乡村振兴科技创新行动计划（2018—2022 年）》	教育部
8	《教育部关于完善教育标准化工作的指导意见》	教育部
9	《"长江学者奖励计划"管理办法》	中共教育部党组
10	《教育部关于加快建设高水平本科教育全面提高人才培养能力的意见》	教育部
11	《教育部 农业农村部 国家林业和草原局关于加强农科教结合实施卓越农林人才教育培养计划 2.0 的意见》	教育部、农业农村部、国家林业和草原局

续表

序号	政策名称	颁布单位
12	《教育部等六部门关于实施基础学科拔尖学生培养计划 2.0 的意见》	教育部、科技部、财政部、中国科学院、中国社会科学院、中国科协
13	《教育部 工业和信息化部 中国工程院关于加快建设发展新工科实施卓越工程师教育培养计划 2.0 的意见》	教育部、工信部、中国工程院
14	《教育部关于实施卓越教师培养计划 2.0 的意见》	教育部
15	《教育部办公厅关于贯彻落实〈推进互联网协议第六版（IPv6）规模部署行动计划〉的通知》	教育部办公厅
16	《全国职业院校技能大赛经费管理办法》	教育部
17	《关于高等学校加快"双一流"建设的指导意见》	教育部、财政部、国家发展改革委
18	《高等学校基础研究珠峰计划》	教育部
19	《前沿科学中心建设方案（试行）》	教育部
20	《高等学校科技成果转化和技术转移基地认定暂行办法》	教育部
21	《教育信息化 2.0 行动计划》	教育部
22	《高等学校人工智能创新行动计划》	教育部
23	《教师教育振兴行动计划（2018—2022 年）》	教育部、国家发展改革委、财政部、人社部、中央编办
24	《职业学校校企合作促进办法》	教育部、国家发展改革委、工信部、财政部、人社部、税务总局

2. 政策类别

教育部于 2018 年 1 月至 2019 年 6 月颁布的各个类别的科技政策数量如图 2.11 所示，颁布的政策类别共有 6 类，分别是"双创"与科技成果转化、科技创新项目、科技基础能力建设、科普与创新文化、人才队伍建设及战略导向和规划布局。其中，人才队伍建设类政策比例最高，占总数的 41.7%，其次是战略导向和规划布局及科技基础能力建设类政策，分别占总数的 33.3% 和 12.5%。

人才队伍建设类的政策共有 10 项，主要是聚焦于长江学者奖励、卓越人才培养 2.0 计划、专业人才培养、学位研究生及教师团队建设，包含了基础学科、农科、新工科、职业教育、本科教育、教师素质、教育改革和学位与研究生教育等方面。

战略导向和规划布局类的政策共有 8 项，主要是着眼于学科建设与专业建设，突出建设前沿、顶尖的学科，包含职业学校、"双一流"高校、前沿学科中心及基础研究珠峰计划及实验室安全等。

科技基础能力建设类的政策共有 3 项，全部以"通知"的形式颁布，主要集中于科技创新及成果运用，包括教育信息化 2.0、人工智能创新、互联网协议第六版（Internet Protocol Version 6，IPv6）规模部署及教师教育振兴等。其他 3 类政策类别各有 1 项政策颁布，"双创"与科技成果转化类的政策涉及科技成果转化与技术转移基础建设，科普与创新文化类的政策涉及全国职业院校技能大赛等，科技创新项目类的政策涉及高等学校乡村振兴科技创新行动。

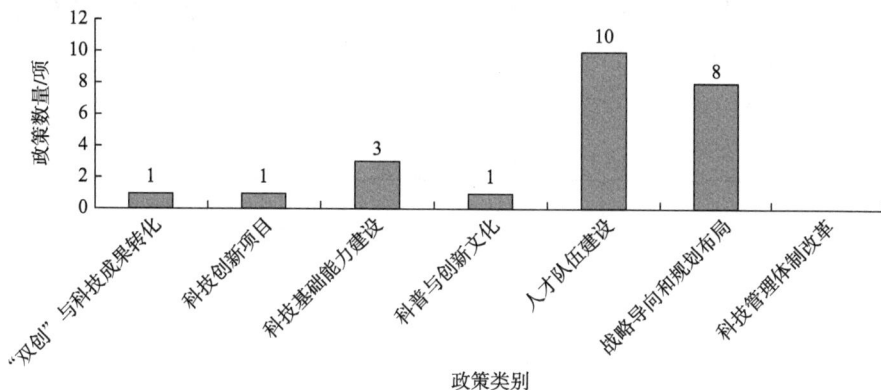

图 2.11　2018 年 1 月至 2019 年 6 月教育部各类科技政策数量图

3. 政策载体

教育部 2018 年 1 月至 2019 年 6 月，科技政策发文载体主要包括通知和意见两种，如图 2.12 所示。

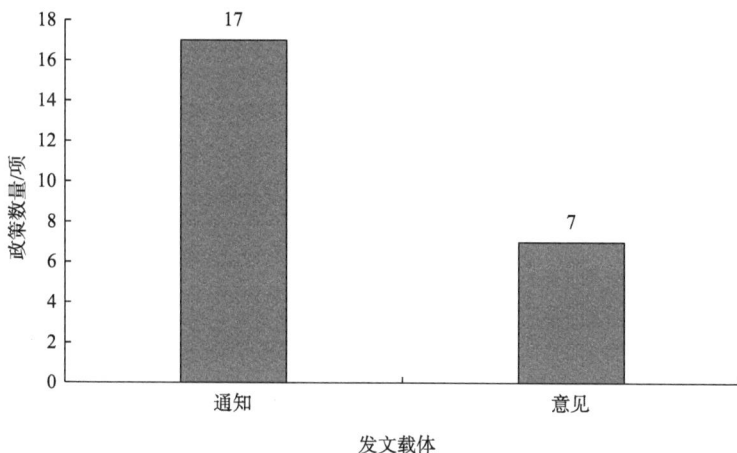

图 2.12　2018 年 1 月至 2019 年 6 月教育部颁布的科技政策发文载体

2.3.2　政策内部特征

1. 政策主题

使用 ROST CM6 软件对教育部 2018 年 1 月至 2019 年 6 月颁布的 24 项科技政策进行文本高频词提取和统计，剔除一些含义宽泛或与科技关联性较弱的词语后，使用共词聚类分析法，删除一些单独出现的高频词，得到 44 个高频词，教育部政策高频词表如表 2.13 所示。其中，从政策作用对象来看，宏观层面的主题词有"国家"、"机制"、"体系"与"资源"，而中观层面的有"教育"、"服务"、"人才"与"管理"，微观层面的是"高校"、"职业"、"学科"、"研究"与"质量"，说明教育部倾向于颁布微观层面的政策，重点关注科技人才培养及人才培养的具体领域；其他主题词则主要是正导向的动词，如"发展"、"建设"、"培养"、"创新"、"加强"、"改革"与"建立"。

表 2.13 高频词一览表（三）　　　　　　　　单位：次

主题词	词频	主题词	词频	主题词	词频
教育	926	国家	252	推动	197
建设	647	研究	250	质量	187
培养	540	学科	235	组织	182
创新	443	学生	231	重大	174
教师	437	服务	224	课程	173
发展	426	能力	220	建立	172
人才	425	机制	216	推进	170
高校	421	计划	213	提升	166
教学	410	改革	211	基础	162
技术	327	合作	210	培训	162
加强	287	资源	210	评价	156
标准	282	水平	209	领域	155
职业	267	体系	209	全面	150
学校	266	开展	204	社会	148
管理	255	科技	199		

在词频分析的基础上，对 44 个关键词建立了 44×44 的共词矩阵，然后进行相关系数转化，发现产生 9 个关键词的无效系数，故而对数据再次清洗，剩余 35×35 的共词矩阵。继而处理得到相异系数矩阵，采用组内连接和欧氏距离的方法，对高频词进行聚类分析，谱系图见图 2.13。

同时，运用 SPSS 对政策高频词进行多维尺度分析，通过观察不同高频词之间的距离远近、密度大小，判断它们是否属于同一个类别，高频词多维尺度分析结果如图 2.14 所示。

重新标度的距离聚类组合

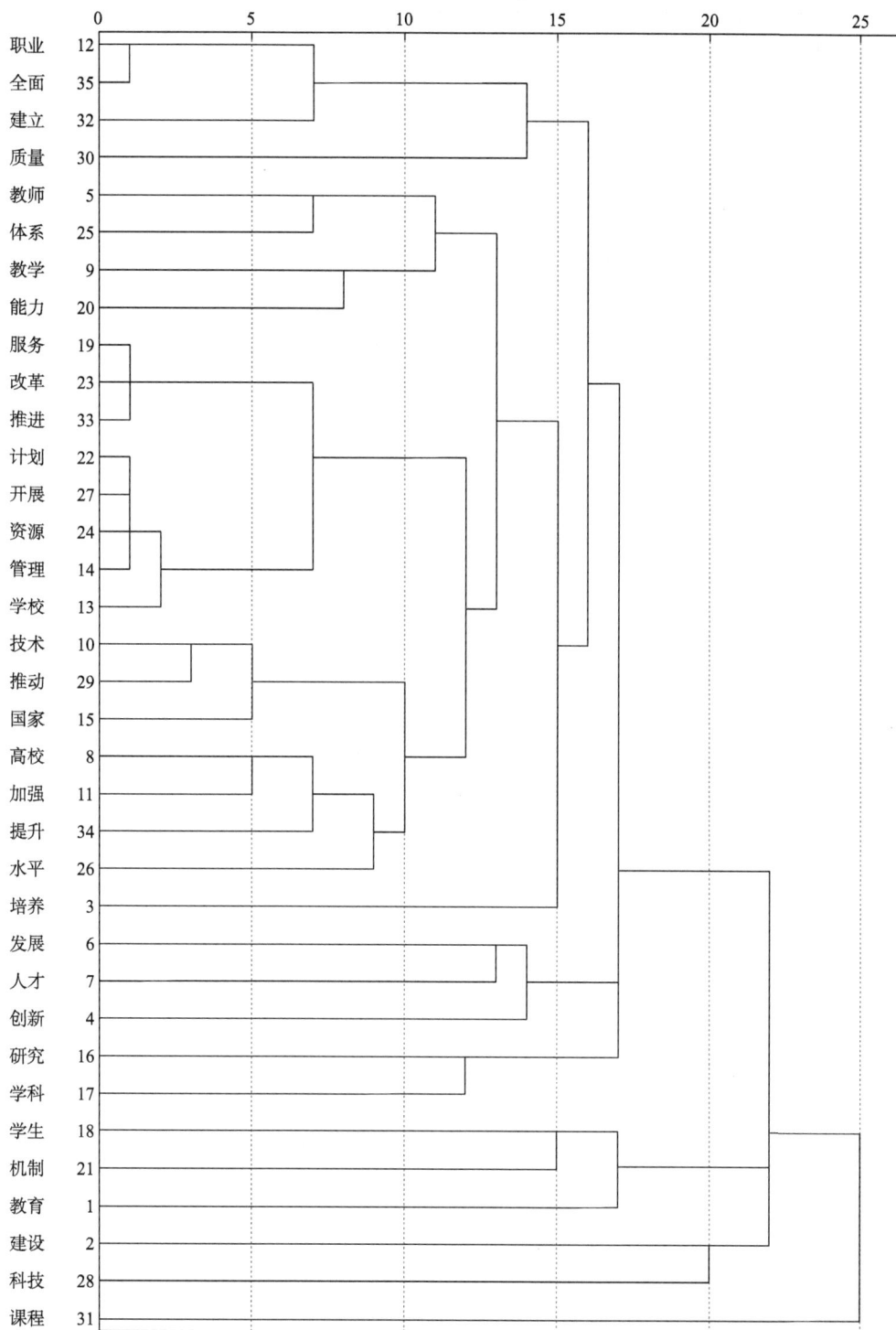

图 2.13　高频词谱系图（三）

派生的激励配置
Euclidean距离模型

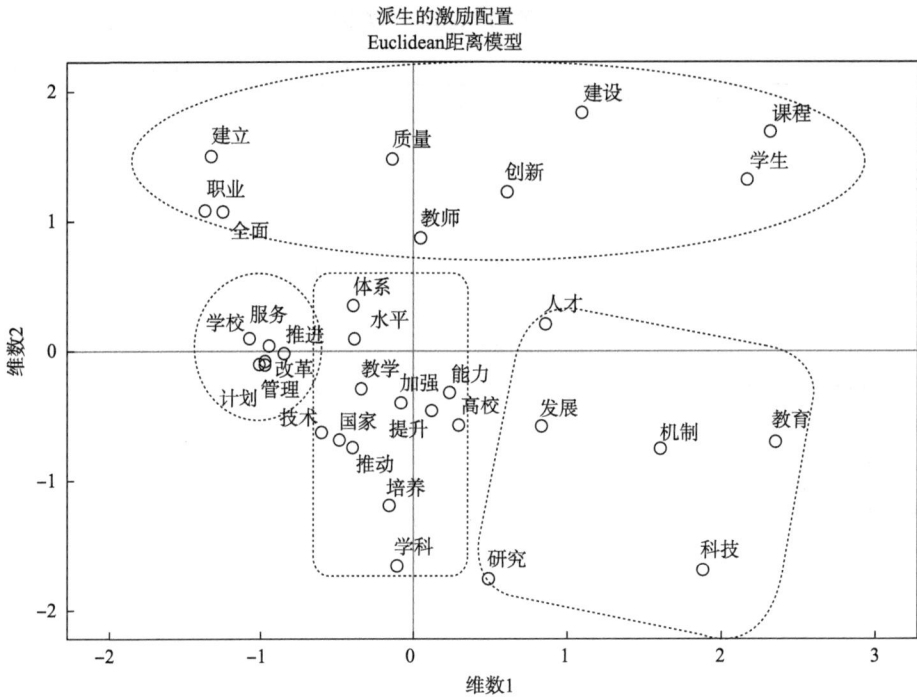

图 2.14　高频词多维尺度分析图（三）

结合政策高频词聚类谱系图和多维尺度分析图，删除 2 个与其他词关系不紧密的词后，可将 33 个高频主题词组成 4 个词团，这些词团在科技政策的语境下可以体现政策的主题内容，见表 2.14。

表 2.14　高频词及词团名称（三）

高频词	词团名称
建立、职业、全面、质量、教师、创新、建设、课程、学生	全面质量创新
学校、服务、推进、改革、管理、计划	学校管理改革
体系、水平、教学、加强、能力、技术、国家、推动、培养、学科、高校、提升	提升学科水平
人才、发展、研究、机制、教育、科技	人才发展研究

一是全面质量创新。为科技创新和科技强国而进行内涵式发展，提升质量，改革攻坚，全面提高科技人才培养能力，建设高等教育科技强国。这主要包括：教育信息化 2.0 行动计划、实施卓越农林人才教育培养计划 2.0、卓越教师培养计划 2.0、新工科实施卓越工程师教育培养计划 2.0、基础学科拔尖学生培养计划 2.0 等一系列 2.0 计划，加强本科教育计划及职业教育 1+X 教育改革等。主要采取的措施有：深入开展新工科研究与实践，树立工程教育新理念，创新工程教育教学组织模式，完善多主体协同育人机制，强化工科教师工程实践能力，健全创新创业教育体系；深化工程教育国际交流与合作；构建工程教育质量保障新体系；实施数字资源服务普及行动（建成国家教育资源公共服务体系，国家枢纽和国家教育资源公共服务平台，32 个省级体系全部连通，数字

教学资源实现开放共享，教育大资源开发利用机制全面形成）、网络学习空间覆盖行动（人人有空间，人人用空间，国家学分银行和终身电子学习档案）、网络扶智工程（扶贫先扶智，缓解教育数字鸿沟，实现公平而有质量的教育）、教育治理能力优化行动（提高教育管理信息化水平，推进教育政务信息系统整合共享，推进教育"互联网+政务服务"）、百区千校万课引领行动（百个典型区域，千所标杆学校，万堂示范课例）、数据校园规范建设行动、智慧教育创新发展行动、信息素养全面提升行动；推动高等农林教育创新发展，培育农林学生"爱农、知农、为农"素养，提升农林专业建设水平；创新农林人才培养模式，完善农科教协同育人机制，拓展一流师资队伍建设，培育高等农林教育质量文化；强化使命驱动，注重大师引领，创新学习方式，提升综合素养，促进学科交叉科教融合，深化国际合作；培育培训评价组织，开发职业技能等级证书，实施高质量职业培训，严格职业技能等级考试与证书发放，探索建立职业教育国家学分银行，建立健全监督管理与服务机制等。主要的保障措施有：完善实施保障机制，加强政策支持，加大经费保障，强化监督检查。总而言之，就是要注意教育的内涵式发展，探索新的人才发展模式，不断提高人才培养的质量，利用互联网先进科学技术，注重中国标准、中国模式与中国方案。

二是学校管理改革。针对教育部相关科技政策的实施，需要加强管理，注重管理方式方法的改革，主要包括：建设科技成果转化和技术转移基地（教育"奋进之笔"），促进职业学校校企合作，加强和规范技能大赛经费管理，完善教育标准化，加强高校实验室安全工作，推进 IPv6 规模部署行动，加强研究生培养管理，成立学位研究生教育指导委员会（教指委）等。主要采取的措施有以下几点。①东企西校跨区校企合作，地方政府支持校企合作，建设产教融合服务平台，把校企合作作为衡量职业学校办学水平的基本指标，吸收企业代表进入学校理事会。②重视教育标准化，明确教育标准的分类，规范教育标准制定程序，完善教育标准体系框架，完善教育标准实施机制，健全教育标准管理机制，深化国际合作与交流。③提高认识，深刻理解实验室安全的重要性；强化落实，健全实验室安全责任体系；务求实效，完善实验室安全管理制度；持之以恒，狠抓安全教育宣传培训；组织保障，加强安全工作能力建设；责任追究，建立安全工作奖惩机制。④实施基础网络设施升级改造，加快应用系统和服务升级，优化网络安全管理和防护，加强 IPv6 技术的支撑保障。⑤加强研究生培养管理，落实质量保证主体责任；立德树人，严格执行培养制度；以教学督导为主，研究生评教为辅；论文写作指导课程作为必修课；加强学位论文和学位授予管理；加强导师队伍建设（学术训导人，人生领路人）；加强学术诚信，加大违规行为查处力度，做到零容忍；加强学术透明化，主动接受监督；制定研究生学术基本要求，优化指导方案，深化培养制度改革；加大问题单位惩戒力度。总之是要配合教育内涵式高质量发展，探索更加合理有效的管理机制，并针对出现的问题对学校管理进行改革。

三是提升学科水平。通过对前沿学科、重点学科等进行建设，努力建设中国特色世界一流的学科，培养更多世界顶尖人才。主要采取的措施有以下几点。①实现前瞻性基础研究，引领性原创成果实现重大突破，支撑一批学科率先建成世界一流。②实施科学研究支撑行动（提升前沿科学与技术水平，促进学科交叉与融合创新，加强乡村振兴战略研究，强化农业领域重大基础理论研究，组织承担农业农村重大科技任务，建设高校乡村振兴战略研究高端智库，支持高校开展乡村调查研究）、技术创新攻关行动（攻克核心关键技术与装备，强化技术支撑体系创新、现代农业产业支撑关键技术创新、农业生态安全科技创新，加强美丽乡村建设）、能力建设提升行动（加强农业农村领域重大条件平台建设，建设乡村振兴的协同创新平台，加强高校新农村发展研究院建设，建设高校乡村振兴示范基地，加强乡村振兴服务基地建设，加强高校乡村振兴科技服务联盟建设）、人才培养提质行动（促进学科专业发展建设，强化人才培养，加强基层人才能力培训，创新乡村振兴人才培养模式，加强乡村振兴高层次人才培养，广泛开展乡村振兴基层人才培训）、成果推广转化行动[加快农业技术转移转化，打通转移转化机制障碍，服务农村农业创新创业，构建高校乡村产业振兴创新联盟，鼓励大学生参与创新创业（"互联网+农业"赛道），加快重大成果的推广应用]、脱贫攻坚助力行动（充分发挥高校人才与科技优势，开展精准脱贫的实验示范，书写科技脱贫攻坚"高校样本"，实施精准脱贫机制综合实验示范区专项、区域农业生态治理创新工程）、国际合作提升行动（加强高水平国际合作，促进国际人才交流，提升开放创新服务水平，打造高水平国际合作平台，举办国际乡村建设高峰论坛）。③深化"三全育人"改革，即全员、全过程、全方位育人；健全教材建设支撑体系，开展全国教材重点研究基地申报工作；强化本科教育基础地位；实施"六卓越一拔尖"计划 2.0，建设高水平本科教育；加强大学文化建设；充分利用新技术，构建全方位、全过程、全天候的数字校园支撑体系，提升教育、教学管理能力；人才培养、学术团队、科研创新三位一体。④优化高校人工智能领域科技创新体系；加快人工智能在教育领域的创新应用，利用智能技术支撑人才培养创新，以及教育方法的改革、教育治理能力的提升，构建智能化、网络化、个性化、终身化的教育体系；完善人工领域人才培养体系；推动高校人工智能领域科技成果转化与示范应用。

四是人才发展研究。科技人才是教育部发布科技政策所围绕的重点内容，以适应新时期经济社会发展需求，相关政策涉及高校人才的培养、职业学校校企合作人才的培养，以及教师人才的培养。①加强高校人才培养，主要措施包含：明确培养目标，结合学校办学层次和定位，科学合理确定专业培养目标；规范课程设置，课程设置分为公共基础课程和专业课程；合理安排学时，分专业合理分配学时；强化实践环节，积极推进学生实习实训；严格毕业要求，杜绝"清考"行为；促进书证融通，探索建立学历证书和职业技能等级证书的邮寄融合教学模式；加强分类指导，制订不同专业特点的人才培养方案。②促进职业学校校企合作，产教融合、校企合作是职业教育的基本办学模式，职业学校应根据自身特点和人才培养需求，主动与企业展开合作，具体措施包含：根据就业市场需求，合作设置专业和课程体系；相互为学生实习实训、教师实践等活动提供支持；依据企业岗位需求，开展学徒制合作，实行校企双主体育人；创建共同管理教学和科研机构；合作研发岗位规范、质量标准；等等。③振兴教师教育，教师教育是提升教育的动力源泉。主要措施包含：开展师德养成教育全面推行行动、教师培养层次提升行动、乡村教师素质提高行动、师范生生源质量改善行动、"互联网+教师教育"创新行动、教师教育改革试验区建设行动、教师教育师资队伍优化行动、教师教育学科专业建设行动；教师教育质量保障体系构建行动。

2. 政策效力

通读教育部的科技政策文本，并对教育部 24 项科技政策进行"政策力度、政策目标、政策工具"的评价和打分，得出政策效力的评估结果，如表 2.15 所示。

表 2.15　2018 年 1 月至 2019 年 6 月教育部科技政策效力评分结果　　单位：分

项目	总得分	均值	最大值	最小值	单项满分
政策力度	48	2	2	2	5
政策目标	321	13.38	23	4	25
政策工具	634	26.42	40	12	65
政策效力	1910	79.58	118	32	450

用单项满分与各项得分均值及单项政策在各项得分中的最大值和最小值进行比较，可以看出教育部 2018 年 1 月至 2019 年 6 月科技政策效力得分属于中等水平。其中，政策力度属于中下水平，政策工具和政策目标属于中等水平。

首先，通过政策效力的评估结果可以看出，教育部各项政策的政策力度得分均为 2 分。由此可见，教育部颁布的科技政策力度较为一致，以宏观性较强的通知、意见等部门规章为主。

其次，就政策目标而言，政策目标各子目标的得分有所差异。各政策子目标得分所占总体政策目标得分的比重，如图 2.15 所示。通过观察可以发现，政治功能与科技进步得分所占比例较大，分别为 30.53% 与 26.79%，其次为经济效益和社会发展，分别为 19.63% 和 18.07%，生态进化占比较小，为 4.98%。由此可见，教育部的科技政策注重实现其政治功能与科技进步目标，并重点关注政策在经济效益和社会发展方面的作用，而对生态进化的关注度较低。

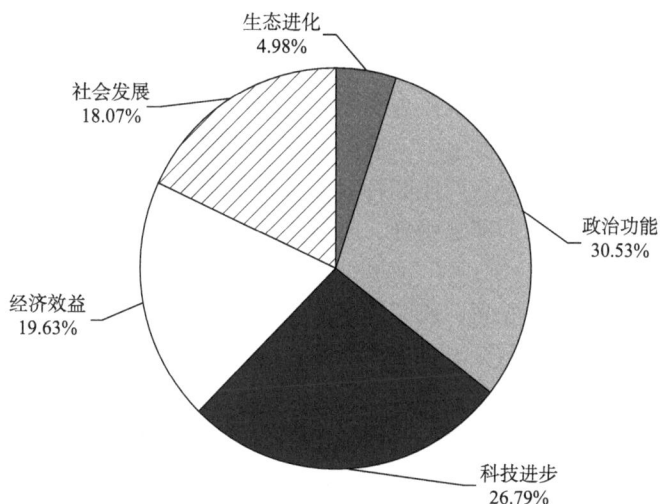

图 2.15　教育部政策目标子目标得分扇形图

最后，就政策工具而言，各子工具所占比重体现了政策的侧重点。图 2.16 为教育部各政策子工具得分所占政策工具总体得分的比重。可以看出，教育部的科技政策主要采用供给型政策促进人力资源发展、提供公共科技服务，并运用目标规划、法规管制等手段为科技发展营造良好的环境，同时通过国际交流合作、示范工程等方式促进需求。

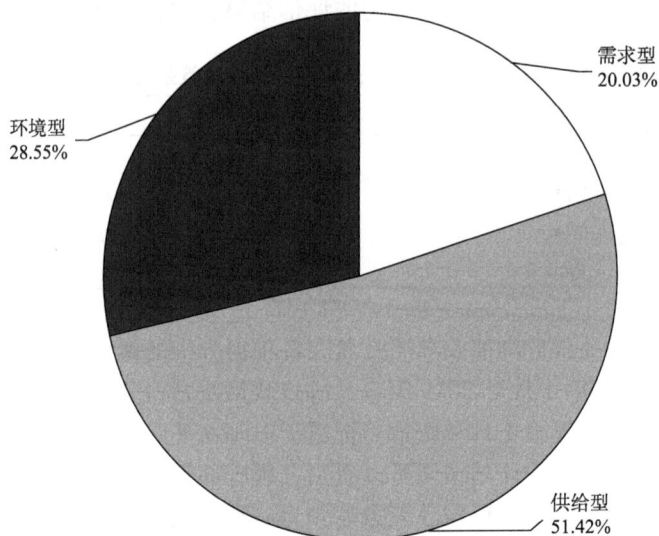

需求型
20.03%

环境型
28.55%

供给型
51.42%

图 2.16　教育部政策工具子工具得分扇形图

综上所述，根据教育部 2018 年 1 月至 2019 年 6 月科技政策效力评估结果，可以得出以下结论。

第一，教育部的科技政策效力在政策目标、政策工具和政策力度三个维度上表现为中等水平和中下水平，从而整体政策效力一般。具体而言，教育部为科技发展提供了较为具体和全面的政策措施，较好地满足了教育部科技人才培养、科技创新和发展需求。

第二，教育部颁布的科技政策力度较低。教育部政策以宏观性较强的通知、意见等为主，发文种类单一。教育部颁布的科技政策均属于部门规章，缺乏政策效力较高的行政法规等，进而影响了整体的政策效力水平。

第三，教育部在政策目标设置上，兼顾了政治功能、科技进步、经济效益、社会发展和生态进化多个方面，根据部门职能特点、科技发展现状和需求战略对政策目标进行了一定的细化分解，并提出了部分明确、具体、可衡量的科技发展目标，但对生态进化目标有所忽视。

第四，在运用政策工具方面，教育部采取了较为全面的措施，主要使用的工具有人力资源、公共科技服务、国际交流合作、示范工程、目标规划、法规管制，而使用其他工具的政策数量较少。

2018 年 1 月至 2019 年 6 月教育部科技政策效力打分表如表 2.16 所示。

表2.16　2018年1月至2019年6月科技政策效力打分表（教育部）

单位：分

政策序号	政策目标						政策工具													政策力度							政策效力得分
	政治功能	科技进步	经济效益	社会发展	生态进化	小计	基础设施建设（供给型）	科技信息支持（供给型）	人力资源管理（供给型）	公共财政支持（供给型）	公共科技服务（供给型）	金融支持（环境型）	法规管制（环境型）	目标规划（环境型）	税收优惠（环境型）	国际交流合作（需求型）	贸易管制（需求型）	示范工程（需求型）	政府采购（需求型）	小计	法律	行政法规	地方性法规、自治条例和单行条例	部门规章	地方政府规章	其他地方政府部门规范性文件	小计	
	5/3/1/0	5/3/1/0	5/3/1/0	5/3/1/0	5/3/1/0		5/3/1/0	5/3/1/0	5/3/1/0	5/3/1/0	5/3/1/0	5/3/1/0	5/3/1/0	5/3/1/0	5/3/1/0	5/3/1/0	5/3/1/0	5/3/1/0	5/3/1/0		5/0	4/0	3/0	2/0	2/0	1/0		
1	5	3	3	3	0	14	1	1	5	1	3	0	3	3	0	0	0	1	0	18	0	0	0	2	0	0	2	64
2	3	1	0	3	0	7	5	3	3	3	1	0	3	1	0	0	0	0	3	22	0	0	0	2	0	0	2	58
3	5	5	3	3	0	16	1	1	5	5	3	0	3	5	0	3	0	5	0	31	0	0	0	2	0	0	2	94
4	1	3	3	3	0	10	1	1	5	5	3	0	3	5	1	0	0	5	0	29	0	0	0	2	0	0	2	78
5	5	3	3	3	0	14	0	3	5	3	3	0	1	5	0	1	0	5	0	26	0	0	0	2	0	0	2	80
6	1	1	1	1	0	4	0	1	5	0	1	0	1	3	0	0	0	1	0	12	0	0	0	2	0	0	2	32
7	5	5	5	5	3	23	1	3	5	0	5	0	0	5	0	5	0	5	0	29	0	0	0	2	0	0	2	104
8	3	3	3	3	0	12	3	3	5	3	3	0	5	3	0	5	0	1	0	31	0	0	0	2	0	0	2	86
9	5	5	1	5	0	16	1	0	5	5	3	0	1	3	0	5	0	5	0	28	0	0	0	2	0	0	2	88
10	5	3	3	3	1	15	1	3	5	1	3	0	3	5	1	3	0	3	0	28	0	0	0	2	0	0	2	86
11	5	1	3	3	5	17	0	1	5	3	5	0	3	5	1	1	0	3	0	27	0	0	0	2	0	0	2	88
12	5	3	1	3	1	13	0	1	5	1	5	0	1	5	1	3	0	1	0	23	0	0	0	2	0	0	2	72
13	3	5	5	3	0	16	1	1	5	1	5	0	3	5	1	5	0	0	0	27	0	0	0	2	0	0	2	86
14	5	3	3	3	0	14	1	3	5	3	3	0	1	5	1	3	0	0	0	25	0	0	0	2	0	0	2	78
15	3	5	3	1	1	13	5	3	3	0	1	0	1	5	0	5	0	1	1	25	0	0	0	2	0	0	2	76
16	3	1	1	0	0	5	1	0	3	5	0	0	3	3	3	0	0	1	1	20	0	0	0	2	0	0	2	50
17	5	5	3	5	1	19	1	3	5	1	5	1	5	3	1	5	0	1	0	31	0	0	0	2	0	0	2	100

续表

政策序号	政策目标						政策工具													政策力度							政策效力得分
	政治功能	科技进步	经济效益	社会发展	生态进化	小计	基础设施建设（供给型）	科技信息支持（供给型）	人力资源管理（供给型）	公共财政支持（供给型）	公共科技服务（供给型）	金融支持（环境型）	法规管制（环境型）	目标规划（环境型）	税收优惠（环境型）	国际交流合作（需求型）	贸易管制（需求型）	示范工程（需求型）	政府采购（需求型）	小计	法律	行政法规	地方性法规、自治条例和单行条例	部门规章	地方政府规章	其他地方政府部门规范性文件	小计	
	5/3/1/0	5/3/1/0	5/3/1/0	5/3/1/0	5/3/1/0		5/3/1/0	5/3/1/0	5/3/1/0	5/3/1/0	5/3/1/0	5/3/1/0	5/3/1/0	5/3/1/0	5/3/1/0	5/3/1/0	5/3/1/0	5/3/1/0	5/3/1/0		5/0	4/0	3/0	2/0	2/0	1/0		
18	5	5	0	1	0	11	5	1	5	0	5	0	1	5	0	5	0	1	0	28	0	0	0	2	0	0	2	78
19	3	5	0	0	0	8	1	0	5	3	5	0	3	5	1	5	0	1	0	29	0	0	0	2	0	0	2	74
20	5	5	3	1	0	14	0	0	3	0	5	0	1	5	0	0	0	5	0	19	0	0	0	2	0	0	2	66
21	5	5	3	3	1	17	1	5	5	1	5	0	1	5	1	5	0	5	0	34	0	0	0	2	0	0	2	102
22	5	5	5	1	3	19	3	3	5	0	5	5	3	5	1	5	0	5	0	40	0	0	0	2	0	0	2	118
23	5	3	3	1	0	12	0	5	5	3	3	0	1	5	1	0	0	1	0	24	0	0	0	2	0	0	2	72
24	3	3	5	1	0	12	1	3	5	1	5	1	5	5	1	0	0	1	0	28	0	0	0	2	0	0	2	80

2.4 国家发展改革委颁布的科技政策

2.4.1 政策外部特征

1. 政策数量

2018 年 1 月至 2019 年 6 月国家发展改革委及其办公厅共牵头颁布 22 项科技政策,其中国家发展改革委牵头颁布 18 项,国家发展改革委办公厅牵头颁布 4 项,如表 2.17 所示。

表 2.17 2018 年 1 月至 2019 年 6 月国家发展改革委颁布科技相关政策一览表

编号	政策名称	颁布单位
1	《关于在全面创新改革试验区域深入推进知识产权保护体制机制改革的通知》	国家发展改革委、科技部、公安部、国家知识产权局
2	《发展改革委 粮食和储备局 教育部 人力资源社会保障部关于"人才兴粮"的实施意见》	国家发展改革委、国家粮食和物资储备局、教育部、人社部
3	《关于促进首台（套）重大技术装备示范应用的意见》	国家发展改革委、科技部、工信部、司法部、财政部、国资委、市场监管总局、国家知识产权局
4	《关于大力发展实体经济积极稳定和促进就业的指导意见》	国家发展改革委、教育部、科技部、工信部、公安部、民政部、财政部、人社部、自然资源部、住建部、交通运输部、农业农村部、商务部、中国人民银行、市场监管总局、国家统计局、全国总工会
5	《国家发展改革委办公厅关于开展首批国家农村产业融合发展示范园认定工作的通知》	国家发展改革委办公厅
6	《关于发展数字经济稳定并扩大就业的指导意见》	国家发展改革委、教育部、科技部、工信部、公安部、财政部、人社部、自然资源部、农业农村部、商务部、中国人民银行、税务总局、市场监管总局、国家统计局、中国银保监会、中国证监会、国家知识产权局、全国总工会、中华全国工商业联合会
7	《关于提升公共职业技能培训基础能力的指导意见》	国家发展改革委、教育部、科技部、工信部、财政部、人社部、农业农村部、审计署、市场监管总局、中国银保监会、全国总工会
8	《关于加强实训基地建设组合投融资支持的实施方案》	国家发展改革委、教育部、人社部、国家开发银行
9	《国家农村产业融合发展示范园认定管理办法（试行）》	国家发展改革委、农业农村部、工信部、财政部、自然资源部、商务部、文化和旅游部
10	《清洁能源消纳行动计划（2018—2020 年）》	国家发展改革委、国家能源局

续表

编号	政策名称	颁布单位
11	《关于对科研领域相关失信责任主体实施联合惩戒的合作备忘录》	国家发展改革委、中国人民银行、科技部、中央组织部、中宣部、中央编办、中央精神文明建设指导委员会办公室、中央网信办、最高法院、最高检察院、中央军委装备发展部、中央军委科学技术委员会、教育部、工信部、公安部、财政部、人社部、自然资源部、住建部、交通运输部、水利部、农业农村部、商务部、国家卫生健康委员会、国资委、海关总署、税务总局、市场监管总局、广电总局、中国科学院、中国社会科学院、中国工程院、中国银保监会、中国证监会、国家自然科学基金委员会、民航局、全国总工会、共青团中央、中华全国妇女联合会、中国科协、中国国家铁路集团有限公司
12	《提升新能源汽车充电保障能力行动计划》	国家发展改革委、国家能源局、工信部、财政部
13	《国家发展改革委 国家能源局关于积极推进风电、光伏发电无补贴平价上网有关工作的通知》	国家发展改革委、国家能源局
14	《国家发展改革委办公厅 工业和信息化部办公厅关于推进大宗固体废弃物综合利用产业集聚发展的通知》	国家发展改革委办公厅、工信部办公厅
15	《教育现代化推进工程实施方案》	国家发展改革委、教育部、人社部
16	《国家发展改革委关于培育发展现代化都市圈的指导意见》	国家发展改革委
17	《国家发展改革委办公厅关于开展第二批国家农村产业融合发展示范园创建工作的通知》	国家发展改革委办公厅
18	《建设产教融合型企业实施办法（试行）》	国家发展改革委、教育部
19	《国家发展改革委 科技部关于构建市场导向的绿色技术创新体系的指导意见》	国家发展改革委、科技部
20	《贯彻落实〈关于促进储能技术与产业发展的指导意见〉2019—2020 年行动计划》	国家发展改革委办公厅、科技部办公厅、工信部办公厅、国家能源局综合司
21	《推动重点消费品更新升级畅通资源循环利用实施方案（2019—2020 年）》	国家发展改革委、生态环境部、商务部
22	《绿色高效制冷行动方案》	国家发展改革委、工信部、财政部、生态环境部、住建部、市场监管总局、国家机关事务管理局

2. 政策类别

如图 2.17 所示，2018 年 1 月至 2019 年 6 月国家发展改革委颁布的科技政策中，数量较高的有战略导向和规划布局类、"双创"与科技成果转化类及科技基础能力建设类。其中，战略导向和规划布局类政策颁布的数量最多，共 8 项，这贴合国家发展改革委"组织拟订并推动实施高技术产业和战略性新兴产业发展规划政策"的具体职责。这些政策一部分是关于节能减排与资源循环利用，如《国家发展改革委办公厅 工业和信息化部办公厅关于推进大宗固体废弃物综合利用产业集聚发展的通知》《贯彻落实〈关于促进储能技术与产业发展的指导意见〉2019—2020 年行动计划》《提升新能源汽车充电保障能力行动计划》《清洁能源消纳行动计划（2018—2020 年）》《绿色高效制冷行动方案》《推动重点消费品更新升级畅通资源循环利用实施方案（2019—2020 年）》；其余 2 项是关于城市发展规划与教育的现代化的，分别是《国家发展改革委关于培育发展现代化都市圈的指导意见》和《教育现代化推进工程实施方案》。"双创"与科技成果转化类政策共 5 项，其中有 2 项涉及"双创"的示范基地，如《国家发展改革委办公厅关于开展首批国家农村产业融合发展示范园认定工作的通知》《国家发展改革委办公厅关于开展第二批国家农村产业融合发展示范园创建工作的通知》；还有 3 项是关于以创业带动就业的实施方法与指导意见的，如《建设产教融合型企业实施办法（试行）》等。科技基础能力建设类政策有 3 项，主要是具体研究基地建设的工作方案，如《关于促进首台（套）重大技术装备示范应用的意见》等。科技管理体制改革类与人才队伍建设类政策分别有 2 项。科普与创新文化类和科技创新项目类政策各有 1 项，分别是《关于对科研领域相关失信责任主体实施联合惩戒的合作备忘录》和《国家发展改革委 科技部关于构建市场导向的绿色技术创新体系的指导意见》。

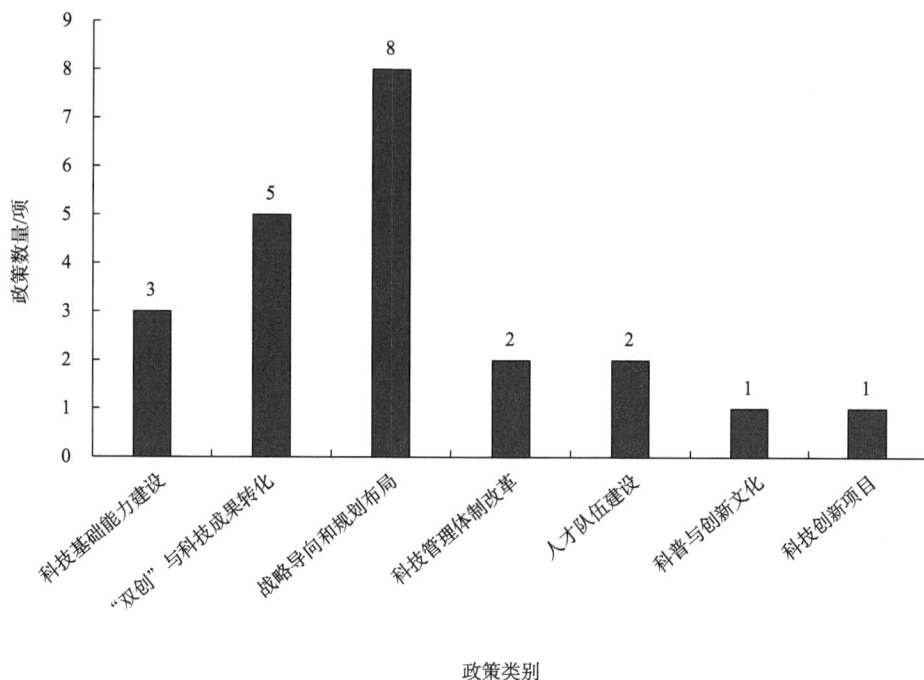

图 2.17　2018 年 1 月至 2019 年 6 月国家发展改革委各类科技政策数量图

3. 政策载体

国家发展改革委 2018 年 1 月至 2019 年 6 月科技政策发文载体主要包括通知和意见两种。大多数文件以通知的形式颁布，共 15 项；少数文件以意见的形式发文，共 7 项（图 2.18）。

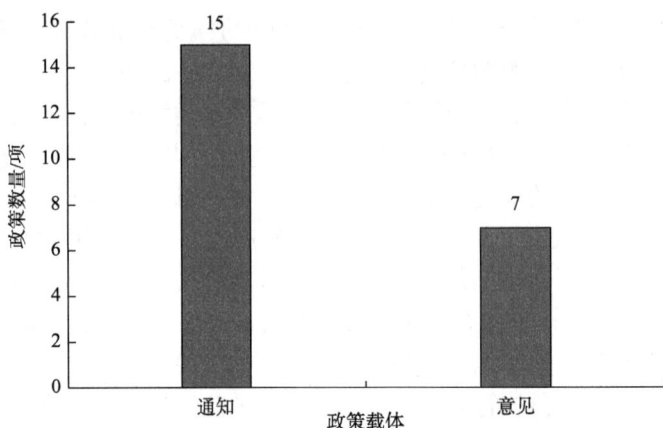

图 2.18　2018 年 1 月至 2019 年 6 月国家发展改革委颁布的科技政策发文载体

2.4.2　政策内部特征

1. 政策主题

通过使用 ROST CM6 软件对国家发展改革委 2018 年 1 月至 2019 年 6 月颁布的 22 项科技政策文本进行文本高频词提取和统计,剔除一些含义宽泛或与科技关联性较弱的词语后,使用共词聚类分析法,删除一些单独出现的高频词,得到 36 个高频词,国家发展改革委政策高频词表如表 2.18 所示。其中"发展"作为国家发展改革委制定政策的核心内容,出现频次最高,达到 724 次。从政策作用的主体看,关键词有"国家"、"企业"、"社会"、"基地"与"市场"等。从政策的关注对象看,"技术"、"创新"、"项目"、"资源"与"工业"等多被提及。从政策实施动词上看,政策文件多采用"建设"、"改革"、"融合"、"鼓励"、"开展"与"建立"等提法。

表 2.18　高频词一览表（四）　　　　　　　　　　　　　　　　　单位：次

主题词	词频	主题词	词频	主题词	词频
发展	724	资源	217	保障	146
建设	547	政策	205	社会	144
技术	446	鼓励	189	基础	132
创新	372	机制	182	完善	126
国家	370	市场	179	落实	123
企业	339	部门	177	能力	119
绿色	336	示范园	173	工业	118
项目	336	开展	164	平台	115
改革	289	建立	161	经济	114
能源	275	农村	158	质量	89
融合	237	管理	158	信息化	87
服务	234	基地	148	人力	85

在词频分析的基础上，对 36 个高频词建立 36×36 的共词矩阵，进行相关系数转化，继而处理得到相异系数矩阵。采用 SPSS 的组间连接和欧氏距离方法，对高频词进行了聚类分析，得到的谱系图如图 2.19 所示。

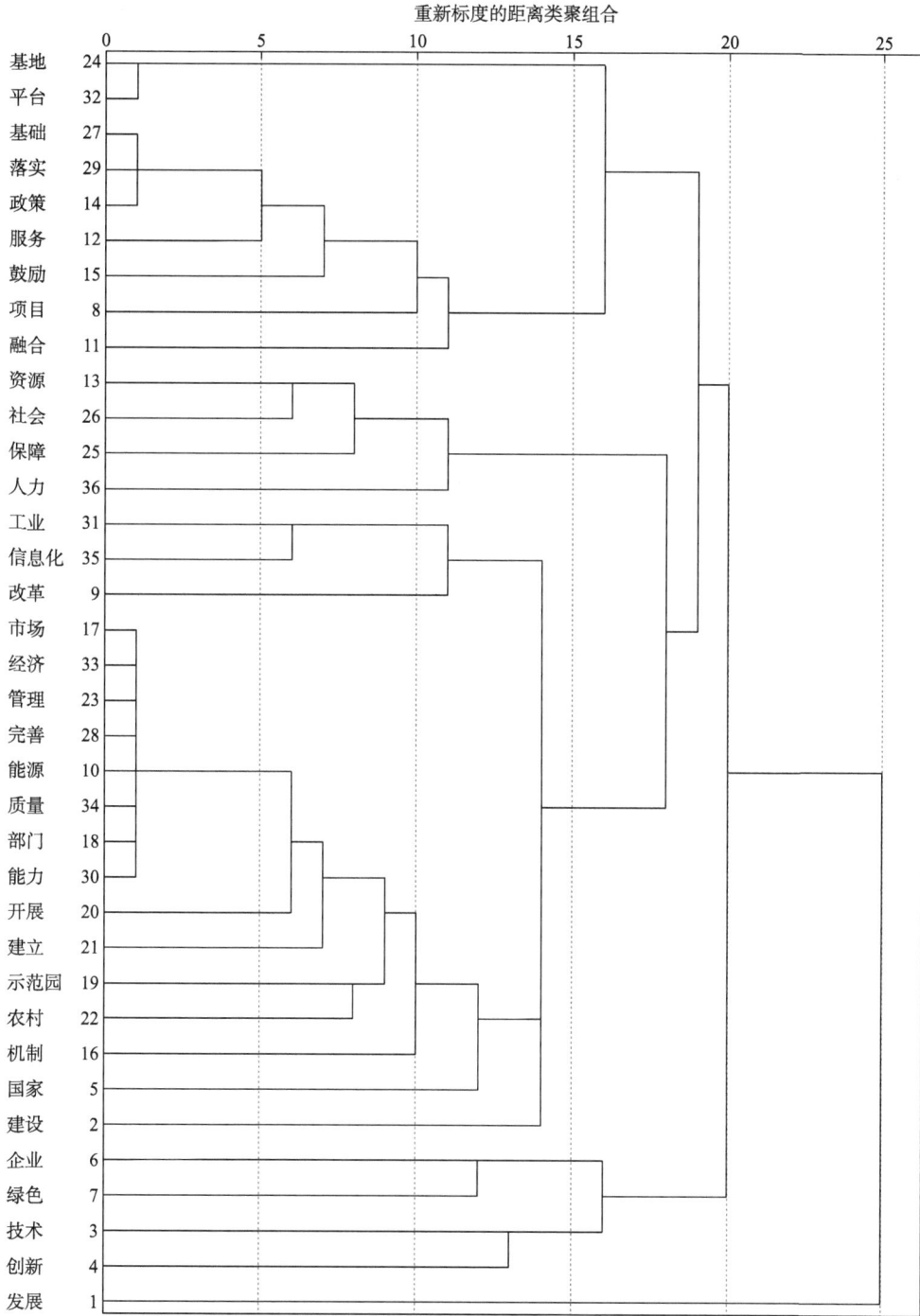

图 2.19　高频词谱系图（四）

同时，去除"完善"等共现力弱的词后，运用 SPSS 对政策高频词进行多维尺度分析，通过观察不同高频词之间的距离远近、密度大小，判断它们是否属于同一个类别，高频词多维尺度分析结果如图 2.20 所示。

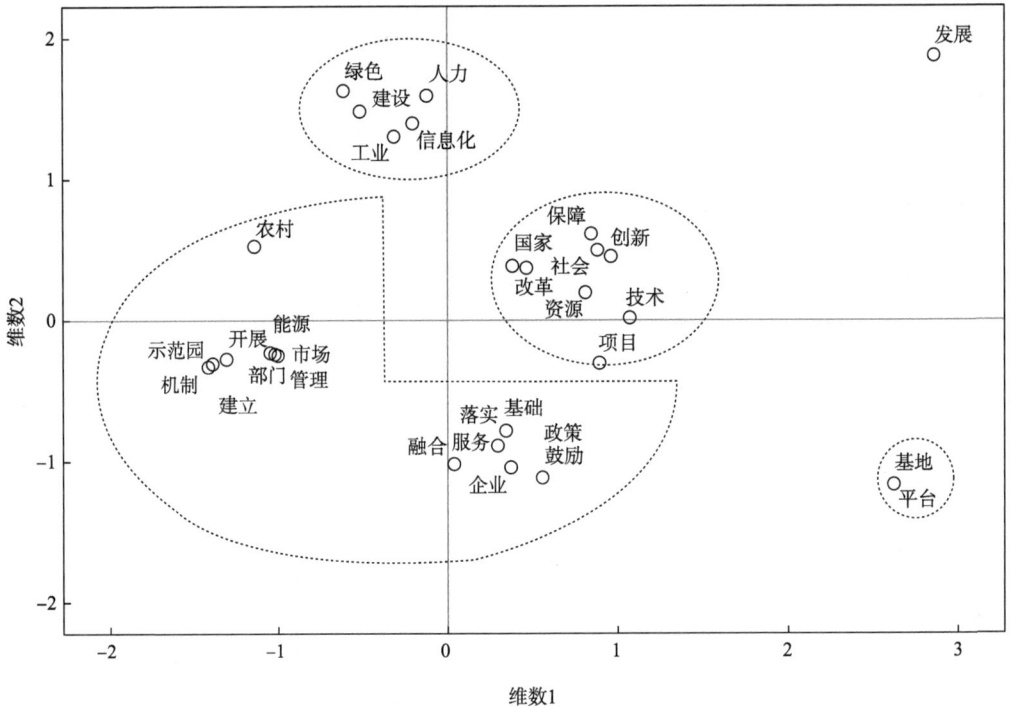

图 2.20　高频词多维尺度分析图（四）

由谱系图进而分析得到 4 个关键词团，分别是促进工业绿色发展、提高国家技术创新能力、建立农村产业融合发展示范园和加快资源循环利用基地建设，如表 2.19 所示。

表 2.19　高频词及词团名称（四）

高频词	词团名称
工业、绿色、建设、人力、信息化	促进工业绿色发展
国家、技术、创新、社会、保障、资源、改革、项目	提高国家技术创新能力
建立、农村、融合、示范园、开展、能源、市场、部门、管理、机制、落实、基础、服务、政策、鼓励、企业	建立农村产业融合发展示范园
基地、平台	加快资源循环利用基地建设

促进工业绿色发展相关内容包含：第一，以绿色技术为导向，构建工业绿色发展的技术体系；第二，以绿色消费为引领，增强工业绿色发展的基本动力；第三，以绿色治理为抓手，重构工业发展的微观基础；第四，以绿色能源为支撑，提供工业发展的清洁"血液"；第五，以绿色园区为载体，推动工业绿色低碳循环发展；第六，以绿色金融为

重点,建立与工业绿色发展相应的金融支持体系;第七,以绿色财税为突破,提供工业转型发展的宽松政策环境;第八,以绿色市场为基础,提供工业绿色发展的良好市场环境;第九,以绿色信用为助力,推动工业绿色低碳循环发展;第十,以绿色法律为保障,推动工业绿色低碳循环发展。

提高国家技术创新能力包括:第一,要充分发挥社会主义市场经济的独特作用,充分发挥我国社会主义制度优势,充分发挥科学家和企业家的创新主体作用,形成关键核心技术攻坚体制。第二,要聚焦国家需求,统筹整合力量,发挥国内市场优势,强化规划引领,形成更有针对性科技创新的系统布局和科技创新平台的系统安排。第三,要加快转变政府职能,改革重大科技项目立项和组织实施方式,强化成果导向,精简科研项目管理流程,给予科研单位和科研人员更多自主权。改革科研绩效评价机制,建立科学分类、合理多元的评价体系,改革国家科技奖励制度。第四,要加强软硬基础设施建设,完善科研平台开放制度,完善国家科技资源库,培育一批尖端科学仪器制造企业,加强知识产权保护和产权激励。第五,要推进产学研用一体化,支持龙头企业整合科研院所、高等院校力量,建立创新联合体,鼓励科研院所和科研人员进入企业,完善创新投入机制和科技金融政策。第六,要充分发挥人才创新创造活力,选好用好领军人物、拔尖人才,加大高技术领域专业人才培养。第七,要坚持开放合作创新,扩大科技领域对外开放,充分利用国际创新资源,开辟多元化合作渠道,精准选择合作领域,加强高等院校、科研院所等对外科技交流合作,强化创新伙伴关系。

建立农村产业融合发展示范园包括:支持建设一批农村产业融合发展示范园,加快延伸农业产业链、提升农业价值链、拓展农业多种功能、培育农村新产业新业态,促进园区健康、快速和可持续发展以及管理科学化、规范化,让农民更多分享农村产业融合发展红利,加大对示范园的支持力度,形成工作合力。鼓励示范园所在县(市、区、旗、农场)或地市政府,以示范园为重点,在不改变资金用途和管理要求的基础上,统筹利用各项涉农资金支持示范园符合条件的项目建设,完善示范园供水、供电、道路、通信、仓储物流、垃圾污水处理、环境美化绿化等设施条件。要对示范园用地在年度土地利用计划安排上予以倾斜支持,依法依规办理用地手续,鼓励按照国家有关规定,通过城乡建设用地增减挂钩、工矿废弃地复垦利用、依法利用存量建设用地等途径,多渠道保障示范园用地需求。支持示范园入园农业产业化龙头企业优先申报发行农村产业融合发展专项企业债券,支持入园小微企业以增信集合债券形式发行农村产业融合发展专项企业债券。

加快资源循环利用基地建设包括:总体目标是要以资源循环利用率为核心指标。具体目标主要为区域服务范围的主要废弃物资源化利用和无害化处理目标,包括基地主要废弃物无害化处理量(指基地建成投产后,形成的主要废弃物处理能力)、基地主要废弃物无害化处理率(指基地主要废弃物无害化处理量占城市废弃物回收量的比例)、主要废弃物资源化利用产品产量(指基地建成投产后,形成的主要废弃物资源化利用产品产能)、主要废弃物资源化利用率(指主要废弃物资源化利用产品产量占主要废弃物无害化处理量的比例），以及主要污染物排放等量化指标。围绕目标的实现、主要任务的落实及重点项目的建设，提出有针对性的保障措施，主要包括组织保障体系、地方政府支持政策、技术支撑体系、公共服务平台建设、污染防治监督管理体制、资源循环利用基地与收运体系的连接、统计评价考核体系建设、体制机制创新等方面。

2. 政策效力

我们对国家发展改革委 2018 年 1 月至 2019 年 6 月的 22 项科技政策进行"政策力度、政策目标、政策工具"的评价和打分，并得出政策效力的评估结果，如表 2.20 所示。

表 2.20　2018 年 1 月至 2019 年 6 月国家发展改革委科技政策效力评分结果　单位：分

项目	总得分	均值	最大值	最小值	单项满分
政策力度	44	2	2	2	5
政策目标	176	8	13	3	25
政策工具	322	14.64	32	5	65
政策效力	996	45.27	80	16	450

首先，通过政策效力的评估结果可以看出，国家发展改革委各项政策的政策力度得分均为 2 分。由此得出，国家发展改革委颁布的科技政策力度较为一致，以宏观性较强的通知、意见等部门规章为主，缺乏政策效力较高的行政法规等。

其次，就政策目标而言，政策目标各子目标的得分有所差异。通过计算各政策子目标得分所占总体政策目标得分的比重，得出图 2.21。由此可见，国家发展改革委的科技政策注重实现其政治功能目标，并重点关注生态进化和经济效益方面的作用，对社会发展的关注度一般，而对科技进步的关注度较低。

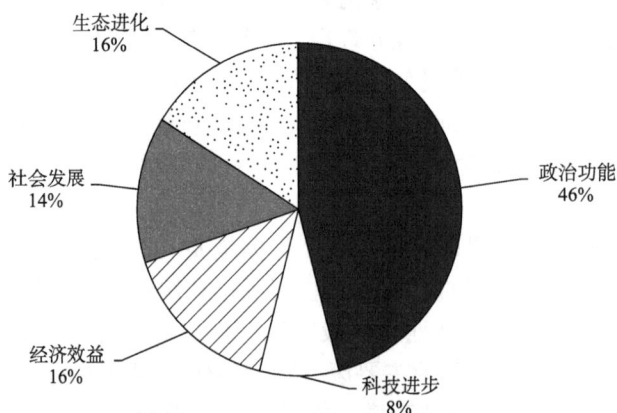

图 2.21　国家发展改革委政策目标子目标得分扇形图

最后，就政策工具而言，各子工具所占比重体现了政策的侧重点，图 2.22 为国家发展改革委各政策子工具得分所占政策工具总体得分的比重。可以看出，国家发展改革委的科技政策主要采用供给型政策以提供基础设施、科技信息、人力资源、公共财政和公共科技服务等直接支持，并通过部分的国际交流合作、贸易管制、示范工程和政府采购等方式促进需求，同时运用金融支持、法规管制、目标规划和税收优惠等手段为科技发展营造良好的氛围。

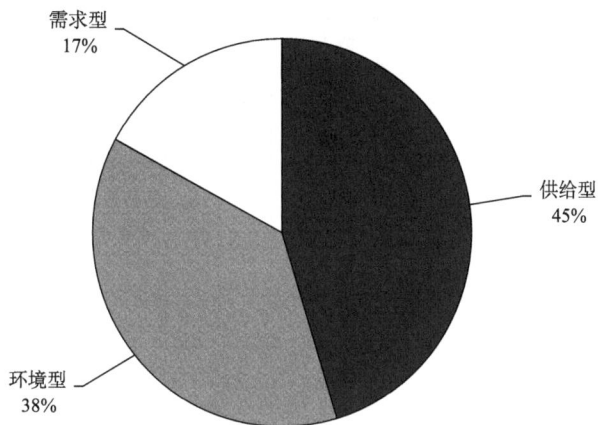

图 2.22　国家发展改革委政策工具子工具得分扇形图

综上所述，根据国家发展改革委 2018 年 1 月至 2019 年 6 月科技政策效力评估结果，可以得出以下结论。

第一，国家发展改革委的科技政策效力在政策目标、政策工具和政策力度三个维度上均表现为中下水平，从而导致整体政策效力也偏低。

第二，国家发展改革委颁布的科技政策力度较低。其中，国家发展改革委政策以宏观性较强的通知、意见为主，同时，其颁布的科技政策力度均属于部门规章，缺乏政策效力较高的行政法规等，进而影响了整体的政策效力水平。

第三，国家发展改革委在设定政策目标上，兼顾了政治功能、科技进步、经济效益、社会发展和生态进化多个方面，根据部门职能特点、科技发展现状和需求战略对政策目标进行了一定的细化分解，并提出了部分明确、具体、可衡量的科技发展目标。但是，国家发展改革委对这五个方面政策目标的关注度不均衡，最为关注其政治功能目标，也较为重视经济效益、生态进化、社会发展目标，而对科技进步目标有所忽视。

第四，在运用政策工具方面，国家发展改革委采取了较为全面的措施，主要在基础设施、科技信息、人力资源、公共财政和公共科技服务等方面提供支持，同时也通过国际交流合作、贸易管制、示范工程和政府采购来促进需求，以及运用金融支持、法规管制、目标规划和税收优惠等措施为科技发展营造良好的氛围。

2018 年 1 月至 2019 年 6 月国家发展改革委科技政策效力打分表如表 2.21 所示。

表2.21　2018年1月至2019年6月科技政策效力打分表（国家发展改革委）

单位：分

政策序号	政策目标						政策工具													政策力度							政策效力得分
	政治功能	科技进步	经济效益	社会发展	生态进化	小计	基础设施建设（供给型）	科技信息支持（供给型）	人力资源管理（供给型）	公共财政支持（供给型）	公共科技服务（供给型）	金融支持（环境型）	法规管制（环境型）	目标规划（环境型）	税收优惠（环境型）	国际交流合作（需求型）	贸易管制（需求型）	示范工程（需求型）	政府采购（需求型）	小计	法律	行政法规	地方性法规、自治条例和单行条例	部门规章	地方政府规章	其他地方政府部门规范性文件	小计	
	5/3/1/0	5/3/1/0	5/3/1/0	5/3/1/0	5/3/1/0		5/3/1/0	5/3/1/0	5/3/1/0	5/3/1/0	5/3/1/0	5/3/1/0	5/3/1/0	5/3/1/0	5/3/1/0	5/3/1/0	5/3/1/0	5/3/1/0	5/3/1/0		5/0	4/0	3/0	2/0	2/0	1/0		
1	3	0	0	1	0	4	0	0	0	0	5	0	1	1	0	0	0	0	0	7	0	0	0	2	0	0	2	22
2	3	5	0	3	0	11	1	0	5	0	3	0	3	3	0	0	0	1	0	16	0	0	0	2	0	0	2	54
3	3	3	0	1	0	7	3	3	0	3	3	3	3	3	3	0	0	5	3	32	0	0	0	2	0	0	2	78
4	3	0	1	1	0	5	1	0	3	1	1	3	1	0	0	3	0	1	0	14	0	0	0	2	0	0	2	38
5	3	0	5	1	0	9	1	0	0	0	0	1	1	3	0	0	0	5	0	11	0	0	0	2	0	0	2	40
6	5	0	1	1	0	7	1	0	5	0	5	1	5	3	0	0	0	1	0	21	0	0	0	2	0	0	2	56
7	5	0	0	1	0	6	3	3	5	3	0	0	1	1	0	0	0	0	0	16	0	0	0	2	0	0	2	44
8	3	1	3	1	0	8	5	1	1	3	1	1	1	1	0	0	0	5	0	19	0	0	0	2	0	0	2	54
9	5	0	1	0	1	7	1	0	0	0	0	5	1	1	0	0	0	0	0	8	0	0	0	2	0	0	2	30
10	5	0	1	1	5	12	5	0	0	0	0	0	5	5	0	0	0	0	0	15	0	0	0	2	0	0	2	54
11	3	1	0	1	0	5	1	1	1	0	0	1	5	0	0	0	0	0	1	10	0	0	0	2	0	0	2	30

续表

政策序号	政策目标						政策工具													政策力度							政策效力得分
	政治功能	科技进步	经济效益	社会发展	生态进化	小计	基础设施建设（供给型）	科技信息支持（供给型）	人力资源管理（供给型）	公共财政支持（供给型）	公共科技服务（供给型）	金融支持（环境型）	法规管制（环境型）	目标规划（环境型）	税收优惠（环境型）	国际交流合作（需求型）	贸易管制（需求型）	示范工程（需求型）	政府采购（需求型）	小计	法律	行政法规	地方性法规、自治条例和单行条例	部门规章	地方政府规章	其他地方政府部门规范性文件	小计	
	5/3/1/0	5/3/1/0	5/3/1/0	5/3/1/0	5/3/1/0		5/3/1/0	5/3/1/0	5/3/1/0	5/3/1/0	5/3/1/0	5/3/1/0	5/3/1/0	5/3/1/0	5/3/1/0	5/3/1/0	5/3/1/0	5/3/1/0	5/3/1/0		5/0	4/0	3/0	2/0	2/0	1/0		
12	5	1	0	1	3	10	5	1	0	1	1	0	3	0	0	1	0	0	1	13	0	0	0	2	0	0	2	46
13	0	1	1	0	1	3	1	0	0	1	0	0	0	1	0	0	0	0	0	5	0	0	0	2	0	0	2	16
14	1	1	1	0	3	6	3	0	0	1	0	1	3	3	0	0	0	0	1	9	0	0	0	2	0	0	2	30
15	5	0	1	5	0	11	5	1	5	5	0	0	3	5	0	0	0	0	0	24	0	0	0	2	0	0	2	70
16	5	0	1	1	1	8	5	1	0	1	3	1	3	0	0	0	0	0	0	13	0	0	0	2	0	0	2	42
17	5	0	3	1	0	9	1	1	0	3	0	3	3	1	0	0	0	5	0	17	0	0	0	2	0	0	2	52
18	3	0	3	1	0	7	1	1	0	0	0	1	3	0	1	0	0	1	0	8	0	0	0	2	0	0	2	30
19	5	1	1	1	5	13	3	3	0	0	5	3	1	0	0	3	0	5	3	27	0	0	0	2	0	0	2	80
20	3	0	3	1	1	8	3	0	0	0	0	0	3	5	0	0	0	3	0	14	0	0	0	2	0	0	2	44
21	3	0	3	1	3	10	3	1	0	1	1	1	3	0	0	0	1	0	0	10	0	0	0	2	0	0	2	40
22	5	0	1	1	3	10	1	1	0	1	0	1	3	1	0	3	0	1	1	13	0	0	0	2	0	0	2	46

2.5 财政部颁布的科技政策

2.5.1 政策外部特征

1. 政策数量

2018 年 1 月至 2019 年 6 月财政部及其办公厅共计牵头颁布 18 项科技政策，颁布政策的具体名称及颁布单位见表 2.22。

表 2.22 2018 年 1 月至 2019 年 6 月财政部颁布科技相关政策一览表

序号	政策名称	颁布单位
1	《关于进一步深入推进首台（套）重大技术装备保险补偿机制试点工作的通知》	财政部、工信部、中国银保监会
2	《关于进一步完善中央财政科技和教育资金预算执行管理有关事宜的通知》	财政部
3	《关于调整重大技术装备进口税收政策有关目录的通知》	财政部、国家发展改革委、工信部、海关总署、税务总局、国家能源局
4	《知识产权相关会计信息披露规定》	财政部、国家知识产权局
5	《关于提高研究开发费用税前加计扣除比例的通知》	财政部、税务总局、科技部
6	《关于印发科学事业单位执行〈政府会计制度——行政事业单位会计科目和报表〉的补充规定和衔接规定的通知》	财政部
7	《关于延长高新技术企业和科技型中小企业亏损结转年限的通知》	财政部、税务总局
8	《关于企业委托境外研究开发费用税前加计扣除有关政策问题的通知》	财政部、税务总局、科技部
9	《关于扩大国有科技型企业股权和分红激励暂行办法实施范围等有关事项的通知》	财政部、科技部、国资委
10	《中央级新购大型科研仪器设备查重评议管理办法》	财政部、科技部
11	《关于科技企业孵化器 大学科技园和众创空间税收政策的通知》	财政部、税务总局、科技部、教育部
12	《关于集成电路设计和软件产业企业所得税政策的公告》	财政部、税务总局
13	《关于进一步扶持自主就业退役士兵创业就业有关税收政策的通知》	财政部、税务总局、退役军人部
14	《关于进一步支持和促进重点群体创业就业有关税收政策的通知》	财政部、税务总局、人社部、国务院扶贫开发领导小组办公室
15	《关于节能 新能源车船享受车船税优惠政策的通知》	财政部、税务总局、工信部、交通运输部
16	《关于科技人员取得职务科技成果转化现金奖励有关个人所得税政策的通知》	财政部、税务总局、科技部
17	《关于将服务贸易创新发展试点地区技术先进型服务企业所得税政策推广至全国实施的通知》	财政部、税务总局、商务部、科技部、国家发展改革委
18	《关于开展 2019 年知识产权运营服务体系建设工作的通知》	财政部办公厅、国家知识产权局办公室

2. 政策类别

如图 2.23 所示，2018 年 1 月至 2019 年 6 月财政部颁布的科技政策中，关注的政策主题与目标聚焦于科技管理体制改革和"双创"与科技成果转化两个方面。科技管理体制改革类政策颁布的数量最多，共 10 项，这些政策主要为各个领域的管理办法或改革措施，如《关于进一步深入推进首台（套）重大技术装备保险补偿机制试点工作的通知》《关于进一步完善中央财政科技和教育资金预算执行管理有关事宜的通知》《关于调整重大技术装备进口税收政策有关目录的通知》《知识产权相关会计信息披露规定》《关于提高研究开发费用税前加计扣除比例的通知》等。"双创"与科技成果转化类政策共 5 项，包含《关于延长高新技术企业和科技型中小企业亏损结转年限的通知》《关于科技企业孵化器 大学科技园和众创空间税收政策的通知》《关于进一步扶持自主就业退役士兵创业就业有关税收政策的通知》《关于进一步支持和促进重点群体创业就业有关税收政策的通知》《关于科技人员取得职务科技成果转化现金奖励有关个人所得税政策的通知》。在人才队伍建设方面，颁布了《关于扩大国有科技型企业股权和分红激励暂行办法实施范围等有关事项的通知》。在科技基础能力建设方面，颁布了《中央级新购大型科研仪器设备查重评议管理办法》。在战略导向和规划布局方面，颁布了《关于开展 2019 年知识产权运营服务体系建设工作的通知》，这体现了财政部在宏观上的调控和促进科技成果转化方面的职责。

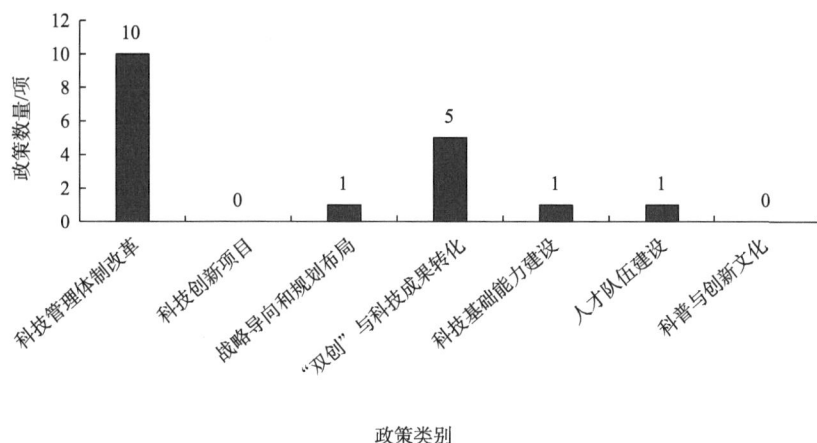

图 2.23　2018 年 1 月至 2019 年 6 月财政部各类科技政策数量图

3. 政策载体

如图 2.24 所示，2018 年 1 月至 2019 年 6 月财政部颁布的科技政策中，从发文载体上看，仅有通知一种形式，说明财政部科技政策发文载体单一，侧重于从宏观战略角度颁布通知这种规划型政策。

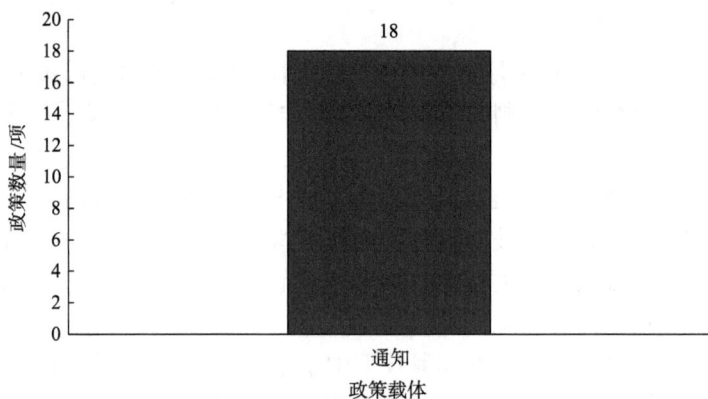

图 2.24　2018 年 1 月至 2019 年 6 月财政部颁布的科技政策发文载体

2.5.2　政策内部特征

1. 政策主题

通过 ROST CM6 软件对财政部颁布的 18 项政策文本进行词频统计，剔除一些含义宽泛或与科技关联性较弱的词语后，得出财政部科技政策文本高频词，如表 2.23 所示。其中，从政策作用对象来看，宏观层面的主题词有"事业"、"资金"与"制度"等，而中观层面的有"科目"、"科研"与"项目"，微观层面的是"企业"、"单位"与"汽车"等，这说明财政部颁布的政策既包括宏观层面的政策，又对企业及科研机构进行了有效引导；其他主题词则主要是正导向的动词，如"投资"。

表 2.23　高频词一览表（五）　　　　　　　　　　　　单位：次

主题词	词频	主题词	词频	主题词	词频
科目	842	规定	185	投资	116
单位	420	项目	185	资产	115
事业	389	预算	183	服务	113
科学	311	结余	182	专项	109
收入	295	支出	170	科技	108
资金	260	补助	165	长期	104
企业	252	财政	164	技术	103
制度	249	会计	155	借记	94
余额	232	知识	144	核算	94
金额	232	拨款	136	费用	92
非财政	208	政策	125		
科研	207	通知	122		
应当	200	汽车	121		
按照	193	产权	121		

　　在高词频的基础上，建立 38×38 的共词矩阵，删除 20 个与其他高频词联系微弱的词语，对所得的 18×18 的共词矩阵进行相关系数转化并得到相异系数矩阵，运用 SPSS 软件中的聚类分析功能，依照高频词的组内连接进行聚类，得出的谱系图如图 2.25 所示。

重新标度的距离聚类组合

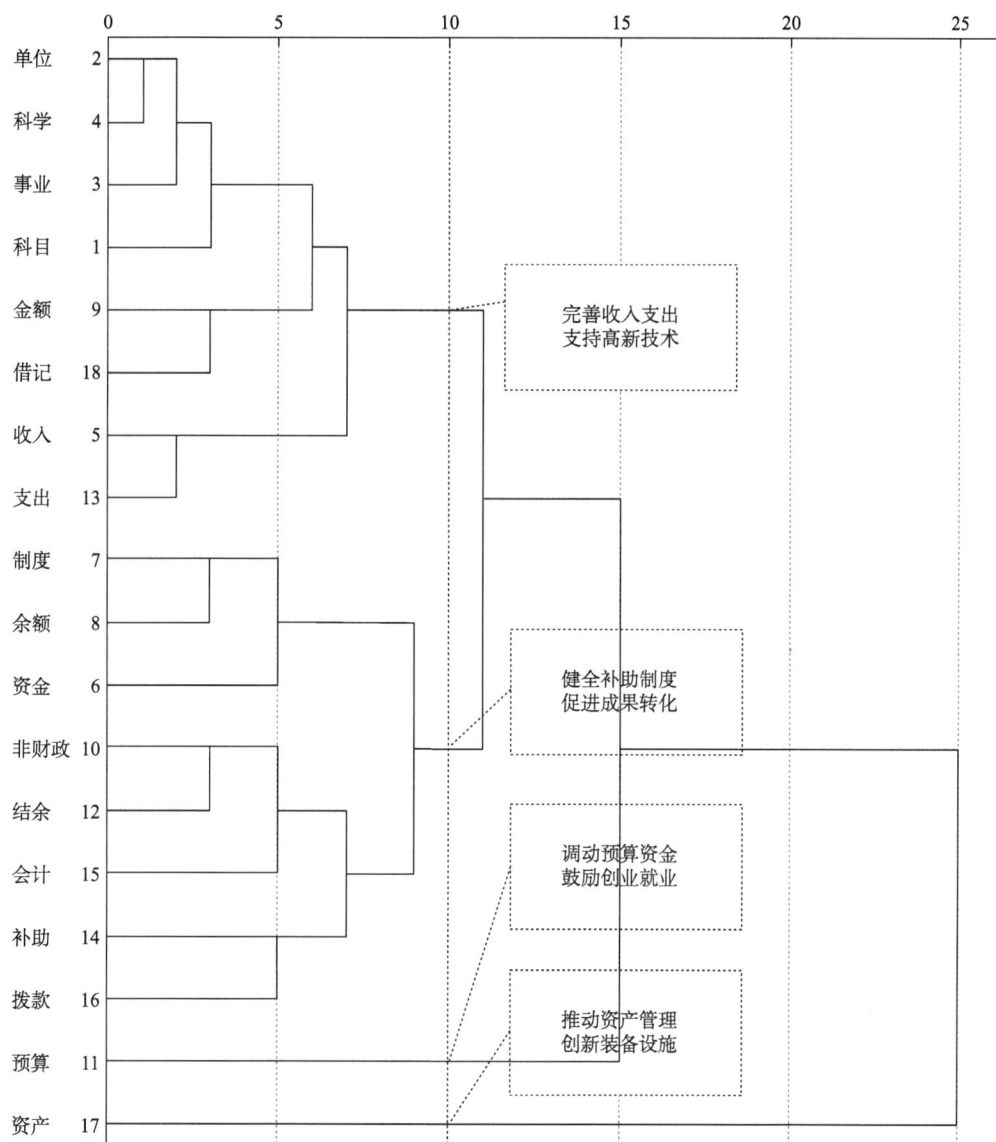

图 2.25　高频词谱系图（五）

结合政策高频词聚类谱系图，可将 18 个政策高频词划分为 4 个词团，这些词团在科技政策的语境下可以体现政策的主题内容，见表 2.24。

表 2.24　高频词及词团名称（五）

高频词	词团名称
单位、科学、事业、科目、收入、支出	完善收入支出，支持高新技术
非财政、结余、会计、补助、拨款	健全补助制度，促进成果转化
预算、金额、借记	调动预算资金，鼓励创业就业
资产、制度、余额、资金	推动资产管理，创新装备设施

将 18 个高频词放回 18 项政策文本的具体语境中，分析每个词团及其包含高频词的具体含义，分析政策文本传达出的政策焦点与主题。结合共词聚类分析和多维尺度分析，并参考具体政策内容，可将财政部 2018 年 1 月至 2019 年 6 月的 18 项科技政策的政策主题归纳和总结为以下 4 个方面。

（1）完善收入支出，支持高新技术。财政部在《关于提高研究开发费用税前加计扣除比例的通知》中，对企业研究开发费用（研发费用）税前加计扣除比例进行了提高，目的在于进一步激励企业加大研发投入，支持科技创新。《关于节能 新能源车船享受车船税优惠政策的通知》《关于将服务贸易创新发展试点地区技术先进型服务企业所得税政策推广至全国实施的通知》等则为支持高新技术企业和科技型中小企业发展，加快实施创新驱动发展战略，推动国有科技型企业建立健全激励分配机制，进一步增强技术和管理人员的获得感。在支持集成电路设计和软件产业发展方面，对依法成立且符合条件的集成电路设计企业和软件企业，在 2018 年 12 月 31 日前自获利年度起计算优惠期，第一年至第二年免征企业所得税，第三年至第五年按照 25% 的法定税率减半征收企业所得税，并享受至期满为止。

（2）健全补助制度，促进成果转化。财政部通过颁布如《关于印发科学事业单位执行〈政府会计制度——行政事业单位会计科目和报表〉的补充规定和衔接规定的通知》《关于提高研究开发费用税前加计扣除比例的通知》等，对财政补助和拨款的税收政策具体内容进行了一系列部署安排。为进一步支持国家大众创业、万众创新战略的实施，促进科技成果转化，依法批准设立的非营利性研究开发机构和高等学校根据《中华人民共和国促进科技成果转化法》规定，从职务科技成果转化收入中给予科技人员的现金奖励，可减按 50% 计入科技人员当月"工资、薪金所得"，依法缴纳个人所得税。政策文件中对科技人员的内涵也进行了规定，认为是非营利性科研机构和高校中对完成或转化职务科技成果做出重要贡献的人员，而非营利性科研机构和高校应按规定公示有关科技人员名单及相关信息（国防专利转化除外），具体公示办法由科技部会同财政部、税务总局制定。促进如专利技术（含国防专利）、计算机软件著作权、集成电路布图设计专有权、植物新品种权、生物医药新品种，以及科技部、财政部、税务总局确定的其他技术成果等的转化。

（3）调动预算资金，鼓励创业就业。财政部充分调动预算资金，颁布了《关于进一步完善中央财政科技和教育资金预算执行管理有关事宜的通知》，为优化资金支付管理，提高预算单位用款自主权，提高预算执行效率，允许部分科研项目和教育资金从本单位零余额账户向本单位或本部门其他预算单位实有资金账户划转；简化科研仪器设备进口产品备案内容，优化科研仪器设备变更采购方式审批程序，以进一步激励企业加大研发投入，支持科技创新，提高企业研究开发费用。在《关于进一步扶持自主就业退役士兵创业就业有关税收政策的通知》《关于进一步支持和促进重点群体创业就业有关税收政策的通知》和《关于科技企业孵化器 大学科技园和众创空间税收政策的通知》中，则进一步扶持自主就业退役士兵创业就业，规定自主就业退役士兵从事个体经营的，自办理个体工商户登记当月起，在 3 年内按每户每年 12 000 元为限额依次扣减其当年实际应缴纳的增值税、城市维护建设税、教育费附加、地方教育附加和个人所得税，限额标准最高可上浮 20%，各省、自治区、直辖市人民政府可根据本地区实际情况在此幅度内确定具体限额标准；对建档立卡贫困人口、持《就业创业证》或《就业失业登记证》的人员，从事个体经营的，也有相应的规定予以支持；为进一步鼓励创业创新，自 2019 年 1 月 1 日至 2021 年 12 月 31 日，对国家级、省级科技企业孵化器、大学科技园和国家备案众创空间自用以及无偿或通过出租等方式提供给在孵对象使用的房产、土地，免征房产税和城镇土地使用税；对其向在孵对象提供孵化服务取得的收入，免征增值税。

（4）推动资产管理，创新装备设施。在资产管理方面，为规范中央级新购大型科研仪器设备查重评议工作，减少重复浪费，促进资源共享，提高财政资金的使用效益，依据《国务院关于国家重大科研基础设施和大型科研仪器向社会开放的意见》等规定，对中央和地方所属高等院校、科研院所及其他科研机构利用中央财政资金申请购置大型科研仪器设备实施查重评议，制定了《中央级新购大型科研仪器设备查重评议管理办法》。需要指明的是，重大技术装备产品须具备以下条件：符合国家工业转型升级要求，且为当前国民经济建设和国家重大工程急需的装备产品；节能、节材、环保效果突出，经济效益和社会效益显著；首次进入市场阶段，尚未取得市场化业绩。调整重大技术装备进口税收政策，则意在促进重大技术装备创新。

2. 政策效力

我们对财政部 2018 年 1 月至 2019 年 6 月的 18 项科技政策进行"政策力度、政策目标、政策工具"的评价和打分，并得出政策效力的评估结果，如表 2.25 所示。用单项满分与各项得分均值及单项政策在各项得分中的最大值和最小值进行比较，可以看出财政部 2018 年 1 月至 2019 年 6 月科技政策效力得分属于中下水平。其中，政策工具、政策目标和政策力度得分均属于中下水平。

表 2.25　2018 年 1 月至 2019 年 6 月财政部科技政策效力评分结果　单位：分

项目	总得分	均值	最大值	最小值	单项满分
政策力度	36	2	2	2	5
政策目标	154	8.56	13	4	25
政策工具	281	15.61	29	5	65
政策效力	870	48.33	80	20	450

　　首先，通过政策效力的评估结果可以看出，财政部各项政策的政策力度得分均为 2 分。由此得出，财政部颁布的科技政策力度较为一致，具体体现为宏观性较强的通知，缺乏政策效力较高的行政法规等。

　　其次，就政策目标而言，政策目标各子目标的得分有所差异。通过计算各政策子目标得分所占总体政策目标得分的比重，得出图 2.26。由此可见，财政部的科技政策注重实现其经济效益目标，并重点关注政策在政治功能和科技进步方面的作用，而对社会发展和生态进化的关注度较低。

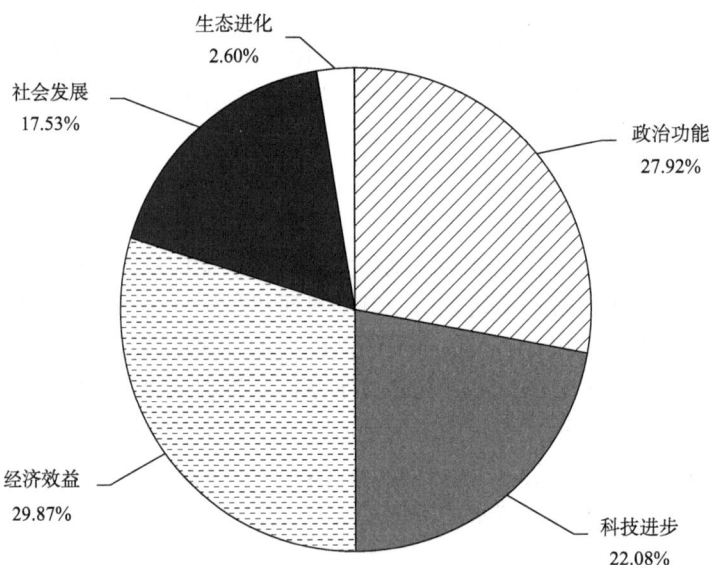

图 2.26　财政部政策目标子目标得分扇形图

　　最后，就政策工具而言，各子工具所占比重体现了政策的侧重点。图 2.27 为财政部各政策子工具得分所占政策工具总体得分的比重。可以看出，财政部的科技政策主要采用供给型政策以提供基础设施、科技信息、人力资源、公共财政和公共科技服务等直接支持，并通过部分的国际交流合作、贸易管制、示范工程和政府采购等方式促进需求，同时运用金融支持、法规管制、目标规划和税收优惠等手段为科技发展营造良好的氛围。

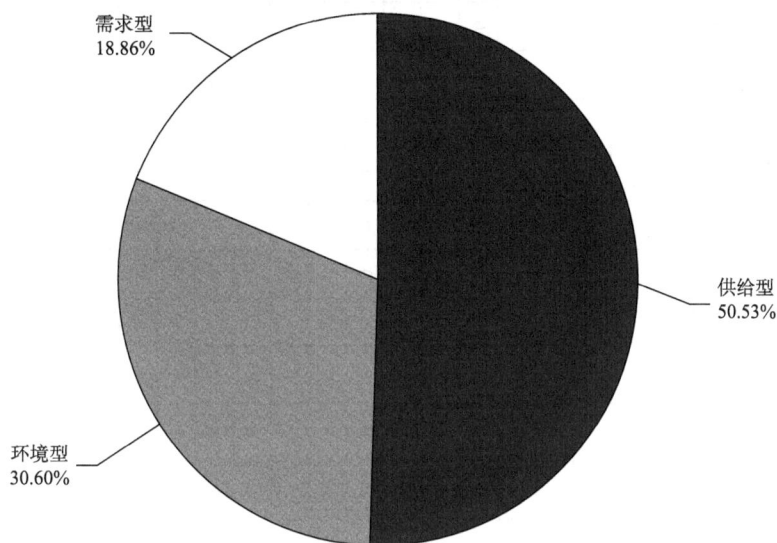

图 2.27　财政部政策工具子工具得分扇形图

综上所述，根据财政部 2018 年 1 月至 2019 年 6 月科技政策效力评估结果，可以得出以下结论。

第一，财政部的科技政策效力在政策目标、政策工具和政策力度三个维度上均表现为中下水平，从而导致整体政策效力也偏低。

第二，财政部颁布的科技政策力度较低，均为宏观性较强的通知，发文种类单一，且财政部的科技政策力度均属于部门规章，缺乏政策效力较高的行政法规等，进而影响了整体的政策效力水平。

第三，财政部在设定政策目标上，兼顾了政治功能、科技进步、经济效益、社会发展和生态进化多个方面，根据部门职能特点、科技发展现状和需求战略对政策目标进行了一定的细化分解，并提出了部分明确、具体、可衡量的科技发展目标。但是，财政部对这五个方面政策目标的关注度不均衡，最为关注其经济效益目标，也较为重视政治功能和科技进步目标，而对社会发展和生态进化目标有所忽视。

第四，在运用政策工具方面，财政部采取了较为全面的措施，主要在基础设施、科技信息、人力资源、公共财政和公共科技服务等方面提供支持，同时也通过国际交流合作、贸易管制、示范工程和政府采购来促进需求，以及运用金融支持、法规管制、目标规划和税收优惠等措施为科技发展营造良好的氛围。

2018 年 1 月至 2019 年 6 月财政部科技政策效力打分表如表 2.26 所示。

表2.26　2018年1月至2019年6月科技政策效力打分表（财政部）

单位：分

政策序号	政策目标						政策工具													政策力度							政策效力得分
	政治功能	科技进步	经济效益	社会发展	生态进化	小计	基础设施建设（供给型）	科技信息支持（供给型）	人力资源管理（供给型）	公共财政支持（供给型）	公共科技服务（供给型）	金融支持（环境型）	法规管制（环境型）	目标规划（环境型）	税收优惠（环境型）	国际交流合作（需求型）	贸易管制（需求型）	示范工程（需求型）	政府采购（需求型）	小计	法律	行政法规	地方性法规、自治条例和单行条例	部门规章	地方政府规章	其他地方政府部门规范性文件	小计	
	5/3/1/0	5/3/1/0	5/3/1/0	5/3/1/0	5/3/1/0		5/3/1/0	5/3/1/0	5/3/1/0	5/3/1/0	5/3/1/0	5/3/1/0	5/3/1/0	5/3/1/0	5/3/1/0	5/3/1/0	5/3/1/0	5/3/1/0	5/3/1/0		5/0	4/0	3/0	2/0	2/0	1/0		
1	1	3	3	1	1	9	1	3	0	5	0	1	0	5	1	0	0	3	0	19	0	0	0	2	0	0	2	56
2	1	3	5	0	0	9	1	0	0	5	5	3	0	5	1	0	1	5	0	26	0	0	0	2	0	0	2	70
3	0	3	3	0	0	6	0	0	0	0	0	0	3	3	3	0	0	3	0	12	0	0	0	2	0	0	2	36
4	3	0	3	0	0	6	0	3	0	5	0	0	0	1	0	0	0	0	0	9	0	0	0	2	0	0	2	30
5	3	3	3	0	0	9	0	0	0	5	0	0	1	1	0	1	0	0	0	8	0	0	0	2	0	0	2	34
6	3	0	1	0	0	4	0	5	0	0	0	0	0	0	0	1	0	0	0	6	0	0	0	2	0	0	2	20
7	5	3	3	0	0	11	1	3	3	1	5	3	0	3	0	5	0	5	0	29	0	0	0	2	0	0	2	80
8	3	3	3	3	0	12	3	0	5	0	3	1	0	5	0	5	0	5	0	27	0	0	0	2	0	0	2	78
9	3	0	3	0	0	6	0	0	3	3	3	3	0	1	3	0	0	0	1	17	0	0	0	2	0	0	2	46
10	0	5	5	3	0	13	5	3	0	0	5	3	3	0	3	1	0	1	0	24	0	0	0	2	0	0	2	74
11	3	3	0	0	0	6	3	3	1	0	5	3	0	0	0	1	0	0	1	17	0	0	0	2	0	0	2	46
12	0	5	5	1	0	11	0	0	0	3	5	0	0	0	5	5	0	0	0	18	0	0	0	2	0	0	2	58
13	3	0	0	5	0	8	1	0	1	5	0	0	0	3	0	0	0	3	0	13	0	0	0	2	0	0	2	42
14	3	0	0	5	0	8	1	0	1	5	0	0	0	3	3	0	0	0	0	13	0	0	0	2	0	0	2	42
15	3	3	3	0	0	9	0	0	0	0	0	0	0	0	5	0	0	0	0	5	0	0	0	2	0	0	2	28
16	3	0	3	3	3	12	0	0	5	1	5	0	0	3	0	1	0	5	0	20	0	0	0	2	0	0	2	64
17	3	0	3	3	0	9	0	0	0	0	1	0	0	5	0	0	0	0	0	6	0	0	0	2	0	0	2	30
18	3	0	3	0	0	6	0	0	0	0	5	0	0	5	0	0	0	0	0	10	0	0	0	2	0	0	2	32

2.6　工信部颁布的科技政策

2.6.1　政策外部特征

1. 政策数量

2018 年 1 月至 2019 年 6 月工信部及其办公厅牵头颁布科技政策共 18 项，其中工信部牵头颁布 15 项，工信部办公厅牵头颁布 3 项。颁布政策的具体名称及颁布单位见表 2.27。

表 2.27　2018 年 1 月至 2019 年 6 月工信部颁布科技相关政策一览表

编号	政策名称	颁布单位
1	《工业和信息化部办公厅 财政部办公厅关于发布支持打造大中小企业融通型和专业资本集聚型创新创业特色载体工作指南的通知》	工信部办公厅、财政部办公厅
2	《工业互联网综合标准化体系建设指南》	工信部、国家标准化管理委员会
3	《超高清视频产业发展行动计划（2019—2022 年）》	工信部、广电总局、中央广播电视总台
4	《智能船舶发展行动计划（2019—2021 年）》	工信部、交通运输部、国家国防科技工业局
5	《车联网（智能网联汽车）产业发展行动计划》	工信部
6	《工业和信息化部关于加快推进虚拟现实产业发展的指导意见》	工信部
7	《工业和信息化部关于工业通信业标准化工作服务于"一带一路"建设的实施意见》	工信部
8	《原材料工业质量提升三年行动方案（2018—2020 年）》	工信部、科技部、商务部、市场监管总局
9	《国家智能制造标准体系建设指南（2018 年版）》	工信部、国家标准化管理委员会
10	《推动企业上云实施指南（2018—2020 年）》	工信部
11	《国家车联网产业标准体系建设指南（总体要求）》	工信部、国家标准化管理委员会
12	《国家制造业创新中心考核评估办法（暂行）》	工信部办公厅
13	《智能光伏产业发展行动计划（2018—2020 年）》	工信部、住建部、交通运输部、农业农村部、国家能源局、国务院扶贫开发领导小组办公室
14	《智能制造综合标准化与新模式应用项目管理工作细则》	工信部办公厅
15	《国家新材料测试评价平台建设方案》	工信部、财政部
16	《国家车联网产业标准体系建设指南（信息通信）》	工信部、国家标准化管理委员会
17	《工业和信息化部 国家机关事务管理局 国家能源局关于加强绿色数据中心建设的指导意见》	工信部、国家机关事务管理局、国家能源局
18	《工业和信息化部 国家发展和改革委员会 科学技术部 公安部 生态环境部 交通运输部 国家卫生健康委员会 国家市场监督管理总局关于在部分地区开展甲醇汽车应用的指导意见》	工信部、国家发展改革委、科技部、公安部、生态环境部、交通运输部、国家卫生健康委员会、市场监管总局

2. 政策类别

通过对工信部 2018 年 1 月至 2019 年 6 月的科技政策进行分类与统计，得到政策聚类结果如图 2.28 所示。由此可见，2018 年 1 月至 2019 年 6 月工信部的政策主题与目标集中于战略导向和规划布局、科技基础能力建设、科技管理体制改革三个方面。这也呼应了工信部在宏观上对新型工业化发展制定战略与规划布局的职责。

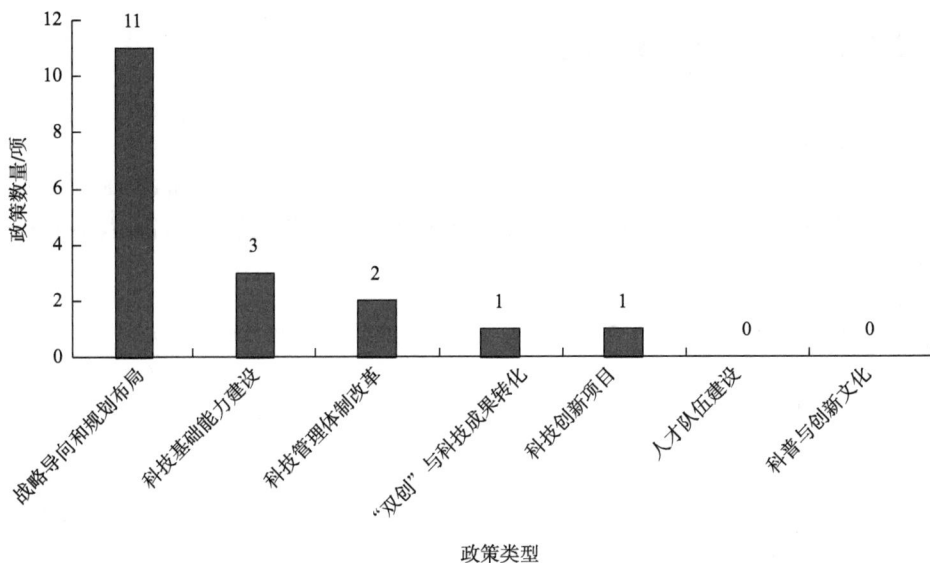

图 2.28　2018 年 1 月至 2019 年 6 月工信部各类科技政策数量图

3. 政策载体

工信部 2018 年 1 月至 2019 年 6 月科技政策发文载体主要包括通知和意见两种形式，如图 2.29 所示。这说明工信部科技政策发文载体比较单一，侧重于从宏观战略的角度颁布通知、意见等规划型政策。

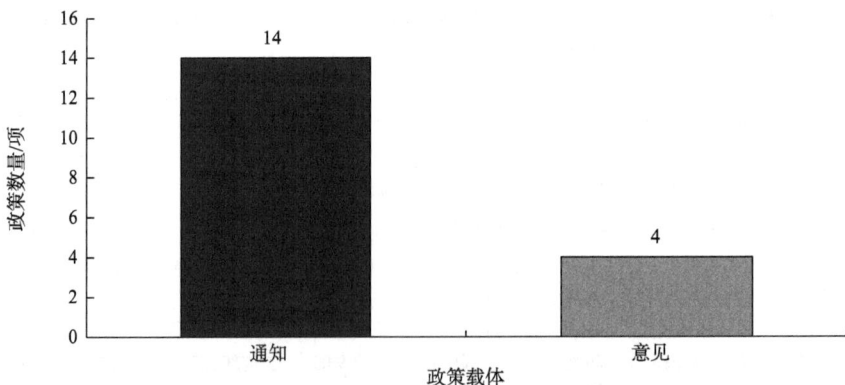

图 2.29　2018 年 1 月至 2019 年 6 月工信部颁布的科技政策发文载体

2.6.2 政策内部特征

1. 政策主题

通过使用 ROST CM6 对工信部 2018 年 1 月至 2019 年 6 月颁布的 18 项科技政策文本进行文本高频词提取和统计，剔除一些含义宽泛或与科技关联性较弱的词语后，得出了工信部颁布科技政策高频词表，如表 2.28 所示。

表 2.28 高频词一览表（六） 单位：次

主题词	词频	主题词	词频	主题词	词频
标准	1154	企业	369	制定	253
技术	996	发展	368	领域	212
工业	833	互联网	367	汽车	211
智能	719	数据	363	基础	189
应用	634	通信	355	国家	187
系统	593	建设	351	标准化	179
服务	556	体系	335	资源	170
安全	494	规范	327	设计	162
制造	429	创新	302	组织	156
平台	415	推动	297	协同	156
管理	375	项目	292	材料	149

在提取政策高频词的基础上，通过清除共词矩阵表中一些与其他高频词没有共同出现的词语后，对剩余的 24 个高频词构建了 24×24 的相关系数矩阵和相异系数矩阵，并结合相异系数矩阵，采用 SPSS 的组间连接和欧氏距离方法，对高频词进行了聚类分析，得到的谱系图见图 2.30。

紧接着运用 SPSS 对政策高频词进行多维尺度分析，通过观察不同高频词之间的距离远近、密度大小，判断它们是否属于同一个类别，高频词多维尺度分析结果如图 2.31 所示。

结合政策高频词聚类谱系图和多维尺度分析图，可将 24 个政策高频词划分为 4 个词团，如表 2.29 所示。

重新标度的距离聚类组合

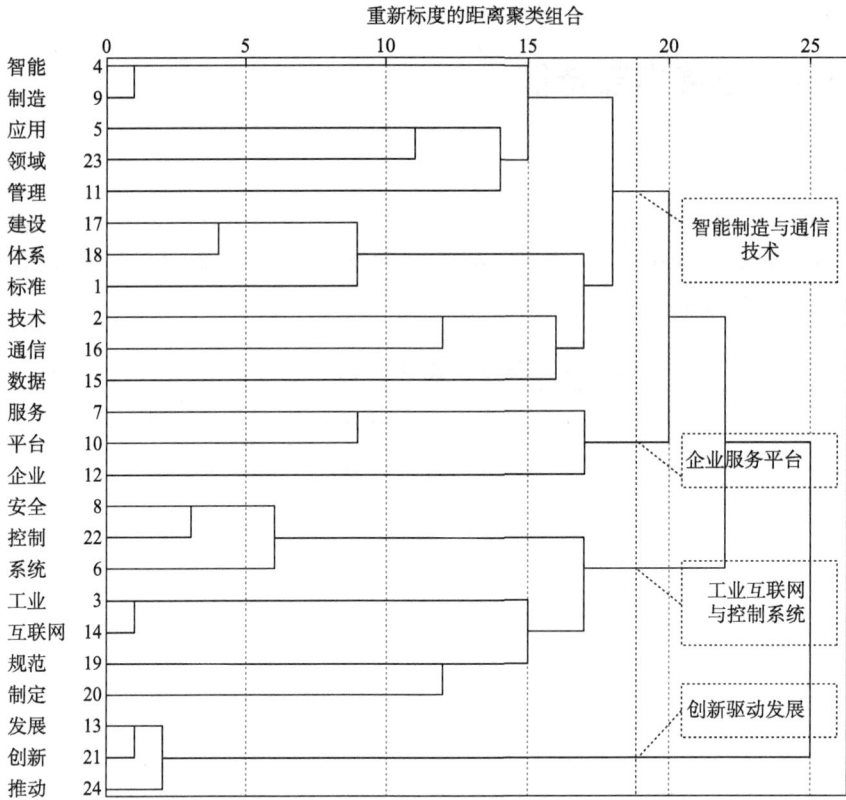

图 2.30　高频词谱系图（六）

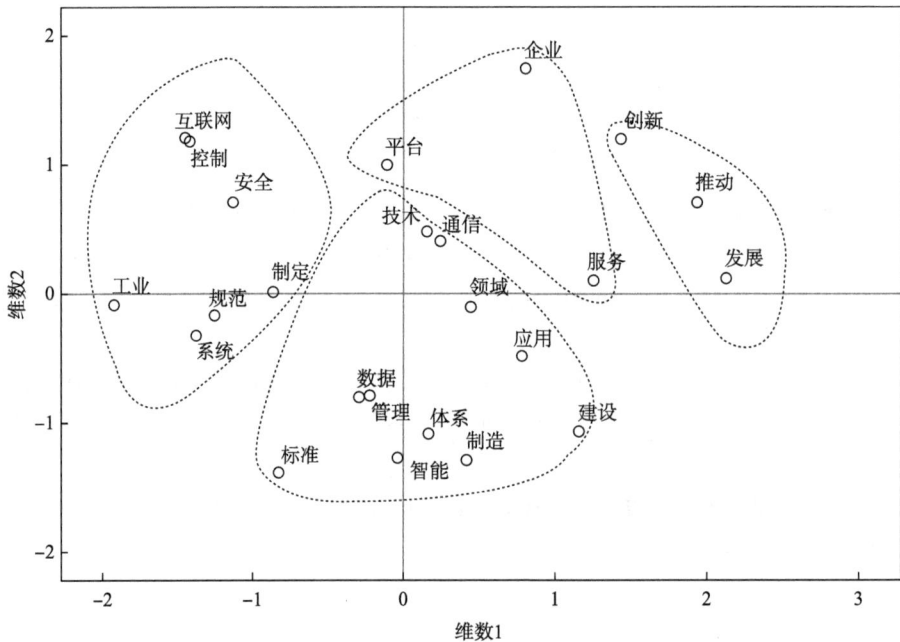

图 2.31　高频词多维尺度分析图（五）

表 2.29　高频词及词团名称（六）

高频词	词团名称
智能、制造、应用、领域、管理、建设、体系、标准、技术、通信、数据	智能制造与通信技术
服务、平台、企业	企业服务平台
安全、控制、系统、工业、互联网、规范、制定	工业互联网与控制系统
发展、创新、推动	创新驱动发展

将 24 个高频词放回 18 项政策文本的具体语境中，理解每个词团及其包含高频词的具体含义，分析政策文本传达出的政策焦点与主题。结合共词聚类分析、多维尺度分析，并参考具体政策内容，可将工信部 2018 年 1 月至 2019 年 6 月的 18 项科技政策的政策主题归纳和总结为以下 4 个方面.

（1）进一步完善智能制造与新一代通信技术的标准体系建设，强化各行业、各领域之间的协调配合。智能制造是落实我国制造强国战略的重要举措，加快推进智能制造，是加速我国工业化和信息化深度融合、推动制造业供给侧结构性改革的重要着力点，对重塑我国制造业竞争新优势具有重要意义。加快推进智能制造的标准体系建设、进一步推进智能制造产业的发展，是工信部今后发展的重要方向之一。然而智能制造是基于新一代信息通信技术与先进制造技术深度融合的新型生产方式，智能制造的发展离不开新一代信息通信技术的发展。随着第五代移动通信技术的生产和应用，我国智能制造和新型通信技术的融合发展必将成为大势所趋。

（2）在大企业与中小企业之间搭建资源共享、互利共赢的孵化服务平台。目前我国正在向创新型国家进一步迈进，而企业是科技创新的重要载体。但在现阶段，我国的企业技术创新能力还较低，尤其是新型孵化企业的协同创新能力较弱。工信部办公厅与财政部办公厅于 2019 年上半年联合颁布《工业和信息化部办公厅 财政部办公厅关于发布支持打造大中小企业融通型和专业资本集聚型创新创业特色载体工作指南的通知》，通过搭建国家级资源服务对接平台、行业协会资源服务对接平台、地方有关资源服务对接平台等措施，积极引导打造各具特色的创新创业特色载体，促进提升资源配置质量与效率，培育更多"专精特新"和"小巨人"企业，以服务于创新驱动发展，创建创新型国家。

（3）开展工业互联网与控制系统的安全防护和标准制定。工业互联网作为新一代信息技术与制造业深度融合的产物，日益成为新工业革命的关键支撑和深化"互联网+先进制造业"的重要基石，将对未来工业发展产生全方位、深层次、革命性影响，而控制系统安全则是工业互联网安全的重要一环。为了发挥标准在工业互联网产业生态体系构建中的顶层设计和引领规范作用，推动相关产业转型升级，加强控制系统安全、设备安全，加快制造强国和网络强国建设步伐，工信部将着力开展工业互联网与控制系统的安全防护和标准制定。

（4）在多个领域实现创新发展，响应国家创新驱动发展战略。党的十八大明确提出"科技创新是提高社会生产力和综合国力的战略支撑，必须摆在国家发展全局的核心位置"①。工信部颁布的各个工业与经济领域的发展规划与指引当中，无一不把"创新发展"作为核心要义。比如，在《超高清视频产业发展行动计划（2019—2022 年）》中，便提出"坚持应用牵引、融合创新。加快超高清视频与重点行业领域融合创新发展，创新业务模式，培育新市场、新业态、新服务，助力以视频为核心的行业创新升级"，支持超高清视频产业创新发展；在《车联网（智能网联汽车）产业发展行动计划》中，提出要"夯实产业基础，培育创新应用，提升用户规模，加快形成产业创新发展新生态"；在《工业和信息化部关于加快推进虚拟现实产业发展的指导意见》提出，"提升产业创新发展能力，推动新技术、新产品、新业态、新模式在各领域广泛应用，推动我国信息产业高质量发展，为我国经济社会发展提供新动能"。总之，创新驱动发展是我国调整经济结构，转变经济发展方式的重要举措，在工信部的科技政策导向中得到重要体现和深刻贯彻。

　　2. 政策效力

　　通过研读和对照每份科技政策内容，对该政策相应指标进行打分，最后根据计算公式算出每份科技政策的政策效力成绩，从而得出工信部科技政策的政策效力结果，如表 2.30 所示。

表 2.30　2018 年 1 月至 2019 年 6 月工信部科技政策效力评分结果　　　　单位：分

项目	总得分	均值	最大值	最小值	单项满分
政策力度	36	2	2	2	5
政策目标	277	15.39	25	9	25
政策工具	467	25.94	44	12	65
政策效力	1488	82.67	130	42	450

　　用单项满分与各项得分均值及单项政策在各项得分中的最大值和最小值进行比较，可以看出工信部 2018 年 1 月至 2019 年 6 月科技政策效力得分属于中等水平。其中，政策力度和政策工具属于中下水平，政策目标属于中等水平。

　　首先，通过政策效力的评估结果可以看出，工信部各项政策的政策力度得分均为 2 分。由此得出，工信部颁布的科技政策力度较为一致，以宏观性较强的通知、意见等部门规章为主。

　　其次，就政策目标而言，政策目标各子目标的得分有所差异。通过计算各政策子目标得分所占总体政策目标得分的比重，得到图 2.32。由此可见，工信部的科技政策注重实现其经济效益、政治功能与科技进步目标，并重点关注政策在社会发展方面的作用，而对生态进化的关注度较低。

---

　　① 参见 2012 年 11 月 9 日《人民日报》第 2 版文章《坚定不移沿着中国特色社会主义道路前进　为全面建成小康社会而奋斗》。

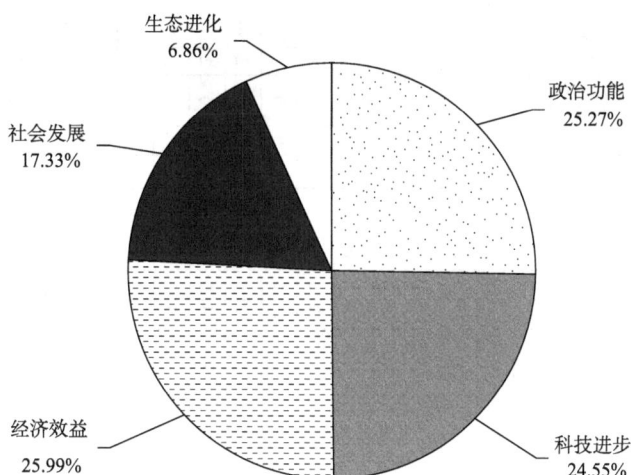

图 2.32　工信部政策目标子目标得分扇形图

最后，就政策工具而言，各子工具所占比重体现了政策的侧重点。图 2.33 为工信部各政策子工具得分所占政策工具总体得分的比重，其中，供给型政策得分占比为 53.1%，超过半数，其次是环境型政策，得分占比为 27.2%，最后是需求型政策，得分占比为 19.7%（图 2.33）。可以看出，工信部的科技政策主要采用供给型政策促进人力资源发展和完善基础设施，并运用目标规划、法规管制等手段为科技发展营造良好的环境，同时通过国际交流合作、示范工程等方式促进需求。

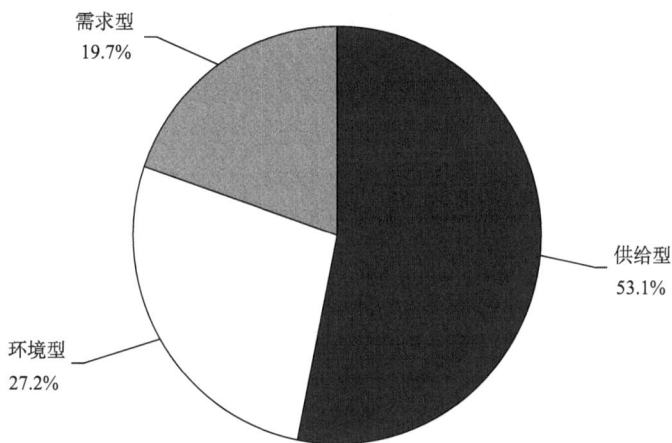

图 2.33　工信部政策工具子工具得分扇形图

2018 年 1 月至 2019 年 6 月工信部科技政策效力打分表如表 2.31 所示。

表2.31　2018年1月至2019年6月科技政策效力打分表（工信部）

单位：分

政策序号	政策目标 政治功能	科技进步	经济效益	社会发展	生态进化	小计	政策工具 基础设施建设（供给型）	科技信息支持（供给型）	人力资源管理（供给型）	公共财政支持（供给型）	公共科技服务（供给型）	金融支持（环境型）	法规管制（环境型）	目标规划（环境型）	税收优惠（环境型）	国际交流合作（需求型）	贸易管制（需求型）	示范工程（需求型）	政府采购（需求型）	小计	政策力度 法律	行政法规	地方性法规、自治条例和单行条例	部门规章	地方政府规章	其他地方政府部门规范性文件	小计	政策效力得分
	5/3/1/0	5/3/1/0	5/3/1/0	5/3/1/0	5/3/1/0		5/3/1/0	5/3/1/0	5/3/1/0	5/3/1/0	5/3/1/0	5/3/1/0	5/3/1/0	5/3/1/0	5/3/1/0	5/3/1/0	5/3/1/0	5/3/1/0	5/3/1/0		5/0	4/0	3/0	2/0	2/0	1/0		
1	5	1	3	0	0	9	5	3	3	1	3	3	0	5	1	0	0	1	0	25	0	0	0	2	0	0	2	68
2	5	5	5	3	0	18	1	3	1	0	0	0	3	5	1	1	0	1	0	16	0	0	0	2	0	0	2	68
3	3	5	5	5	1	19	5	5	3	1	3	0	1	5	0	0	1	3	0	27	0	0	0	2	0	0	2	92
4	3	3	3	0	0	9	3	1	0	1	0	0	0	3	0	0	0	3	1	12	0	0	0	2	0	0	2	42
5	5	3	3	5	0	16	5	5	3	3	1	1	3	5	1	1	0	1	0	29	0	0	0	2	0	0	2	90
6	5	5	3	3	0	16	5	3	5	5	3	5	5	1	1	3	3	5	3	43	0	0	0	2	0	0	2	118
7	5	3	5	5	0	18	3	5	3	1	1	0	0	5	0	5	0	5	0	30	0	0	0	2	0	0	2	96
8	3	3	5	3	1	15	5	5	5	3	5	3	1	5	1	5	1	5	0	44	0	0	0	2	0	0	2	118
9	5	5	5	5	0	20	5	1	3	3	3	1	0	1	1	3	0	3	1	33	0	0	0	2	0	0	2	106
10	3	1	5	1	0	10	3	5	3	3	5	3	3	5	3	3	0	3	0	25	0	0	0	2	0	0	2	70
11	3	3	5	3	5	19	5	5	1	3	3	1	3	1	0	3	0	1	3	27	0	0	0	2	0	0	2	92
12	5	5	3	3	0	16	1	3	1	1	3	3	0	3	0	1	0	0	0	14	0	0	0	2	0	0	2	60
13	5	5	5	5	3	23	5	3	5	3	3	1	0	5	3	1	3	3	1	39	0	0	0	2	0	0	2	124
14	3	3	3	3	0	9	3	1	3	1	0	0	1	1	0	0	0	0	0	13	0	0	0	2	0	0	2	44
15	1	5	3	3	0	9	3	0	3	1	0	1	0	1	1	3	0	0	0	13	0	0	0	2	0	0	2	46
16	3	5	3	1	1	13	1	1	3	3	1	3	3	3	3	0	0	0	0	18	0	0	0	2	0	0	2	62
17	5	5	5	5	5	25	5	1	5	3	3	3	3	5	1	5	0	3	1	40	0	0	0	2	0	0	2	130
18	3	3	3	1	3	13	3	1	5	3	0	1	1	3	0	0	0	1	1	18	0	0	0	2	0	0	2	62

第3章 区域科技政策

本章立足于地方层面，结合国家区域发展战略，选取了京津冀区域、长三角区域、东北区域、中部区域四个区域作为基本分析单元，探讨各区域内地方政府及其组成部门颁布科技政策的基本属性。

3.1 京津冀区域颁布的科技政策

3.1.1 京津冀区域的基本情况

京津冀地区位于华北平原，东临渤海，地理位置较为优越，是中国的"首都经济圈"，包括北京市、天津市及河北省。北京市与天津市相邻，并同时被河北省环绕包围。三地山水相依、地缘相接，地域辽阔广大，因地缘因素交融在一起，相互辅助，共同发展。下面对这三个省市分别进行介绍。

北京，简称"京"，是中国的首都，也是全国政治中心、文化中心、国际交往中心、科技创新中心。全市土地面积达 16 410.54 平方公里，截至 2018 年，共辖 16 个区，全市常住人口为 2154.2 万人。2018 年，北京市地区生产总值达 130 320 亿元，三次产业结构比为 0.4：18.6：81.0。北京市有普通高校 92 所，民办高校 16 所，是全国高等院校的中心。根据 21 世纪经济研究院数据，2018 年北京市上市公司数量达到 323 家，总市值为 168 032 亿元。

天津，简称"津"，是中国四大直辖市之一，中国北方最大的港口城市。全市土地面积达 11 966.85 平方公里，截至 2018 年，共辖 16 个区，全市常住人口为 1559.60 万人，地区生产总值为 18 595 亿元，人均地区生产总值达 11.9 万元，三次产业结构比为 0.9：40.5：58.6，天津市经济运行整体保持平稳，结构优化持续推进。天津市共有普通高校 56 所，中等职业教育学校 92 所。根据 21 世纪经济研究院数据，2018 年天津市上市公司数量达到 52 家，总市值达 5498 亿元。

　　河北省，简称"冀"，是中国省级行政区之一，省会为石家庄。全省土地面积达 18.88 万平方千米，截至 2018 年，下辖 11 个地级市，全省常住总人口为 7556.30 万人。2018 年，河北省地区生产总值实现 36 010.3 亿元，全省人均地区生产总值为 47 772 元，三次产业结构比为 9.3∶44.5∶46.2，该省的服务业比重首超第二产业。全省居民人均可支配收入实际增长 6.6%，与地区生产总值增速同步，实现了经济发展成果的共享。2018 年河北省共有普通高等学校 122 所，中等职业学校 604 所，仅有 1 所"双一流"高校。

3.1.2　政策外部特征

1. 政策数量统计

　　如图 3.1 所示，3 个省市比较而言，2018 年 1 月~2019 年 6 月天津市颁布的科技政策数量最多，可以在一定程度上看出天津市对科技创新的重视。

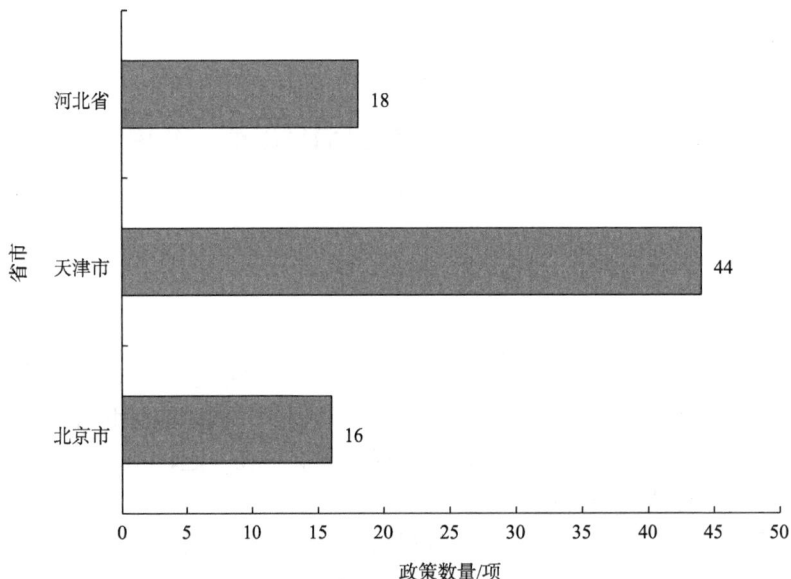

图 3.1　京津冀区域 2018 年 1 月~2019 年 6 月科技政策数量

2. 政策类别统计

　　图 3.2 是对北京市、天津市、河北省 2018 年 1 月~2019 年 6 月颁布的科技政策类别的统计。

　　总体来看，京津冀区域在科技发展过程中注重颁布"双创"与科技成果转化方面的科技政策。"双创"即大众创业、万众创新，科技成果转化主要包括鼓励开发机构、高等院校、企业等创新主体及科技人员转移转化科技成果，促进大众创业、万众创新，加快科技在金融领域、医药领域、乡村振兴等方面的应用，打通科技与经济结合的通道，推进经济提质增效升级。京津冀地区制定了智能科技产业、医药产业、新材料产业、农业

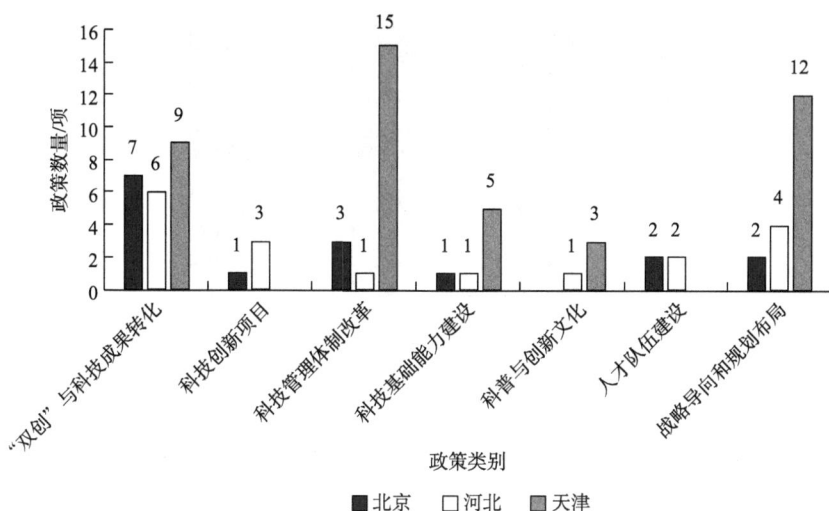

图 3.2　京津冀区域 2018 年 1 月~2019 年 6 月科技政策类别数量分布图

机械化产业等产业的一系列政策，发挥技术战略引导的优势。

3. 政策载体

2018 年 1 月~2019 年 6 月京津冀区域科技政策的发文载体如图 3.3 所示。从总体上来看，京津冀区域的科技政策主要以通知和意见的形式颁布。

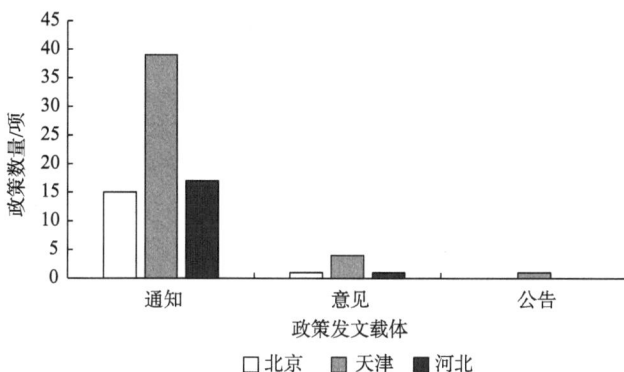

图 3.3　京津冀区域 2018 年 1 月~2019 年 6 月科技政策发文种类分布图

4. 政策协同性

图 3.4 是京津冀区域 2018 年 1 月~2019 年 6 月科技政策联合发文情况。从总体来看，京津冀地区颁布的科技政策多为单一部门发文，且部门多为当地的市政府（省政府）和科技主管部门（市科学技术委员会、省科学技术厅），可见协同性并不是很高。三地两个及以上部门联合颁布的政策较少，北京和河北由两个以上部门颁布的科技政策占比较高，多为当地的科技主管部门、财政部门、发展和改革委员会以及其他部门；天津两个部门发文的科技政策占比较高，多为市财政部门和科技主管部门联合发文。

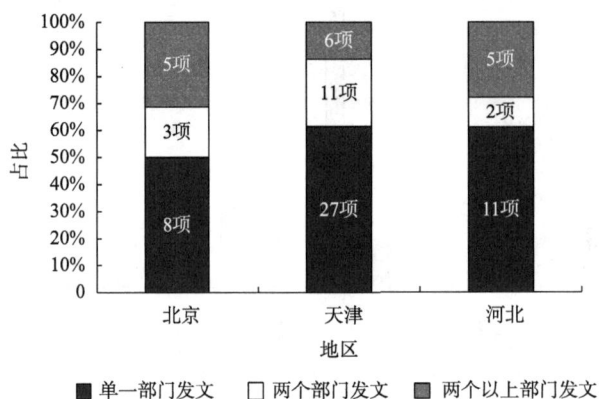

图 3.4　京津冀区域 2018 年 1 月~2019 年 6 月科技政策发文情况

3.1.3　政策内部特征

1. 政策主题

政策高频词是政策文本中出现次数最多的词语，通常可以用来说明一项政策的主题或目标。通过使用 ROST CM6 对京津冀地区 2018 年 1 月~2019 年 6 月 78 项科技政策文本进行高频词提取和统计，剔除如"一批"等含义宽泛或与科技关联性较弱的词语后，得出了京津冀地区科技政策高频词，如表 3.1 所示。

表 3.1　京津冀地区 2018 年 1 月~2019 年 6 月科技政策高频词（节选）　　　　单位：次

高频词	词频	高频词	词频	高频词	词频
科技	2714	国家	553	基金	423
企业	2304	研发	538	鼓励	407
创新	2107	平台	537	转化	405
技术	1994	应用	531	改革	404
发展	1901	开展	529	组织	397
项目	1449	领域	524	认定	393
服务	1263	创业	522	资源	391
建设	1111	重点	521	体系	383
管理	1074	基地	518	专项	381
资金	879	加强	516	能力	379
金融	867	科研	515	加快	375
单位	807	工业	492	机制	370
机构	801	合作	484	评价	364
研究	675	中心	467	办法	363
人才	600	部门	447	建立	361
农业	595	材料	446	天津市	359
智能	592	政策	441	基础	359
成果	572	高校	425		

在政策高频词的基础上，通过清除共词矩阵表中一些与其他高频词没有共同出现的词语后，将 34 个高频词放回 78 项政策文本的具体语境中，理解每个词团及其包含高频词的具体含义，分析政策文本传达出的政策焦点与主题。结合共词聚类分析、多维尺度分析（图 3.5 与图 3.6），并参考具体政策内容，可将京津冀地区 2018 年 1 月~2019 年 6 月的 78 项科技政策的政策主题归纳和总结为以下 5 个方面。

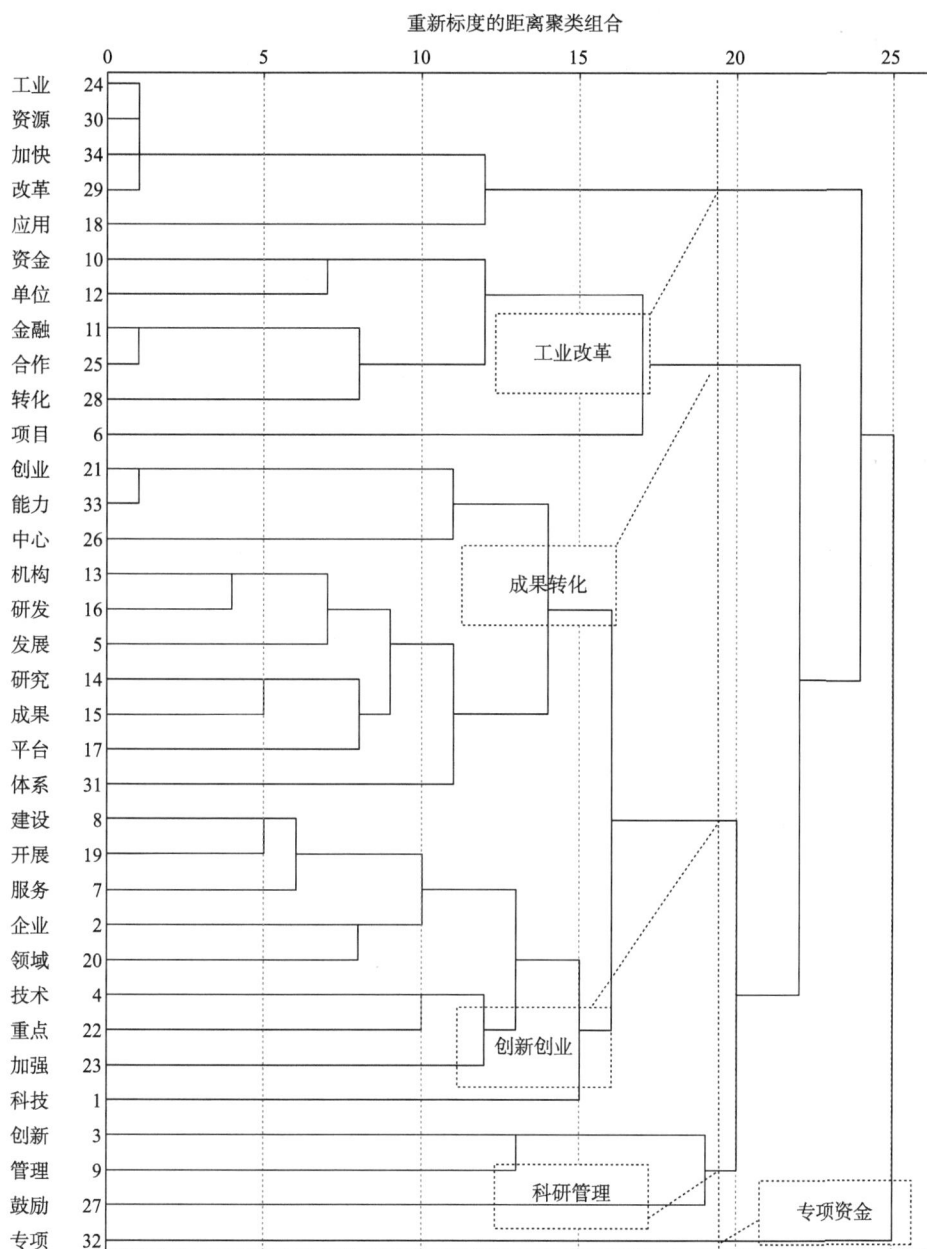

图 3.5　京津冀地区 2018 年 1 月~2019 年 6 月科技政策高频词谱系图

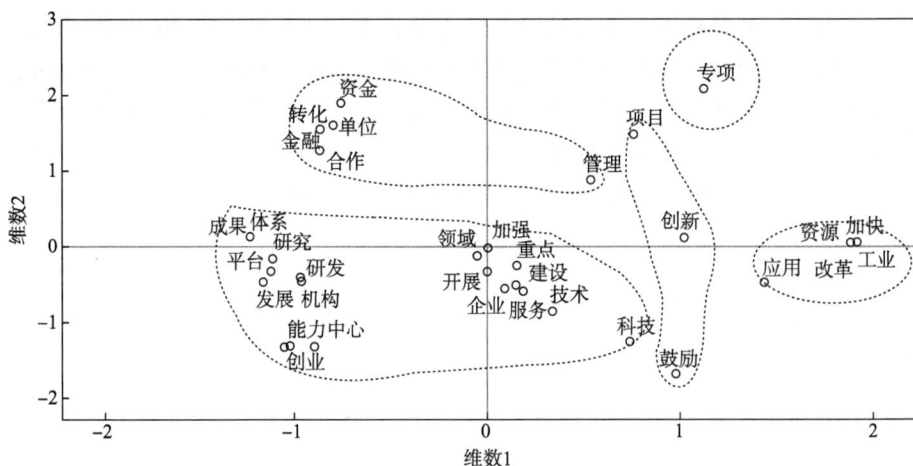

图 3.6　京津冀地区 2018 年 1 月~2019 年 6 月科技政策高频词多维尺度分析图

（1）发展工业互联网技术，推动工业与信息化深入融合，走新型工业化道路。工业互联网是新工业革命的关键支撑，通过系统构建网络、平台、安全三大功能体系，打造人、机、物全面互联的新型网络基础设施，形成数字化、网络化、智能化发展的新兴业态和应用模式。积极布局发展工业互联网，对支撑制造强国和网络强国建设、抢占全球产业竞争制高点具有重大的战略意义。2017 年 11 月，国务院印发《关于深化"互联网+先进制造业"发展工业互联网的指导意见》，京津冀地区积极响应，结合自身条件，制定发展目标，采取相应措施，推动工业互联网发展。北京市发挥辐射带动作用，在工业互联网领域扶持一批平台类的创新型总部，开展跨区域经营，拓展总部业态。天津市紧跟步伐，力图打造工业互联网技术创新开源社区，支持国防科技工业创新中心参与工业互联网建设，形成以企业为主体、产学研深度融合的工业互联网技术创新体系。河北省积极培育工业互联网创新中心，深化军民融合，布局发展工业互联网前沿新兴产业，推动现有相关产业产品创新、产业链延伸和规模化发展。

（2）建立科技金融服务平台，完善激励机制体系，推动科技成果转化与应用。科技成果转化是推动社会生产力加速发展的重要途径，是国家创新体系研究的重要内容，是提高国家经济运行绩效的重要途径，有助于加快实施创新驱动发展战略。一方面，京津冀地区强化科技金融服务产品创新，鼓励金融机构探索知识产权质押贷款、股权质押贷款、科技保险、产业链融资等新型融资服务，为科技型企业融资、并购、重组、改制、上市提供一站式、个性化服务，破解科技型企业融资难题；另一方面，加强学科、人才、科研与产业互动，推进合作育人、协同创新和成果转化。同时，加快推进国家技术转移雄安中心、河北科技成果展示交易中心等重大平台建设，构建京津冀一体化的技术市场，形成"京津研发、河北转化"新模式。

（3）深化"放管服"改革，优化创新创业环境，培育经济发展新动能。2015 年 6月国务院颁布《关于大力推进大众创业万众创新若干政策措施的意见》，指出推进大众创业、万众创新，是发展的动力之源，也是富民之道、公平之计、强国之策。推动创新创业的总体思路在于加强统筹协调，构建有利于大众创业、万众创新蓬勃发展的政策环境、制度环境和公共服务体系，以创业带动就业、创新促进发展。从京津冀地区的政策文本可以看出，京津冀地区积极打造企业孵化器、星创天地、产业科技创新中心等"双创"载体，培育一批技术水平高、成长潜力大的科技型企业，强化创业服务和指导，鼓励更多社会主体投身创新创业。另外，倡导创新文化，精心组织"双创"活动周、科技活动周、专利周、创新创业大赛等品牌活动，全面激发创新创业活力。

（4）加快职能转变，优化管理与服务，探索新型科技管理体制机制。2018 年 7 月，国务院印发《关于优化科研管理提升科研绩效若干措施的通知》，旨在建立完善以信任为前提的科研管理机制，赋予科研人员更大的人财物自主支配权，减轻科研人员负担，充分释放创新活力，壮大经济发展新动能。从政策文本来看，京津冀地区优化科研管理的措施主要在以下四个方面：第一，优化科研项目和经费管理，扩大科研单位科研经费管理使用自主权；第二，完善有利于创新的评价激励制度，加大对科研人员的薪酬激励；第三，强化科研项目绩效评价，坚持从过程管理向效果管理转变；第四，完善分级责任担当机制，强化高校、科研院所和科研人员的主体责任。

（5）规范和加强科技发展事业专项资金管理，提高资金使用效益。专项资金管理是指对专项资金进行计划、控制、监督和考核等一系列工作的总称。2014 年 3 月，国务院印发《关于改进加强中央财政科研项目和资金管理的若干意见》，旨在建立适应科技创新规律、统筹协调、职责清晰、科学规范、公开透明、监管有力的科研项目和资金管理机制。京津冀地区结合本省经济社会发展规划，统筹规划科研机构发展建设，重点支持能够增强和提升科研机构科技创新、科技服务能力与水平的项目，科技专项资金实施全过程绩效管理，项目资金纳入单位财务统一管理，实行单独核算。这样，保证京津冀地区的专项资金得以安全、高效运行，进一步加快科技创新体系建设。

2. 政策效力

京津冀地区 2018 年 1 月~2019 年 6 月科技政策效力得分情况如表 3.2 所示。用单项满分与各项得分均值及单项政策各项的得分最大值和最小值进行比较，可以看出京津冀地区 2018 年 1 月~2019 年 6 月科技政策的政策效力较低。

表 3.2　京津冀地区科技政策效力评分结果　　　　单位：分

项目	总得分	均值	最大值	最小值	单项满分
政策力度	104	1.33	3	1	5
政策目标	345	4.42	16	1	25
政策工具	1356	17.38	46	1	65
政策效力	2541	32.58	96	3	450

表 3.3 表示的是京津冀三省市 2018 年 1 月~2019 年 6 月科技政策在政策力度、政策目标、政策工具及政策效力评估中各自的得分。可以看出，北京市政策效力得分为 449 分，在三省市中得分最低，天津市得分为 1285 分，在三省市中得分最高，河北省得分为 807 分，相对较高。

表 3.3　京津冀三省市政策效力评估得分表　　　　　　　单位：分

项目	政策力度	政策目标	政策工具	政策效力
北京市	17	89	318	449
天津市	61	160	649	1285
河北省	26	96	389	807

　　由于京津冀三省市 2018 年 1 月~2019 年 6 月科技政策数量存在差异（北京市 16 项、天津市 44 项、河北省 18 项），直接比较政策效力的得分意义不大。为此，我们分别计算出京津冀地区及三省市科技政策的政策力度均值、政策目标均值、政策工具均值和政策效力均值，以此对三省市的科技政策效力评估指标进行对照比较，均值结果见图 3.7。从政策力度均值来看，河北省的政策力度均值得分高于北京市和天津市，其中，北京市政策力度均值低于京津冀地区三省市平均得分。然而，从政策目标均值来看，北京市的政策目标均值得分高于天津市和河北省，其中，天津市政策目标均值低于京津冀地区三省市平均得分。从政策工具均值来看，河北省政策工具均值得分高于北京市和天津市，天津市政策工具均值依然低于京津冀地区三省市平均得分。最后，从政策效力来看，河北省政策效力均值高于北京市和天津市，但是北京市和天津市都未达到京津冀地区三省市政策效力的平均水平。所以，造成北京市政策效力较低的原因与较低的政策力度有关，表现为北京市科技政策的颁布主体多为政府的职能部门。造成天津市政策效力较低的原因与较低的政策目标和政策工具有关，表现为天津市的政策目标多为宏观目标，政策工具运用不够全面和具体。

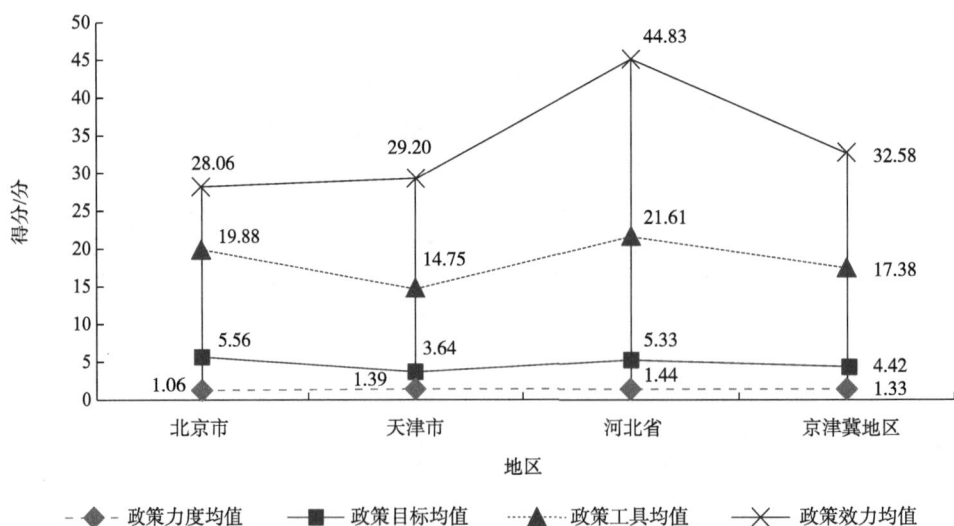

图 3.7　京津冀地区三省市政策效力评估各项指标得分均值

政策工具包括供给型政策工具、环境型政策工具和需求型政策工具，从图 3.8 来看，京津冀地区 2018 年 1 月~2019 年 6 月颁布的科技政策使用的供给型政策工具占三种类型政策工具之和的 56%，环境型和需求型政策工具运用相对较少，分别占三种类型政策工具之和的 27% 与 17%。

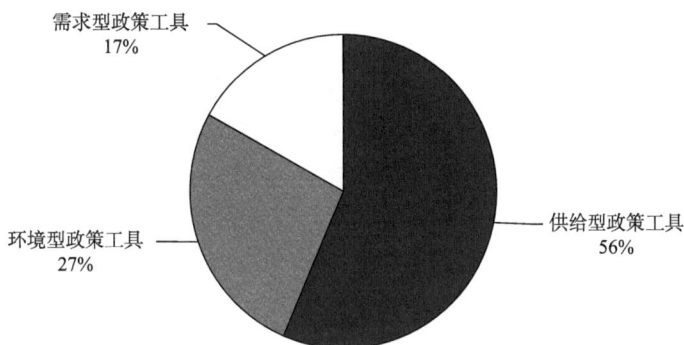

图 3.8　京津冀地区科技政策子工具得分情况

综上所述，根据京津冀地区 2018 年 1 月~2019 年 6 月科技政策效力评估结果，可以总结以下结论。

（1）京津冀地区科技政策整体效力得分较低，在影响政策效力的三个维度中，每一个维度都在一定程度上拉低了整体的效力得分，总体来看，京津冀地区科技政策的效力水平不容乐观。

（2）较低的政策力度是影响京津冀地区整体效力得分的重要因素，京津冀三省市的政策力度均值为 1.33 分，政策的发文主体多为地方政府及各职能部门，地方人大颁布的地方性法规较少，三省市颁布的 78 项政策中，仅有 1 部地方性法规。与法律相比，地方政府规章和地方规范性文件的政策力度较低，这些政策仅在本行政区域或其管理范围内具有普遍约束力。

（3）京津冀三省市不平衡的政策目标拉低了整体的效力得分。衡量政策目标的指标包括政治功能、科技进步、经济效益、社会发展、生态进化五个方面，从三省市的政策目标得分均值来看，天津市较低的政策目标得分与其政府职能部门颁布较多数量的解决某一具体问题的专项办法有关，而且涉及该方面的政策目标较为宏观、不够具体，例如《天津市智能制造专项资金管理暂行办法》对政策目标的表述为深入贯彻市委、市政府的意见，根据上级政策文件防范财政资金使用风险，提高资金使用效益，制定该办法。

（4）京津冀地区三种类型政策工具的不合理使用影响了整体政策效力得分。三类大政策工具的子工具分布比例在数量上不够均衡。环境型和需求型政策工具的使用数量较少，环境型政策工具包括金融支持、法规管制、目标规划、税收优惠四个政策子工具，需求型政策工具包括国际交流合作、贸易管制、示范工程、政府采购四个政策子工具，这些政策子工具在政策文本中虽有体现，但是缺乏具体的可操作性措施，只是比较宽泛地提及。

基于以上结论，可以从以下方面改善京津冀地区的科技政策，提升此地区的政策效力。

（1）健全法律法规建设，提高科技政策力度。当前，全球科技创新密集活跃，新技术、新产业、新模式快速发展，科技部提出 2020 年我国科技进步贡献率达到 60%，综合创新能力排名进入世界前 15 名，为建设科技强国奠定良好基础。京津冀地区内含首都北京，更应深入实施创新驱动发展战略，加速推进科技创新治理体系和治理能力现代化，健全相关法律法规。三省市的人民代表大会及其常务委员应根据本行政区域的具体情况和实际需要，在不同宪法、法律、行政法规相抵触的前提下，制定地方性法规，营造创新友好的政治、经济、文化、社会和生态环境。

（2）分解细化宏观目标，做到明确具体。政策目标是整个政策规划工作的灵魂，是政策方案设计所围绕的核心，它为政策规划指明方向，也为政策方案评估、选择提供了基础和根据；在设计政策目标时，应该实事求是，从问题出发，防止目标偏高或者偏低；另外，目标设计要做到明确具体，设立政策指标，至少短期目标应有政策指标的体现。目标只有明确具体，才能为方案制订和选择提供条件。京津冀地区要重视政策目标的制定，不可草率地制定政策目标，如果政策目标较为复杂，要分清主要目标和次要目标。可组织专家论证进行充分讨论决定，利用政治分析、价值分析等分析方法确定政策目标。

（3）改变三种类型政策工具的失衡使用比例。重视需求型政策工具的拉动力，从强调供给为主转向以需求为主，比如加强政府采购政策工具的使用，加大对自主创新产品的采购量，优化政府采购的结构，以公众的需求为导向，推动科技创新的发展。加大环境型政策工具的使用，制定适应不同发展阶段的金融政策，提升税收优惠政策工具的利用率，合理规划政策目标，优化市场服务，深化"放管服"改革，推进商事制度改革、行政审批制度改革等。

3.2　长三角区域颁布的科技政策①

3.2.1　长三角区域的基本情况

长三角区域（长江三角洲地区）位于我国东部沿海地区，濒临黄海和东海，我国长江的入海口，是长江入海前携带的泥沙堆积形成的冲积平原。改革开放以来，长三角凭借着优越的自然禀赋和区位条件，迅速发展成为我国综合实力最强的区域，成为我国面向亚太地区的重要门户。自此，长三角区域由地理范围转变为我国举足轻重的经济区域，

---

① 长三角区域包括三省一市，即江苏省、浙江省、安徽省和上海市。本节研究的长三角地区侧重二省一市，即江苏省、浙江省和上海市，安徽省将放置到中部地区进行研究。

长三角区域也逐渐被纳入国家发展的战略布局中。2008 年 9 月国务院颁布《关于进一步推进长江三角洲地区改革开放和经济社会发展的指导意见》，明确提出"把长江三角洲地区建设成为亚太地区重要的国际门户、全球重要的先进制造业基地、具有较强国际竞争力的世界级城市群"。2010 年 5 月国务院正式批准实施的《长江三角洲地区区域规划》，该规划提出：长三角地区是我国综合实力最强的区域，已经成为提升国家综合实力和国际竞争力、带动全国经济又好又快发展的重要引擎。长三角区域的二省一市，即上海市、江苏省和浙江省，区域面积 21.07 万平方公里，区域内包括上海、南京、杭州、苏州、无锡、宁波等重要城市，《2010 年第六次全国人口普查主要数据公报》统计结果显示，2010 年"两省一市"范围的长三角常住人口达到 15 610.59 万人。长三角区域经济发展领跑全国，据国家统计局的统计数据，2018 年长三角"二省一市"的地区生产总值总量之和约为 18.15 万亿元，占全年国内生产总值的 20.16%。长三角区域是我国重要的产业基地之一，较早形成了完善和成熟的产业体系，产业门类齐全，基础雄厚，第三产业发达，在汽车制造、钢铁加工、电子信息、纺织工业、金融服务、电子商务等方面具有很强的竞争力。

长三角区域人才资源丰富，聚集了大量的国内知名高校和科研院所，据教育部公布的数据，截至 2019 年 6 月 15 日，"二省一市"共拥有高等院校 339 所，占全国高等院校总量的 11.47%，其中包括上海交通大学、复旦大学、浙江大学、南京大学、同济大学、东南大学、华东师范大学 7 所国际知名高校，以及上海财经大学、苏州大学、浙江工业大学等全国重点高校。长三角区域金融资本市场活跃，东方财富 Choice 数据显示，截至 2018 年 6 月 20 日长三角区域拥有上市公司 1023 家，占沪深两市全部上市公司总数的四成左右。长三角区域是我国改革开放的重要门户和试验基地，目前上海、浙江、江苏都已被确定为国家自由贸易示范区，其中上海市还形成了"临港新片区+先行示范区"新的对外开放格局，将对我国深化改革开放起到示范引领作用。

长三角区域一体化是我国的区域发展战略的重要组成部分，有利于增强长三角区域对中西部地区的辐射带动作用，推动全国区域协调发展。党的十八大以来，国家持续推进长三角区域高质量一体化发展。2016 年 6 月国家发展改革委、住建部正式发布《长江三角洲城市群发展规划》，这是推进长三角区域一体化的一项重要文件，将安徽省纳入长三角区域一体化发展的布局中，形成新的长三角区域发展格局。此后，长三角区域一体化又融入了国家推进长江经济带发展的重大战略之中。2018 年 11 月 5 日，习近平在首届中国国际进口博览会开幕式提出："将支持长江三角洲区域一体化发展并上升为国家战略，着力落实新发展理念，构建现代化经济体系，推进更高起点的深化改革和更高层次的对外开放，同'一带一路'建设、京津冀协同发展、长江经济带发展、粤港澳大湾区建设相互配合，完善中国改革开放空间布局。"[①]这表明长三角区域一体化正式上升为国家战略。

---

① 《习近平主席出席首届中国国际进口博览会开幕式并发表主旨演讲》，http://www.xinhuanet.com/world/ciie2018/jbhkms/index.htm[2018-11-05]。

3.2.2 政策外部特征

1. 政策数量统计

如图 3.9 所示，2018 年 1 月~2019 年 6 月长三角区域共颁布 54 项科技政策，其中上海市 23 项，浙江省 20 项，江苏省 11 项。

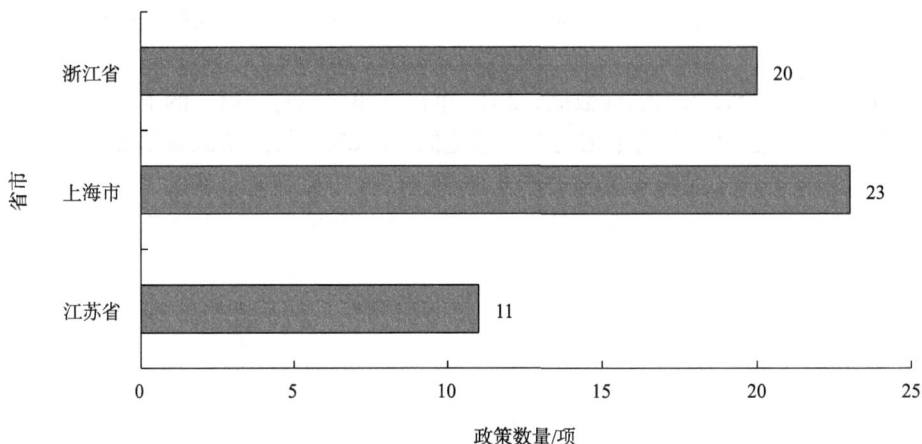

图 3.9 长三角地区 2018 年 1 月~2019 年 6 月科技政策数量

2. 政策类别统计

政策类别反映了政策主题和政策目标，通过统计政策类别的数量比例在一定程度上可以看出政府重点关注的科技领域。由表 3.4 可见，2018 年 1 月~2019 年 6 月长三角区域在"双创"与科技成果转化、科技管理体制改革、战略导向和规划布局、科技基础能力建设、人才队伍建设五个方面均颁布了较多政策，也说明了长三角区域"二省一市"政府对以上五个科技领域的重视。

表 3.4 长三角区域 2018 年 1 月~2019 年 6 月科技政策种类及数量表

政策类别	科普与创新文化	科技基础能力建设	战略导向和规划布局	"双创"与科技成果转化	科技管理体制改革	人才队伍建设	科技创新项目
数量/项	2	6	7	22	11	4	2
占比	3.70%	11.11%	12.96%	40.74%	20.37%	7.41%	3.70%

图 3.10 反映的是长三角区域各省市科技政策类别的数量分布情况。由此可以看出，"二省一市"政府关注的科技领域有略微差异。上海市较为重视"双创"与科技成果转化、科技基础能力建设、科技管理体制改革三个科技领域的政策供给；浙江省在"双创"与科技成果转化、科技管理体制改革、科技基础能力建设及战略导向和规划布局四个科技领域颁布了较多的政策；江苏省则侧重于对战略导向和规划布局、"双创"与科技成果转化、人才队伍建设三个科技领域提供政策支持。

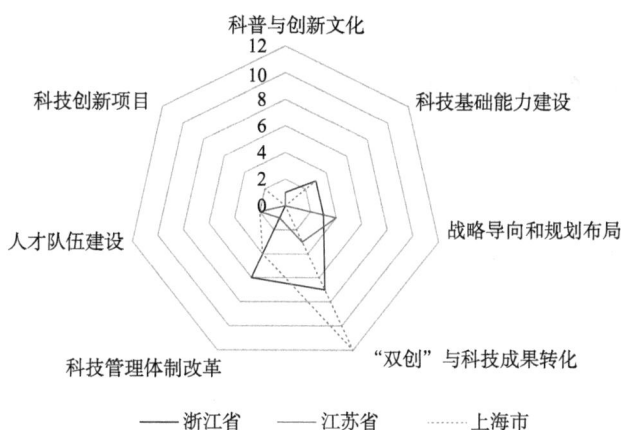

图 3.10　长三角区域"二省一市"2018 年 1 月~2019 年 6 月科技政策类别及数量雷达图

3. 政策载体

长三角区域 2018 年 1 月~2019 年 6 月科技政策发文载体主要包括通知和意见两种。其中，通知类政策占比 74.07%，意见类占比 25.93%（图 3.11），这说明长三角区域科技政策发文载体比较单一，侧重于颁布通知、意见等宏观性的政策。

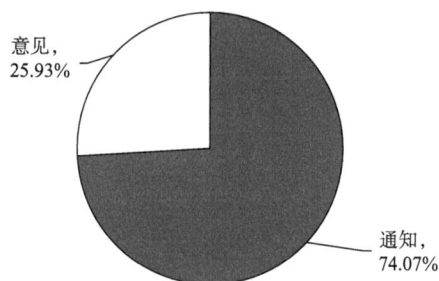

图 3.11　长三角区域 2018 年 1 月~2019 年 6 月科技政策发文载体

4. 政策协同性

表 3.5 显示，长三角区域发文主体为 1 个部门的科技政策有 37 项，占政策总量的 68.52%；发文主体为 2 个部门的科技政策有 7 项，占比为 12.96%；发文主体为 3 个及以上部门的科技政策有 10 项，占比为 18.52%。由此可见，长三角区域 2018 年 1 月~2019 年 6 月科技政策主要依靠单一部门颁布和实施，多部门联合发文的政策较少，政策的协同性不强。

表 3.5　长三角区域 2018 年 1 月~2019 年 6 月科技政策发文情况统计

项目	上海市/项	浙江省/项	江苏省/项	合计/项	比例
1 个部门	13	15	9	37	68.52%
2 个部门	5	1	1	7	12.96%
3 个及以上部门	5	4	1	10	18.52%

3.2.3 政策内部特征

1. 政策主题

使用 ROST CM6 对长三角区域 2018 年 1 月~2019 年 6 月的 54 项科技政策文本进行高频词提取和统计，剔除如"一批"等含义宽泛或与科技关联性较弱的词语后，得出了长三角区域科技政策高频词，如表 3.6 所示。

表 3.6   长三角区域 2018 年 1 月~2019 年 6 月科技政策高频词（节选）   单位：次

高频词	词频	高频词	词频	高频词	词频	高频词	词频
科技	1460	机构	365	创业	251	人员	199
企业	1405	评价	360	经济	249	先进	181
创新	1264	材料	345	政策	248	信息化	180
技术	1021	资金	332	体系	235	高校	178
服务	901	研发	324	认定	234	社会	178
项目	836	部门	322	计划	228	知识	176
发展	835	应用	314	领域	227	园区	174
建设	666	改革	314	专家	227	专项	172
管理	641	中心	281	转移	222	开发	169
单位	535	国家	278	组织	216	农业	164
科研	508	资源	262	高新技术	215	制度	161
人才	402	转化	261	产权	213	事业	155
成果	385	能力	259	办法	207	诚信	154
平台	375	机制	254	评审	204	质量	151

在提取政策高频词的基础上，通过清除共词矩阵表中一些与其他高频词没有共同出现的词语后，对剩余的 40 个高频词构建了 40×40 的相关系数矩阵和相异系数矩阵，并结合相异系数矩阵，采用 SPSS 的组间连接和欧氏距离方法，对高频词进行了聚类分析，谱系图见图 3.12。

紧接着运用 SPSS 对政策高频词进行多维尺度分析，通过观察不同高频词之间的距离远近、密度大小，判断它们是否属于同一个类别，高频词多维尺度分析结果如图 3.13 所示。结合政策高频词聚类谱系图和多维尺度分析图，可将 40 个政策高频词划分为 5 个词团：①知识、产权，将该词团命名为"知识产权"；②经济、信息化，将该词团命名为"经济信息化"；③成果、转化、转移、科技，将该词团命名为"科技转化转移"；④科研、诚信、单位、事业、管理、办法、部门、国家、项目、计划、资金，将该词团命名为"科技计划与管理"；⑤技术、先进、服务、企业、高新技术、认定、研发、机构、发展、改革、建设、中心、创新、平台、人才、评价、能力、创业、资源、机制、应用，将该词团命名为"创新创业"。

重新标度的距离聚类组合

知识	36
产权	38
经济	29
信息化	37
成果	13
转化	25
转移	32
科技	1
科研	11
诚信	39
单位	10
事业	40
管理	9
办法	34
部门	19
国家	23
项目	6
计划	31
资金	17
技术	4
先进	35
服务	5
企业	2
高新技术	33
认定	30
研发	18
机构	15
发展	7
改革	21
建设	8
中心	22
创新	3
平台	14
人才	12
评价	16
能力	26
创业	28
资源	24
机制	27
应用	20

知识产权
经济信息化
科技转化转移
科技计划与管理
创新创业

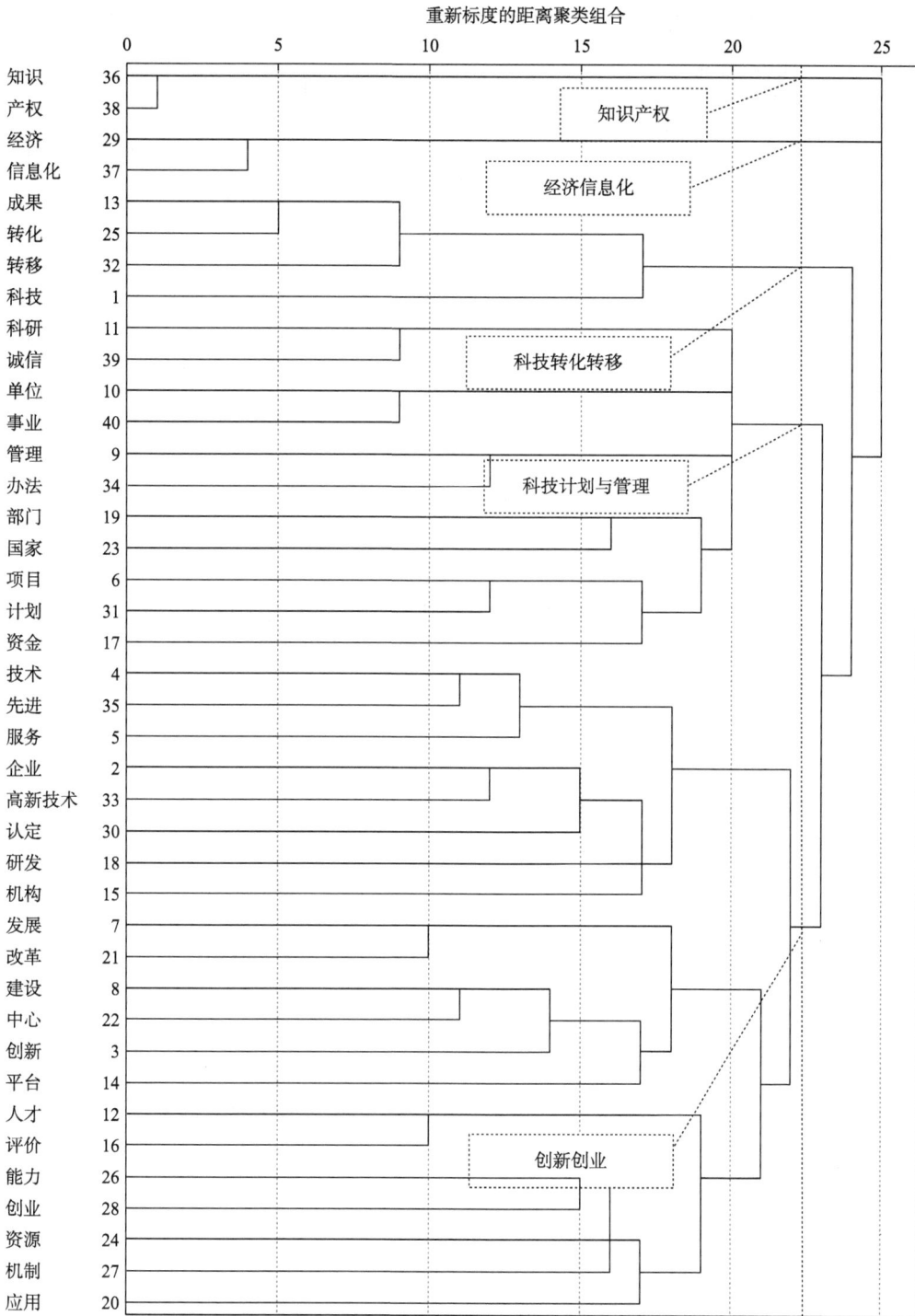

图 3.12 长三角区域 2018 年 1 月~2019 年 6 月科技政策高频词谱系图

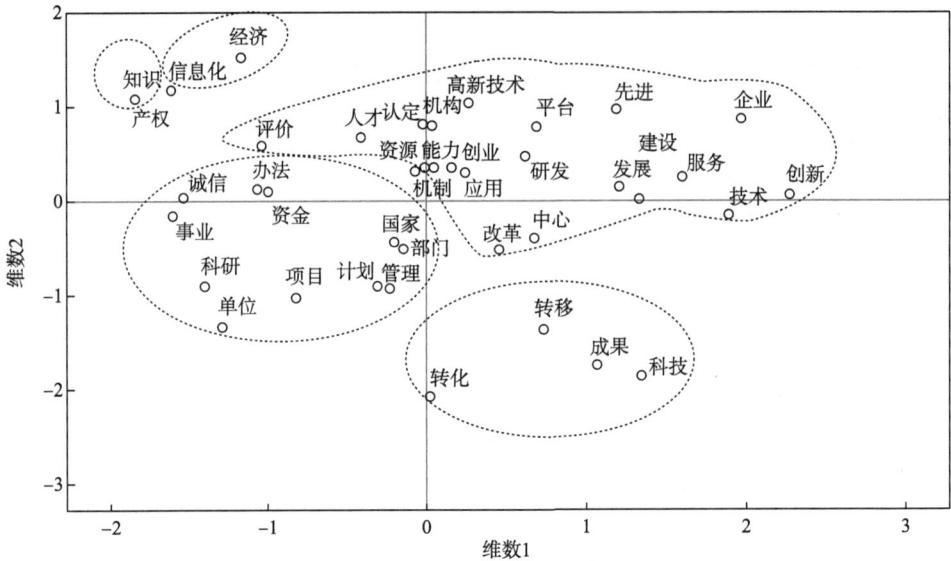

图 3.13   长三角区域 2018 年 1 月~2019 年 6 月科技政策高频词多维尺度分析图

将 40 个高频词放回 54 项政策文本的具体语境中，理解每个词团及其包含高频词的具体含义，分析政策文本传达出的政策焦点与主题。结合共词聚类分析、多维尺度分析，并参考具体政策内容，可将长三角区域 2018 年 1 月~2019 年 6 月 54 项科技政策的政策主题归纳和总结为以下 5 个方面。

（1）建立健全完善的知识产权体系，促进知识产权的开发、保护、利用、管理等。构建完善的知识产权体系是长三角区域科技政策的重点之一，也是中国未来科技发展的重要方向和必然选择。完善的知识产权体系是科技创新的保护伞和催化器，有利于激发科研探索和技术创新的活力，提升一个地区乃至整个国家科技实力和竞争力，进而带动经济发展和社会进步。党的十八大以来，国家将创新驱动发展战略作为支持和鼓励科技创新的国家战略，极大地促进了我国科技的迅速发展，科学理论和技术知识加速积累，这就更加需要建立健全完善的知识产权体系。然而，我国当前的知识产权体系还存在很多不完善之处，远远无法满足科技知识积累的需要，尤其需要加强知识产权保护。长三角区域作为我国科技发展的战略高地和科技创新的重要集聚区，率先探索和完善知识产权体系既是促进地区科技发展的内部需求，也是长三角一体化发展示范区的重要使命。

（2）适应信息化时代的趋势，掌握和利用现代信息资源，增强经济发展活力。21世纪是一个信息化的时代，经济社会发展需要适应信息化时代的新形势，在农业、工业、服务业等各个领域加快计算机技术、网络与通信技术、电子技术等现代信息技术重要成果的应用，实现经济发展的数字化、网络化、精准化、智能化。促进经济与信息化的深度融合有利于实现经济发展和信息化的双赢局面：一方面，经济信息化革新了传统经济发展思维与模式，有利于增强经济发展的预见性，维护经济平稳运行；另一方面，信息化本身能够刺激经济增长，形成信息化产业，即信息化经济，带动现代信息技术及相关衍生产业的发展。长三角区域推进经济信息化具有得天独厚的科技基础，经济信息化建设的成果将进一步促进长三角区域经济高质量发展。

（3）推动科技成果转化和技术转移，加速科技生产力扩散。作为我国具有较强科技创新活力的区域之一，长三角区域集聚了众多高校和科研院所，还拥有着以 1000 余家上市公司为代表的一大批大、中、小微企业，科研基础雄厚，市场潜力巨大。由此可见，长三角区域科技成果转化与技术转移的条件十分优越，需求也非常旺盛。加快科技成果转化是长三角区域实施创新驱动发展战略、增强区域科技创新能力的客观要求，而推进技术转移作为科技成果转化的后续工作，是促进科技生产力扩散、提升长三角区域经济整体发展水平的重要举措。同时，作为我国重要的科技创新中心，长三角区域科技生产力的辐射和扩散将有利于发挥该区域在带动我国科技创新和发展过程中的引擎作用。

（4）做好科技计划与管理工作，逐步建立完善的科研管理体制。科研管理体制包含着科技计划与科研项目管理、科技资金管理、科研诚信、科研制度等。科研管理体制是影响科研效率的重要因素，党的十八大以来，国家通过不断深化科技领域"放管服"改革，逐步建立完善的科研管理体制。2015 年 9 月中共中央办公厅、国务院办公厅印发《深化科技体制改革实施方案》，要求"建立技术创新市场导向机制""构建更加高效的科研体系"；2018 年 7 月国务院发布《关于优化科研管理提升科研绩效若干措施的通知》，指出要通过"优化科研项目和经费管理""完善有利于创新的评价激励制度""强化科研项目绩效评价""完善分级责任担当机制""开展基于绩效、诚信和能力的科研管理改革试点"等方式"建立完善以信任为前提的科研管理机制"。上述文件构成了我国科研体制改革的国家布局和顶层设计，对地方推进科研体制改革和完善具有指挥和引导作用。可以看出，长三角区域正根据中央要求，重点推进科研管理体制改革，以释放该区域科技创新活力，巩固长三角区域作为国家创新中心的重要地位。

（5）支持和推进"大众创业、万众创新"，形成创新创业的繁荣局面。2015 年 6 月国务院颁布了《关于大力推进大众创业万众创新若干政策措施的意见》，提出推进以"资金链引导创业创新链、创业创新链支持产业链、产业链带动就业链"为核心的"大众创业、万众创新"，这是"培育和催生经济社会发展新动力的必然选择"，是"扩大就业、实现富民之道的根本举措"，是"激发全社会创新潜能和创业活力的有效途径"。长三角区域是我国改革开放的前沿窗口，自然条件得天独厚，政策环境良好，汇集着大量的创新资源，具有强大的创业活力，是"双创"的示范区。从当前长三角区域颁布的科技政策可以看出，该区域围绕创新创业实施了以下政策措施：首先，着力提高技术尤其是高新技术研发与创新能力，以及企业技术创新，形成技术创新、转化、转移、认定、应用等完善的技术创新链，打造区域创新创业平台；其次，完善体制机制，为创新创业提供服务；最后，汇集区域人才和政策资源，激发创新创业活力。

2. 政策效力

如表 3.7 所示，用单项满分与各项得分均值及各项政策的得分最大值和最小值进行比较，可以看出长三角区域 2018 年 1 月~2019 年 6 月科技政策效力明显偏低。其中，政策工具和政策目标方面表现较好，政策力度得分偏低。

表 3.7　长三角区域科技政策效力评分结果　　　　　　　　单位：分

项目	总得分	均值	最大值	最小值	单项满分
政策力度	70	1.30	5	1	5
政策目标	419	7.76	20	1	25
政策工具	1299	24.06	59	8	65
政策效力	2778	51.44	154	10	450

　　表 3.8 表示的是长三角区域"二省一市"2018 年 1 月~2019 年 6 月科技政策在政策力度、政策目标、政策工具及政策效力评估中的各自得分。可以看出，上海市政策效力得分为 1046 分，在"二省一市"中得分最高，浙江省得分为 1035 分，得分与上海市相差较小，江苏省得分为 697 分，在"二省一市"中得分最低。

表 3.8　长三角区域"二省一市"政策效力评估得分表　　　　单位：分

项目	政策力度	政策目标	政策工具	政策效力
上海市	23	161	500	1046
浙江省	29	151	509	1035
江苏省	18	107	290	697

　　由于长三角区域"二省一市"2018 年 1 月~2019 年 6 月科技政策数量存在差异（上海市 23 项，浙江省 20 项，江苏省 11 项），直接比较政策效力的得分意义不大。为此，我们分别计算出长三角区域"二省一市"科技政策的政策力度均值、政策目标均值、政策工具均值和政策效力均值，以此进行"二省一市"科技政策效力评估指标的对照比较，均值结果见图 3.14。

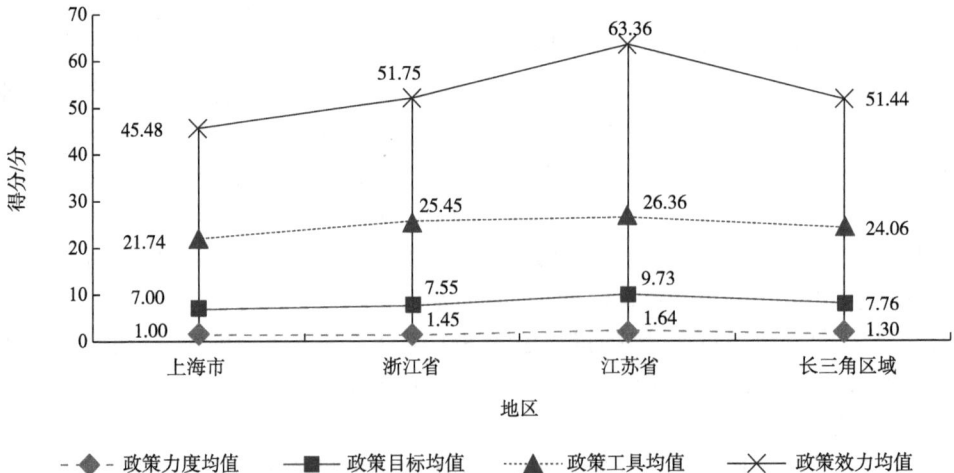

图 3.14　长三角区域"二省一市"政策效力评估各项指标得分均值

　　如图 3.14 所示，从指标来看，"二省一市"在政策力度、政策目标、政策工具、政策效力的平均得分上呈阶梯式增减趋势，即江苏省的各项均值都高于浙江省和上海市，且高于长三角区域的平均值，而浙江省各项均值又高于上海市。因此，江苏省的政策数量虽然少，但是政策效力整体优于浙江省和上海市，浙江省的政策效力又优于上海市。

从地区来看，"二省一市"的政策力度均值和政策目标均值都维持在较低水平，且波动较小；浙江省和江苏省的政策工具均值都略高于长三角区域平均值，上海市政策工具均值低于长三角区域平均值；江苏省的政策效力均值为 63.36 分，高出长三角区域平均值 11.92，浙江省的政策效力均值略高于长三角区域平均值，而上海市政策效力均值低于长三角区域均值。

结合国家战略定位和上海市的发展需求，造成上海市政策效力水平较低的原因可能是：一方面，上海市是我国东部沿海的发达城市，经济发展水平较高，科技基础实力雄厚，形成了较为成熟的科技体制，科技政策更加细化，科技政策目标趋于单一，弱化了综合性科技政策目标的规制作用，这一点可以从上海市 2018 年 1 月~2019 年 6 月发布的 23 项科技政策中得到验证，这 23 项科技政策以"管理办法""实施细则"为主，侧重于规制单一科技领域或科技事项，对政策对象的概念与范围、办事的资格与条件、工作的流程与程序等进行了详细介绍，未详细论述政策目标与政策工具；另一方面，上海市作为直辖市和我国改革开放的试验田，为了鼓励政策创新，释放创新活力，减少了政策工具的滥用及简化了政府职能。

综上所述，根据长三角区域 2018 年 1 月~2019 年 6 月科技政策效力评估结果，可以得出以下结论。

（1）在组成政策效力的三个维度中，政策工具和政策目标表现较好，政策力度表现欠佳。具体而言，长三角区域为科技发展提供了较为具体和全面的政策措施，较好地满足了长三角区域科技创新和发展需求；同时，该区域在科技政策目标设置上，较好地兼顾了政治功能、科技进步、经济效益、社会发展、生态进化等方面，能够根据本区域实际情况和发展需求对政策目标进行细化分解，促进政策目标的具体化、明确化、可测量化。然而，政策力度偏低，主要表现为长三角区域的科技政策颁布主体局限于省级政府及其相关职能部门，政策文种以宏观性强的通知、意见为主，缺乏省级人民代表大会颁布的地方性法规。

（2）政策力度较低是限制长三角区域科技政策效力整体水平的重要因素。通过上文分析可知，长三角区域政策力度均值仅为 1.3 分，而"二省一市" 2018 年 1 月~2019 年 6 月科技政策力度也都维持在较低水平，因此政策力度对长三角区域政策效力的贡献率较小，不利于长三角区域政策效力整体水平的提升。

（3）政策数量对一个区域或省的政策效力得分有一定影响，政策效力均值反映了这个地区或省政策效力的整体水平。由上文可知，上海市和浙江省 2018 年 1 月~2019 年 6 月科技政策数量多于江苏省，导致江苏省政策效力得分最低，然而通过计算政策效力均值，可以发现江苏省的政策效力均值及三大维度均值都高于上海市和浙江省，反映了江苏省科技政策效力整体水平高于上海市和浙江省。

（4）长三角区域"二省一市"的政策效力发展水平存在不均衡现象，这在一定程度上制约了长三角区域政策效力整体水平的提高。由上文分析可知，江苏省和浙江省的政策效力水平较高，均超过长三角区域的平均水平，然而上海市无论在政策力度、政策目标、政策工具还是政策效力上均低于长三角区域平均水平。

基于以上结论，从以下方面提出改善长三角区域科技政策的建议。

（1）增加高位政策供给，构建更加完善的科技政策体系。当前，发展科技成为我国社会转型和促进经济高质量发展的刚性需求，也是世界各国实现本国发展目标的共同举措。科技的迅速发展带来了许多新情况、新变化、新问题，这就需要政府构建更加完善的政策体系。通过以上分析可知，长三角区域科技政策主要由政府及其职能部门颁布，缺乏省级人民代表大会颁布的具有较强约束力的地方性法规，这些低位政策宏观性强，约束力弱，不利于科技的进一步发展。因此，长三角区域"二省一市"省级人民代表大会应加快科技立法，根据本省（市）实际情况和发展需求对科技发展的相关领域进行立法规制，增加高位政策供给，增强政策的权威性和约束力。同时，改善政策文种结构，增加操作性强、有针对性的政策，进一步完善本地区科技政策体系。

（2）通过提高单项政策的政策效力来提升科技政策效力整体水平，同时优化政策效力结构，增强政策力度。政策数量的增加会引起政策效力的相应增加，然而政策效力的绝对数值不能真实反映一个地区或省的政策效力整体水平，还需要根据政策效力均值进行判定。因此，需要通过切实完善单项政策的政策力度、政策目标、政策工具，提高单项政策的政策效力，只有这样才能有效地提升该地区或省的政策效力水平，单纯依靠增加政策数量来提高政策效力的做法是不合理的。此外，长三角区域的科技政策力度较低，这对该区域政策效力整体水平的提高产生了不利影响，因此需要优化政策效力结构，通过增加高位政策等方式增强政策力度，从而促进长三角区域政策效力整体水平的提升。

（3）加强省际政策沟通与互动，增强区域发展的均衡性和协调性。随着长三角区域一体化建设的加快，"二省一市"政府之间的政策沟通与合作日益频繁和密切，这就需要打破行政区划的限制，形成区域共同体的观念和区域一体化的体制。科技政策沟通是长三角区域政策沟通的重要组成部分，为此"二省一市"应该建立专门的科技政策沟通平台或者机制，将本省（市）发展科技的先进经验与做法进行扩散，促进长三角区域科技政策的完善及科技的整体发展，同时针对共同面临的政策难题进行协商解决，进一步促进长三角区域发展的均衡性和协调性。

3.3　东北区域颁布的科技政策

3.3.1　东北区域的基本情况

东北区域历来是我国的地理文化大区和经济大区。从地理位置上看，东北区域有广义和狭义之分。广义上的东北区域包括辽宁、吉林、黑龙江三省及内蒙古自治区东部五盟市（即通辽市、赤峰市、呼伦贝尔市、兴安盟、锡林郭勒盟）；狭义上的东北区域主要是指山海关以北、漠河以南的辽宁、吉林、黑龙江三省。本书主要是以省级政府为分析单元，因此在选择标准上采用狭义上的东北区域定义，对辽宁省、吉林省、黑龙江省（以下简称东北区域）2018 年 1 月~2019 年 6 月的科技政策情况进行分析。

辽宁省，旧称"奉天"，简称"辽"，取辽河流域永远安宁之意而得其名，省会沈阳，位于东北区域南部，南临渤海、黄海，东与朝鲜一江之隔，与韩国、日本隔海相望。截至 2018 年底，省内有沈阳、大连、鞍山等 14 个地级市，其中沈阳、大连为副省级城市，16 个县级市、25 个县、59 个市辖区。全省陆地总面积 14.8 万平方公里，占全国陆地总面积的 1.5%。其中耕地面积 409.29 万公顷，占全省土地总面积的 27.65%，人均耕地面积 0.096 公顷。根据 2018 年 1‰人口抽样推算，全省常住人口 4359.3 万人。其中，城镇人口 2968.7 万人，占人口比重的 68.1%；乡村人口 1390.6 万人，占人口比重的 31.9%。截至 2018 年，全省共有工业 39 个大类、197 个种类、500 多个小类，是全国工业行业最全的省份之一。辽宁省装备制造业和原材料工业比较发达，输变电、冶金矿山、石化通用、金属机床等重大装备类产品和钢铁、石油化工业是辽宁的主要产业。同时，辽宁省还是我国最早的一批对外开放省份之一，截至 2018 年全省累计批准外商企业投资 3.5 万家，实际利用外资 437 亿美元，拥有华晨宝马、英特尔大连芯片厂等众多外资独资或中外合资企业，世界 500 强企业中已有 110 多家在辽宁投资。2018 年，辽宁省全年地区生产总值为 25 315.4 亿元，比上年增长 5.7%。其中，第一产业增加值为 2033.3 亿元，增长 3.1%；第二产业增加值为 10 025.1 亿元，增长 7.4%；第三产业增加值为 13 257.0 亿元，增长 4.8%。全年人均地区生产总值为 58 008 元，较上年增长 5.9%。辽宁省科技教育事业发展基础较好。截至 2018 年，全省拥有两院院士 53 人，各类专业技术人员 150 万人。全省拥有东北大学、大连理工大学、辽宁大学、东北财经大学等普通高等院校 77 所。截至 2018 年末，义务教育在校学生规模为 404.7 万人；全省拥有普通高中 407 所，在校生 76.9 万人；中等职业技术学校 553 所，在校生 53.1 万人。全省人均受教育年限为 9.75 年。

吉林省，简称"吉"，省会长春，位于东北区域中部，西与内蒙古自治区接壤，南北分别与辽宁省和黑龙江省接壤，东边则与朝鲜和俄罗斯接壤。吉林建置始于 1653 年，因清朝在此建城并定名"吉林乌拉"而得名。吉林省是我国 9 个拥有边境的省份之一，是国家"一带一路"向北开放的重要窗口，是我国面向东亚地区对外交流的重要通道。吉林省加工制造业比较发达，重点产业包括汽车、石化、食品、装备制造、医药健康等，尤其是汽车制造、高铁和医药不仅享誉全国而且在国内处于领先水平。吉林省是国家重要的商品粮生产基地，地处世界"黄金玉米带"和"黄金水稻带"，人均粮食占有量、粮食商品率、粮食调出量及玉米出口量连续多年位居全国第一。到 2015 年，吉林省共有 1 个副省级城市、7 个地级市、1 个自治州、60 个县（市、区）和长白山保护开发区管理委员会。全省行政区划面积 18.74 万平方公里。其中，截至 2020 年，全省耕地面积 703 万公顷。黑土面积 110 万公顷，是世界闻明的黑土带，黑土耕地面积 83.2 万公顷。全省人均耕地面积 3.05 亩[①]。吉林省拥有丰富的自然生态资源，截至 2020 年底，全省共有各级

---

① 1 亩≈666.67 平方米。

各类自然保护区 58 个，总面积达到 274 万公顷①。其中，长白山自然保护区早在 1980 年就被联合国教科文组织认定为"人与生物圈"保护网。1992 年，长白山又被世界自然保护联盟评为国际 A 级保护区。2016 年开始，吉林省在全省范围内开展划定生态保护红线工作，依法对生态保护区、生态脆弱区和敏感区划定生态保护红线。同时，吉林省具有丰富的森林资源，林地面积 822 万公顷，森林覆盖率达到 44.2%。素有"长白林海"的长白山区，是中国六大林区之一，树木种类繁多，其中不乏"长白松"等珍稀树种。截至 2019 年 6 月吉林省已与世界上 155 个国家和地区建立了经贸合作关系，与不同国家的 52 省（州）、市建立了国际友好关系。德国大众、博世、美国通用、沃尔玛等 89 家世界 500 强企业落户吉林投资、设厂。截至 2020 年，吉林省共有各级各类开发区 116 个，其中长春兴隆综合保税区、珲春国际合作示范区等 14 个开发区为国家级开发区。2018 年吉林全省实现地区生产总值 15 074.62 亿元，增长 4.5%；人均地区生产总值 55 611 元，增长 5.0%。其中，工业增加值 5437.11 亿元，较上年增长 5.0%；农林牧渔业增加值 1204.80 亿元，较上年增长 2.0%；服务业中电子商务交易额到 2019 年 6 月已突破 2600 亿元。在科技教育方面，截至 2018 年底，吉林省全省共有两院院士 22 人，11 个国家重点实验室，3 个省部共建实验室；拥有吉林大学、东北师范大学等普通高等学校 62 所，在校生 65.83 万人；拥有普通高中 246 所，在校生 40.85 万人；拥有初中 1175 所，在校生 66.06 万人；拥有小学 3871 所，在校生 120.19 万人。

黑龙江省，简称"黑"，省会哈尔滨，是我国纬度最高的省份，东部和北部与俄罗斯隔江相望，西部与内蒙古自治区接壤，南部与吉林省接壤。虽然地处北方，但黑龙江省河湖众多，拥有黑龙江、松花江等多条河流及镜泊湖、五大连池等众多湖泊。截至 2019 年 6 月，黑龙江省共有 12 个地级市、1 个地区行署、67 个县（市）、891 个乡镇。根据 2018 年人口抽样调查推算，全省共有常住人口 3773.1 万人，其中城镇人口 2267.6 万人，乡村人口 1505.5 万人；全省人口城镇化率 60.1%，比上年提高 0.7 个百分点。黑龙江省是一个多民族、散杂居的省份，全省共有 53 个少数民族，人口近 200 万人。全省行政区划面积 47.3 万平方千米，其中耕地总面积 1594 万公顷，林地面积 2324.5 万公顷②。2018 年，黑龙江全省实现地区生产总值 16 361.6 亿元，较上年增长 4.7%。其中，第一产业实现增加值 3001.0 亿元，增长 3.7%；第二产业增加值为 4030.9 亿元，增长 2.1%；第三产业增加值为 9329.7 亿元，增长 6.4%。三大产业结构比为 18.3∶24.6∶57.1。全省人均地区生产总值为 43 274 亿元，较上年增长 5.0%。在工业生产方面，全省规模以上企业增加值较上年增长 3.0%，其中，增长较快的有生铁、粗钢、钢材、汽车。规模以上企业主营业务收入较上年增长 9.5%，利润总额增长 22.8%。2018 年全省实现对外进出口总值 1747.7 亿元。其中，出口 294.0 亿元，下降 16.7%；进口 1453.7 亿元，增长 56.5%。全省实际利用外资 59.5 亿元，增长 1.5%。截至 2018 年底，黑龙江省共有哈尔滨工业大学、东北林业大学、东北农业大学等普通高校 81 所，在校生 73.2 万人；普通高中 366 所，

①参见 http://www.jl.gov.cn/mobile/sq/jlsgk/zyhj/202001/t20200131_6659520.html[2020-01-31]。

②参见 https://www.hlj.gov.cn/34/52/index.html[2021-01-15]。

在校生 54.8 万人；普通初中 1418 所，在校生 93.3 万人；普通小学 1469 所，在校生 27.6
万人。

3.3.2 政策外部特征

1. 政策数量统计

如图 3.15 所示，2018 年 1 月~2019 年 6 月东北区域共发布科技政策 49 项，其中辽宁
省 12 项，黑龙江省 10 项，吉林省 27 项。其中，吉林省发布的政策最多，比其余两省全
部数量之和还多，占到了东北区域全部政策数量的 55.10%，辽宁省和黑龙江省则分别为
24.49% 和 20.41%。

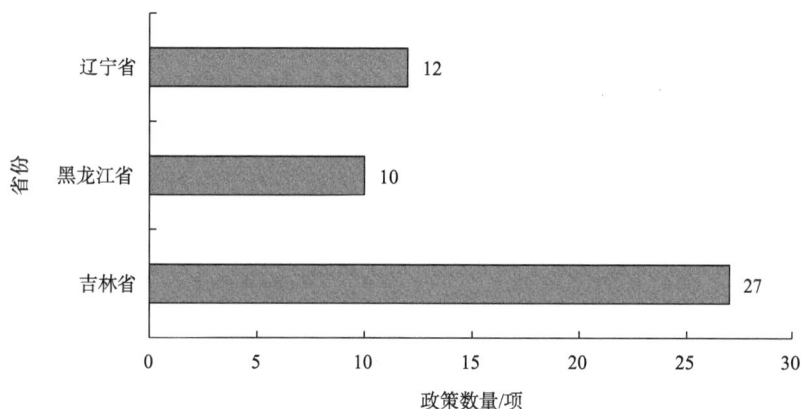

图 3.15 东北区域 2018 年 1 月~2019 年 6 月科技政策数量

2. 政策类别统计

如表 3.9 所示，2018 年 1 月~2019 年 6 月东北区域的科技政策中科技基础能力建设、
战略导向和规划布局及科技创新项目所占比例最高，如表 3.9 所示。

表 3.9 东北区域 2018 年 1 月~2019 年 6 月科技政策种类及数量表

政策类别	科普与创新文化	科技基础能力建设	战略导向和规划布局	"双创"与科技成果转化	科技管理体制改革	人才队伍建设	科技创新项目
数量/项	4	9	10	7	3	6	10
占比	8.16%	18.37%	20.41%	14.29%	6.12%	12.24%	20.41%

在对东北区域整体的科技政策类别进行统计之后，本节还对 3 个省各自的政策类别
情况进行了统计。如图 3.16 所示，科技基础能力建设及科技创新项目方面的政策吉林省
发布的数量最多，分别都是 7 项，同时也是这两类政策出台最多的省份。吉林省发布的
其他类别政策中，"双创"与科技成果转化出台了 5 项、人才队伍建设出台了 4 项、科技
管理体制改革出台了 1 项，未出台科普与创新文化方面的政策。在辽宁省发布的政策中，
战略导向和规划布局方面的政策最多，共出台 5 项，同时也是该类别政策出台最多的省

份。辽宁省发布的其他类别政策中，人才队伍建设、"双创"与科技成果转化、科技管理体制改革分别出台了 2 项，科技基础能力建设出台了 1 项，未出台科技创新项目及科普与创新文化方面的政策。黑龙江省发布的政策数量是 3 个省中最少的，其中科普与创新文化方面的政策最多，共 4 项，也是该类政策出台最多的省份。在黑龙江省发布的其他类别政策中，科技创新项目发布了 3 项，战略导向和规划布局发布了 2 项，科技基础能力建设发布了 1 项，未出台"双创"与科技成果转化、科技管理体制改革、人才队伍建设方面的政策。

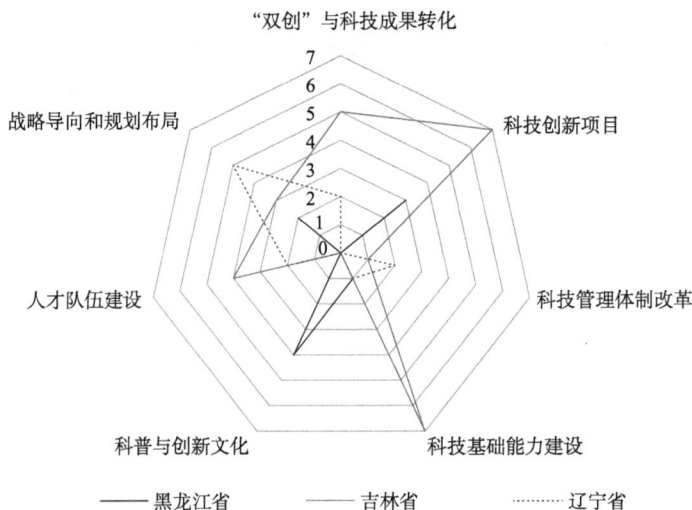

图 3.16 东北区域 2018 年 1 月~2019 年 6 月科技政策类别及数量

3. 政策载体

从图 3.17 对东北区域 2018 年 1 月~2019 年 6 月科技政策发文载体的统计可以看出，东北区域的发文以意见和通知为载体。

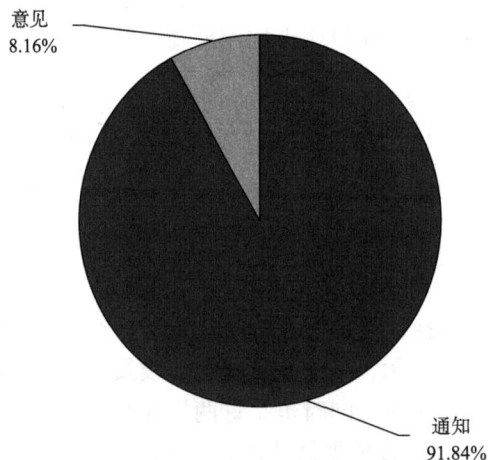

图 3.17 东北区域 2018 年 1 月~2019 年 6 月科技政策发文载体

4. 政策协同性

从表 3.10 可以看出，2018 年 1 月~2019 年 6 月东北区域发布的科技政策以单独部门发文为主，单独部门合计发文 36 项，占到所有发文数量的 73.47%，其中吉林省发布 16 项，黑龙江省发布 9 项，辽宁省发布 11 项。在单独发文的部门中 3 个省都是以省科技厅或省政府单独发文为主；2 个部门联合发文的情况在吉林省出现得相对较多，吉林省共发文 8 项，黑龙江省和辽宁省则较少，都只发布了 1 项政策，2 个部门联合发文的情况共占 20.41%，共发布 10 项文件，发文部门则以省科技厅和省财政厅联合发文为主；3 个及以上部门发文的情况只出现在吉林省，共发布了 3 项政策，占比为 6.12%。

表 3.10　东北区域 2018 年 1 月~2019 年 6 月发文情况统计

项目	吉林省/项	黑龙江省/项	辽宁省/项	合计/项	比例
1 个部门	16	9	11	36	73.47%
2 个部门	8	1	1	10	20.41%
3 个及以上部门	3	0	0	3	6.12%

3.3.3　政策内部特征

1. 政策主题

在对东北区域 2018 年 1 月~2019 年 6 月发布的 49 项科技政策进行整合之后，将这些政策输入 ROST CM6 软件，进行高频词的提取和统计，在剔除"我省"等与其他高频词没有关联性的词语及含义宽泛、实际意义不明确的词语之后，得到了如表 3.11 所示的高频词表。

表 3.11　东北区域 2018 年 1 月~2019 年 6 月科技政策高频词（节选）　　单位：次

高频词	词频	高频词	词频	高频词	词频	高频词	词频
科技	1779	管理	694	人才	429	计划	346
创新	1227	科研	660	机构	391	部门	294
技术	1102	单位	652	开展	378	机制	290
企业	1101	服务	586	转化	378	资源	279
发展	886	中心	581	转移	372	人员	277
建设	779	成果	525	国家	361	创业	269
项目	744	研究	448	平台	357	体系	260

在得到高频词表后，利用 ROST CM6 软件输出高频词的共词矩阵，得到一个由 28 个高频词组成的共词矩阵，并对共词矩阵进行相关系数和相异系数分析之后，得到一个 28×28 的相异系数矩阵，将该矩阵导入 SPSS 软件进行聚类分析，最终得到如图 3.18 所

示的谱系图。

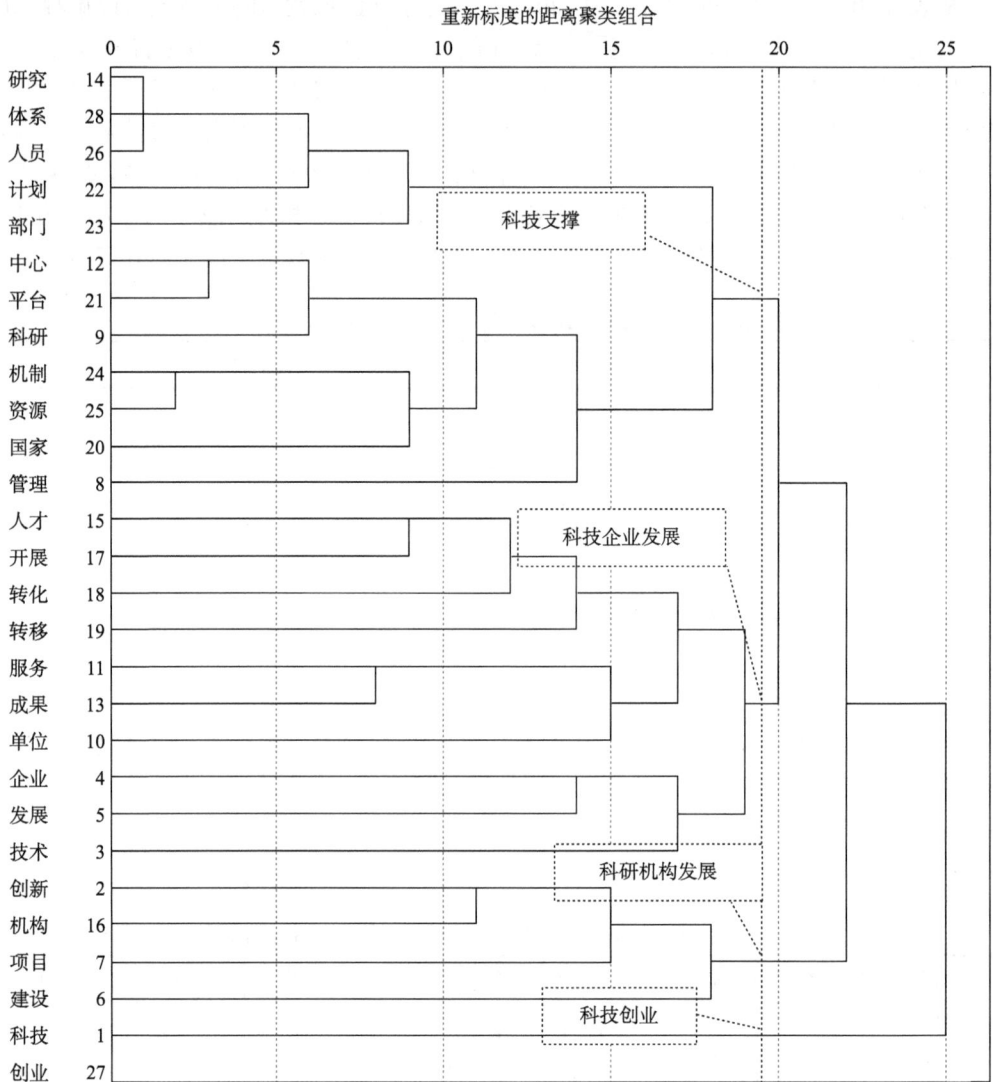

图 3.18　东北区域 2018 年 1 月~2019 年 6 月政策高频词谱系图

在得到高频词谱系图的基础上，再对高频词进行多维尺度分析（如图 3.19 所示），结合谱系图及多维尺度分析中显示出的各高频词的距离远近、疏密关系，可将东北区域 2018 年 1 月~2019 年 6 月科技政策中的高频词划分为 4 个词团：①研究、体系、人员、计划、部门、中心、平台、科研、机制、资源、国家、管理、人才、开展、转移，将该词团命名为"科技支撑"；②转化、服务、成果、单位、企业、发展、技术，将该词团命名为"科技企业发展"；③创新、机构、项目、建设，将该词团命名为"科研机构发展"；④科技、创业，将该词团命名为"科技创业"。

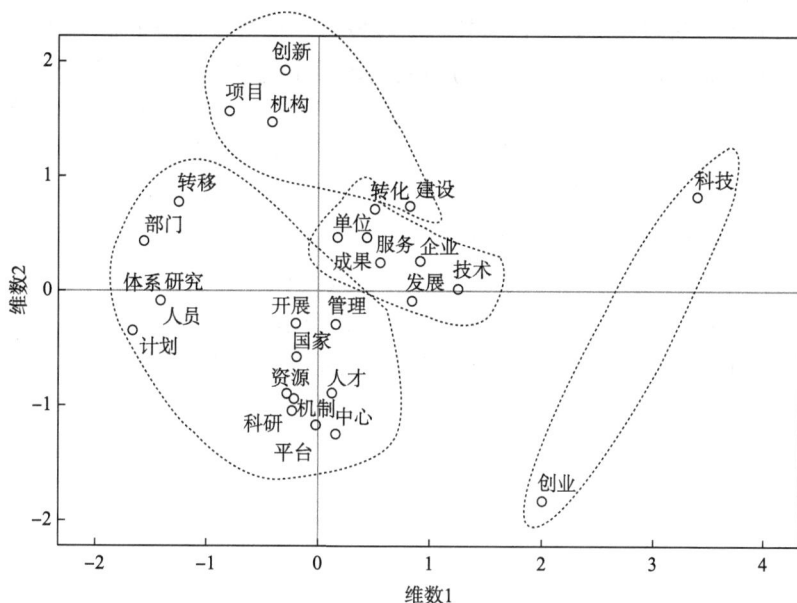

图 3.19　东北区域 2018 年 1 月~2019 年 6 月科技政策高频词多维尺度分析

将 28 个高频词放入政策原文的具体语境中，理解每个词团代表的含义，从而分析政策文本表示的具体政策焦点与主题。结合 SPSS 输出的谱系图，并用多维尺度分析进行验证，在参考具体政策原文的基础上，本节将 2018 年 1 月~2019 年 6 月东北区域科技政策涉及的政策主题归纳和总结为以下 4 个方面。

（1）保证区域科技发展，做好区域科技支撑。为促进科研院所、高等院校、科技型企业等众多科技创新主体的持续、健康发展,提高区域科技创新能力,2018 年 1 月~2019年 6 月东北区域出台的科技政策的重点之一就是，通过改革相关体制机制、建立科技中心与平台、制订宏观科技计划、发挥地区资源优势、积极申请国家级项目等措施，发挥地方政府在区域科技创新发展中的支撑作用。在体制机制改革方面，东北区域根据自身情况主要着力于对科研人员的激励机制，对科研机构、高等院校的监督评价机制、校企协同机制、创新引导机制、科研设备的共享机制、科研诚信机制等方面进行改革，力求在解决东北区域现存体制机制问题的基础上，形成灵活、高效的相关科研机制和科技管理体制；在科技中心与平台搭建方面，主要通过搭建创新平台、金融平台、贸易平台、科技服务平台，建立研发中心、科技产业园等方式为各类科技主体提供科技创新的便捷平台及合作平台；同时，东北区域在该年度出台了各类三年科技计划，以此来为本地区科技发展提供宏观性的方向指导；在发挥地区优势资源方面，东北地区政府采取资源向科技主体倾斜的措施，集聚本地区科技资源和自然资源，利用好本地区的特色自然资源；在申请国家级项目方面，东北区域在该年度通过出台政策积极引导和帮助各类科技主体申请国家级科研项目、科技专项及国家级科研基地。

（2）采取多种措施，重点支持科技型企业发展。支持科技型企业发展是 2018 年 1 月~2019 年 6 月东北区域科技政策中十分重要的政策主题之一。在支持科技型企业发展的措施上，东北区域主要采取提供培训服务、科技成果转移转化、技术创新、加快企业创新发展等四个方面的措施。在培训服务方面，东北区域的政策侧重点在于为企业提供专业人才和科技人才培训，针对企业本身开展科技企业培育行动并开展创业培训，引导各类主体积极创办科技型企业，同时积极做好高层及人才引进工作，引导高层次人才向企业聚集；在科技成果转移转化方面，积极牵头高校和科研院所展开合作、交流，促进科研成果在企业的转移转化，加快科技成果落地；在技术创新方面，东北区域在 2018 年 1 月~2019 年 6 月的科技政策中突出强调了要强化企业在技术创新中的地位，支持企业联合高校、科研院所建立产业技术联盟；在加快企业创新发展方面，东北区域采取的主要措施是在宏观层面上制定科技型企业的发展战略并将企业创新发展融入区域整体科技发展计划中。

（3）继续推进科研机构创新发展。作为科技创新发展主体之一的科研机构既包括各类科研院所，也包括各大高等院校。2018 年 1 月~2019 年 6 月东北区域的另一个重点政策主题就是继续推进科研机构的创新发展。为此，东北区域提出要推动科研机构创新的深入发展，继续提升科研机构的创新能力，支持各类重点项目建设，同时，搭建科研机构创新平台，做好技术转移体系建设，支持科研机构建设研究中心，引导科研机构与企业建立创新联盟，培育科技创新动能。此外，在管理上要强化、改革科研项目经费管理。

（4）利用多种方式，服务科技创业。在"大众创业、万众创新"总方针的指导下，2018 年 1 月~2019 年 6 月东北区域在支持科技创业方面采取了多种方式，主要目的是支持大学生、高校等科研单位的科研人员创业，积极创办科技型企业。为此，在政策支持上东北区域提出了要为科技创业人员提供优质的金融支持政策和金融担保政策，建设并利用好"星创天地"。同时，利用互联网、大数据等手段整合创业服务资源，完善科技型企业的孵化成长体系，为创业者提供优质创业服务。

2. 政策效力

如表 3.12 所示，东北区域 2018 年 1 月~2019 年 6 月科技政策的政策效力总得分为 1083 分。

表 3.12　东北区域科技政策效力评分结果　　　　　　　　　　单位：分

项目	总得分	均值	最大值	最小值	单项满分
政策力度	64	1.31	2	1	5
政策目标	243	4.96	15	1	25
政策工具	490	10.00	27	0	65
政策效力	1083	22.10	78	1	450

从表 3.12 可以看出，在政策力度方面，东北区域各省人大并未颁布科技方面的地方

性法规或单行条例，因此其单项政策最大得分为 2 分；在政策目标方面，单项政策的满分为 25 分，东北区域实际最大得分为 15 分，最小得分仅为 1 分；在政策工具方面，单项政策满分为 65 分，东北区域实际最大得分为 27 分，最小得分为 0 分；在政策效力方面，单项政策满分 450 分，东北区域实际最大得分为 78 分，最小得分为 1 分。从上述四项指标可以看出，2018 年 1 月~2019 年 6 月东北区域的政策力度、政策目标、政策工具、政策效力都明显偏低，其中政策目标的表现相对较好。

在对东北区域整体进行分析后，我们对吉林省、辽宁省、黑龙江省的各项指标实际得分进行了横向分析，如表 3.13 所示。从该表中可以看出，吉林省在政策力度、政策目标、政策工具中的得分都是最高的，但在政策效力上的得分（430 分）小于辽宁省的得分（479 分），说明 2018 年 1 月~2019 年 6 月辽宁省发布的科技政策的效力高于吉林省。

表 3.13　东北区域分省科技政策效力评估得分表　　　　单位：分

项目	政策力度	政策目标	政策工具	政策效力
吉林省	31	110	249	430
辽宁省	21	91	172	479
黑龙江省	12	42	69	174

由于各省政策数量存在差异，仅对各省数量的总体情况进行分析，缺少一定的公正性和客观性，因此，我们还对吉林省、辽宁省、黑龙江省各项指标的平均得分进行了分析，并得到如图 3.20 所示的折线图。

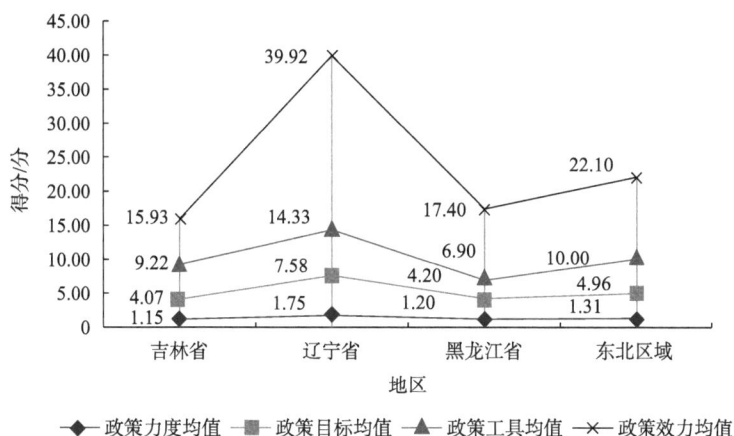

图 3.20　东北区域分省政策效力评估各项指标平均得分

从指标来看，辽宁省 2018 年 1 月~2019 年 6 月发布的政策数量虽然不是最多的，但辽宁省发布的政策的四项指标平均得分在东北地区都是最高的，且高于东北区域的整体水平。由此可以看出，辽宁省发布的各项科技政策的质量明显要高于其他两省。这是因为，辽宁省发布的科技政策综合性较强且政策内容实质性较强，而吉林省发布的政策则以针对某一领域的管理条例居多，政策综合性不强，且政策发布机构以科技厅、财政厅等省级职能部门为主，政策力度较弱，黑龙江省发布的政策在政策力度上同样较弱，以省级职能部门发文为主，且有多项以征集作品、颁布获奖等内容为主的政策。

从地区来看，东北区域整体的政策效力平均得分波动较大。吉林省、辽宁省、黑龙江省的政策力度均值、政策目标均值、政策工具均值虽然波动相对较小但都处于较低水平。其中，吉林省和黑龙江省在政策力度均值、政策目标均值、政策工具均值及政策效力均值上的得分都低于东北区域整体均值。

综上所述，东北区域 2018 年 1 月~2019 年 6 月科技政策在政策效力方面的特征可以总结为以下方面。

（1）整体政策力度较低。在吉林省、辽宁省、黑龙江省的政策发布机构中，只有辽宁省的政策发布机构以辽宁省人民政府或中共辽宁省委为主，占到了省内全部科技政策数量的 75%，其余两省发布的政策都以科技厅、财政厅等省级职能部门为主，省人民政府或省委发文的政策数量不足整体的 40%。因此，这导致了吉林省和黑龙江省政策效力较低的情况出现。

（2）政策工具种类较少。在 2018 年 1 月~2019 年 6 月东北区域的科技政策中，政策工具的使用以法规管制、人力资源管理、公共财政支持、金融支持、公共科技服务为主，甚至存在单一政策中并未使用任何政策工具的情况。同时，在政策工具的表现力度上也存在不足，大部分政策工具得分以 3 分为主。

（3）政策目标涉及方面少且可量化程度低。2018 年 1 月~2019 年 6 月东北区域的科技政策在政策目标上以实现政治功能、社会发展为主，较少涉及科技进步及经济效益，在生态进化方面则只有一项政策在目标中有所提前。同时，在政策目标的表述上，辽宁省的科技政策在量化目标上的设定较为清晰，吉林省和黑龙江省的政策目标表述则较为笼统，大部分政策仅对宏观政策做了拆分和规划，并未设置具体的量化目标。

3.4 中部区域颁布的科技政策

3.4.1 中部区域的基本情况

我国中部区域位于我国内陆，是我国的人口大区、经济腹地和重要市场，在中国地域分工中扮演着重要角色。2004 年温家宝总理提出中部崛起战略，此后国家出台一系列的政策支持中部地区崛起。2010 年 8 月 12 日，国家发展和改革委员会公布《关于印发促进中部地区崛起规划实施意见的通知》，要求中部地区的山西、安徽、江西、河南、湖北、湖南六省人民政府和有关部门积极落实这项文件中明确的各项任务要求，努力推动中部地区经济社会又好又快发展。

中部区域包括河南、湖北、湖南、安徽、江西、山西 6 个相邻省份，本章选取安徽省、河南省、湖北省 3 个省份进行研究（本节以下所有称中部区域的均是指安徽省、河南省、湖北省 3 个省份）。《2010 年第六次全国人口普查主要数据公报》统计结果显示，三省（安徽省、河南省、湖北省）常住总人口达 21 076 万人；根据国家统计局数据，2018 年末，三省地区生产总值达 117 429.23 亿元。中部区域总体上属于"二三一"型的产业结构，工业是该地区最主要的产业；第三产业的比重在不断提高，但较东南沿海地区，其发展不足；第一产业虽然是该地区的传统产业，但比重在不断降低。总体而言，中部区域经济发展主要依靠第二、第三产业。中部区域科教资源丰富，2010 年中共中央、国务院提出要优化区域布局结构，实施教育振兴战略，促进中部区域科教发展。中部区域高校众多，截至 2018 年安徽省有 12 所高等院校，10 所著名研究所；河南省有研究生培养机构 27 处，普通高等学校 140 所；湖北省具备普通本专科招生资格的高等学校有 127 所。中部区域金融资本市场活跃，截至 2018 年末中部区域共有 287 家企业在 A 股上市，涵盖的行业门类众多。

促进中部地区崛起，是国家的重要发展战略，具有重大战略意义。实现中部地区崛起，归根结底要靠改革创新，形成内生机制，充分发挥中部地区的各种优势和潜力，带动区域经济发展。

3.4.2　政策外部特征

1. 政策数量

根据已经收集到的科技政策结果，2018 年 1 月~2019 年 6 月我国中部区域 3 个省共发布了 103 项科技政策，如图 3.21 所示。总体来看，中部区域是发布科技政策较为活跃的地区；但中部区域的科技政策发布数量很不均匀，河南省较为活跃，湖北省发布数量较少，这反映出科技政策发文数量与各省发展条件相关。

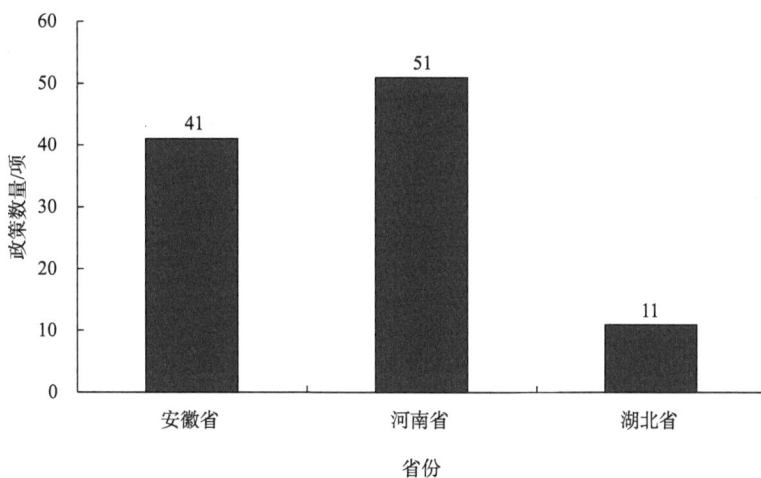

图 3.21　中部区域 2018 年 1 月~2019 年 6 月科技政策数量

2. 政策类别统计

由图 3.22 可知，2018 年 1 月~2019 年 6 月中部区域各类科技政策在数量上存在明显差异。其中，"双创"与科技成果转化、科技管理体制改革产出的政策数量相对较多，这在一定程度上能反映出我国中部区域政府在发展科技过程中重点关注的领域。"双创"与科技成果转化类科技政策 29 项，占据全部政策文本的 28.16%，多于其他类别的政策数量。创新驱动发展已成为推动经济社会发展的重要战略，科技成果转化是从一种创新走向另一种创新，打通政策落实的"最后一公里"。由此可见，2018 年 1 月~2019 年 6 月我国中部区域在科技发展过程中重视科技创新，以创新驱动发展推进供给侧结构性改革，加快调结构、转方式、促升级，促进中部区域发展。另外，科技管理体制改革类科技政策 25 项，占据全部政策文本的 24.27%。这说明我国中部区域重视科技管理体制改革，引导政府进行职能转变，让市场发挥导向作用。

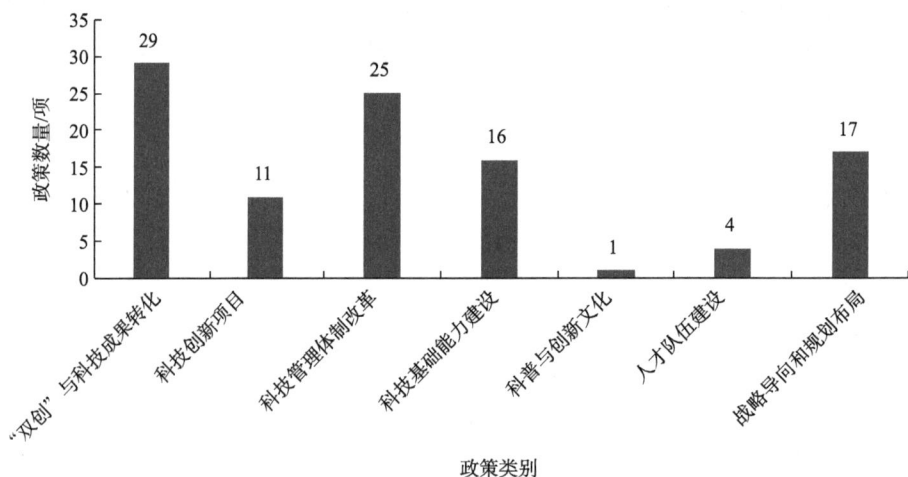

图 3.22　中部区域 2018 年 1 月~2019 年 6 月科技政策类别构成图

3. 政策载体

根据已经得到的政策数据，2018 年 1 月~2019 年 6 月中部区域科技政策发文载体主要以通知、公报、意见、函 4 种形式出现，如图 3.23 所示。由此我们可以看出，中部区域科技政策发文载体以通知形式为主导，意见、公报、函等形式的政策占据少数，政策发文载体较为单一。

4. 政策协同性

同一省份不同政府部门为实现同一政策目标而保持政策的同一性。根据已经收集到的中部区域政策结果，统计得到 2018 年 1 月~2019 年 6 月中部区域出台的 103 项科技政策中，机关或机构单独发文的有 80 项，两个及以上的机关或机构联合发文的有 23 项。图 3.24 清晰地展现出中部区域单独发文与联合发文两种发文形式数量对比。

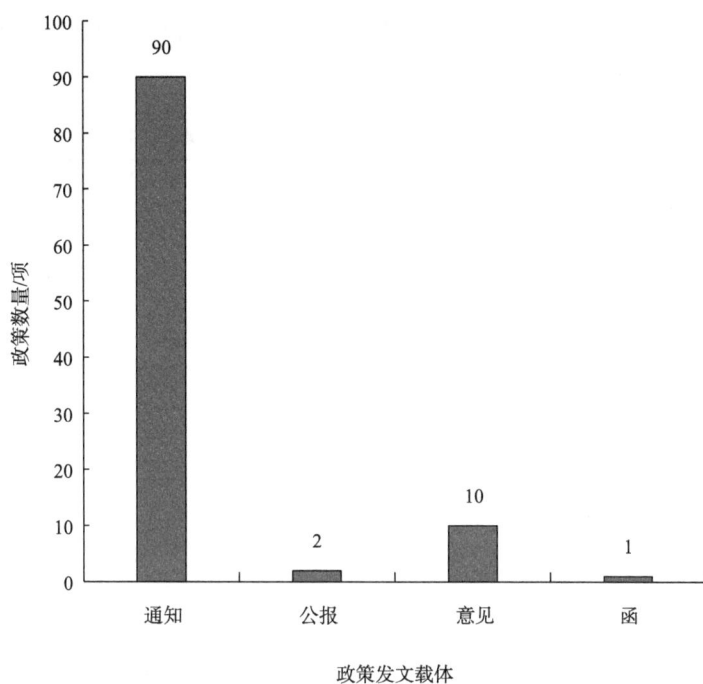

图 3.23　中部区域 2018 年 1 月~2019 年 6 月科技政策发文载体分布图

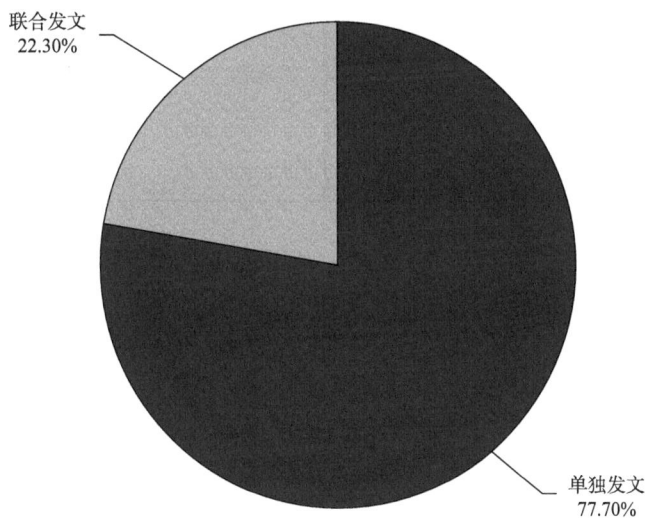

图 3.24　中部区域 2018 年 1 月~2019 年 6 月科技政策发文情况图

3.4.3　政策内部特征

1. 政策主题

使用 ROST CM6 对中部区域 2018 年 1 月~2019 年 6 月 103 项科技政策文本进行高频

词提取和统计，剔除如"一批""全省"等含义宽泛或与科技关联性较弱的词语后，得出了中部区域科技政策高频词，如表 3.14 所示。

表 3.14　中部区域 2018 年 1 月~2019 年 6 月科技政策高频词（节选）　单位：次

高频词	词频	高频词	词频	高频词	词频	高频词	词频
科技	2662	政策	709	评价	473	财政	246
企业	2539	机构	705	科学	472	制度	229
技术	2266	部门	673	改革	457	直管	191
创新	2051	平台	672	数据	456	协同	175
发展	1989	开展	649	转化	448	优化	150
项目	1737	创业	639	鼓励	385	配套	149
建设	1314	重点	632	体系	369	产业链	145
服务	1306	应用	610	评审	341	集群	144
单位	1296	人才	586	专项	323	规范	137
管理	1204	领域	572	奖励	317	升级	136
科研	851	加强	530	资源	262	驱动	131
国家	772	推动	506	转移	261	监管	124
研发	756	推进	491	能力	259	孵化	122
研究	727	基地	490	机制	254	资助	113
成果	724	加快	478	产权	250	转型	108

　　在提取政策高频词的基础上，通过清除共词矩阵表中一些与其他高频词没有共同出现的词语后，对剩余的 30 个高频词构建了 30×30 的相关系数矩阵和相异系数矩阵，并结合相异系数矩阵，采用 SPSS 的组间连接和欧氏距离方法，对高频词进行了聚类分析，谱系图见图 3.25；紧接着运用 SPSS 对政策高频词进行多维尺度分析，通过观察不同高频词之间的距离远近、密度大小，判断它们是否属于同一个类别，高频词多维尺度分析结果如图 3.26 所示。结合政策高频词聚类谱系图和多维尺度分析图，可将 30 个政策高频词划分为 4 个词团：①创业、人才，将该词团命名为"创新创业"；②重点、推动、研发、服务、开展、平台、建设、国家、企业、应用、领域、加快、推进、科技，将该词团命名为"科研管理服务"；③科研、部门、转化，将该词团命名为"科技成果转化"；④技术、发展、项目、管理、研究、机构、成果、创新、政策、加强、单位，将该词团命名为"科技项目管理"。

重新标度的距离聚类组合

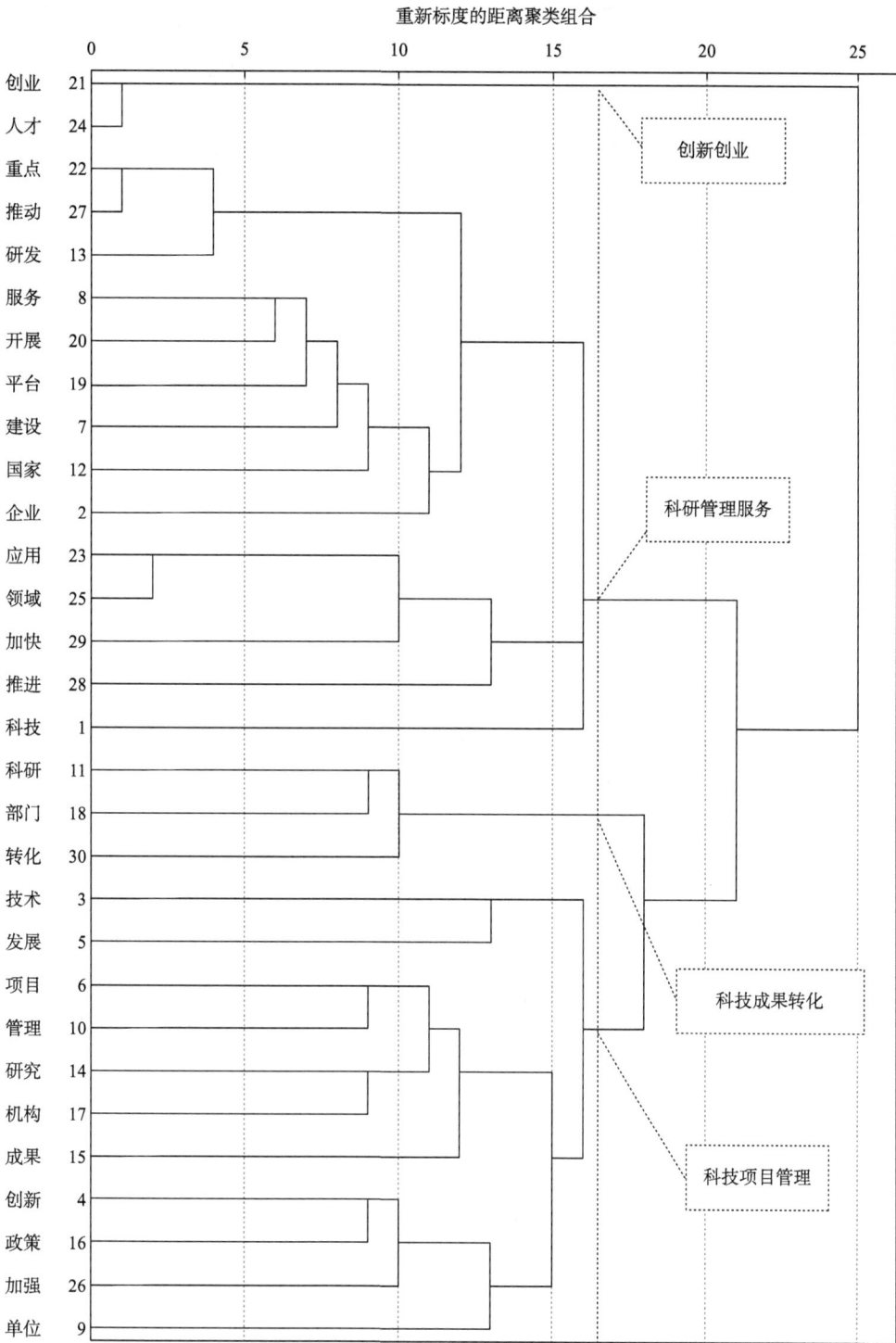

图 3.25　中部区域 2018 年 1 月~2019 年 6 月科技政策高频词谱系图

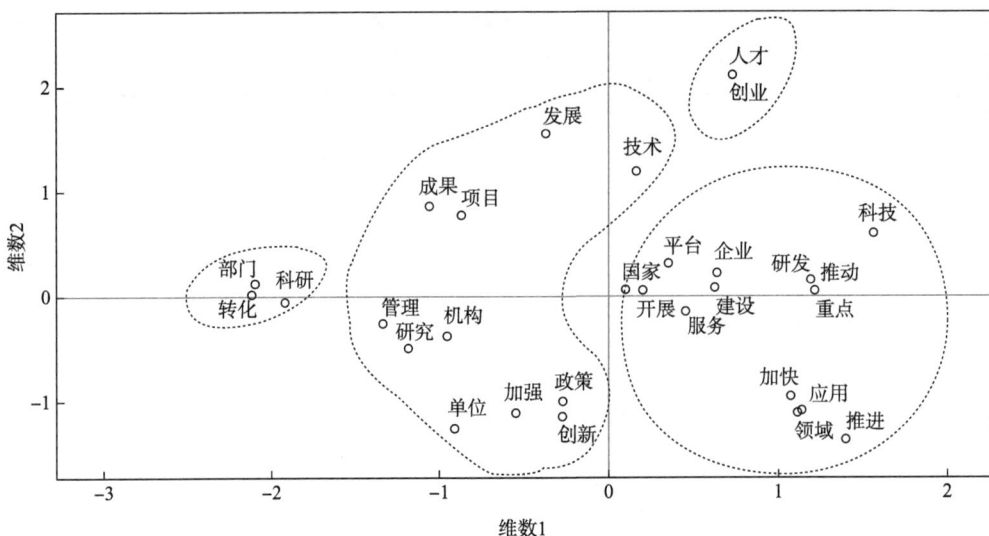

图 3.26　中部区域 2018 年 1 月~2019 年 6 月科技政策高频词多维尺度分析图

将 30 个高频词放回 103 项政策文本的具体语境中,理解每个词团及其包含高频词的具体含义,分析政策文本传达出的政策焦点与主题。结合共词聚类分析、多维尺度分析,并参考具体政策内容,可将中部区域 2018 年 1 月~2019 年 6 月的 103 项科技政策的主题归纳和总结为以下 4 个方面。

(1)深入实施创新驱动发展战略,推进大众创业、万众创新。2015 年 6 月,国务院颁布《关于大力推进大众创业万众创新若干政策措施的意见》,明确指出:推进大众创业、万众创新,是培育和催生经济社会发展新动力的必然选择,是扩大就业、实现富民之道的根本举措,是激发全社会创新潜能和创业活力的有效途径。人才是创新创业活动的执行主体,是推动科技发展和社会进步的重要力量,是在激烈的国际竞争中赢得主动占据优势的先导因素。中部地区是我国的人口大区,其在创新创业方面实施了以下政策措施:首先,积极引进和鼓励人才,重视推进人才培养,完善人才激励评价制度,促进人才参与到创业浪潮中来;其次,完善创新创业制度,优化创新创业服务,解决创新创业过程中资金难的问题,构筑创新创业高地;最后,调动创新创业人员的积极性,针对不同的群体采取不同的措施鼓励创新创业,高校开展创新创业课程,健全企业家参与涉企创新创业政策制定等。

(2)做好科研管理服务工作,增强科研创新活力。在我国现有的科研机构当中,科技研发有着十分重要的地位,而在科研工作中,科研管理工作和科研服务工作也起着十分重要的作用。科研机构的管理工作水平直接影响科研水平的有效提升及科研创新程度的增强,科研管理服务水平也对科研工作有着重要的影响。随着国内科技行业的飞速发展,科研管理工作的效率制约了科研能力和科研人员思维方向的开拓。科研管理理念和科研管理方式、方法,都将直接关系学术发展的生命力。国家对此高度重视,并出台了许多政策给予支持。《"十三五"国家社会发展科技创新规划》明确指出了我国科研管理与服务的具体要求,对于地方推进科研管理服务改革和完善具有指挥与引导作用。可以看出，我国中部地区正逐步建立符合当地科研实际的管理服务制度，提高科研管理服务意识，促进中部地区科研进步，推动我国中部地区科技进步和经济发展。

（3）促进科技成果转化，提高科技成果转化效率。科技成果能否进行顺利的转化是科研活动能否正常进行的关键步骤，科技成果转化的价值就在于它能够快速、有效地将科技成果进行普及并应用。政府应当在科技成果转化和推广过程中起到良好的引导作用。目前我国中部地区科技体制存在一个很大的弊端，就是大量的科研机构独立于企业之外，长期形成了科技与经济相分离的局面。中部地区高等院校和科研院所数量较多，且涌现了一批创新型企业，科技成果的转化是其发展科技的关键一步。从中部地区颁布的政策来看，目前，中部地区正积极促进科技成果转化，设置科技成果转化引导资金，着力营造推动科技成果转化的良好环境，提升技术，以技术标准促进科技成果转化应用，建立科技成果转化信息共享与发布体系等以提高科技成果转化效率。

（4）完善科技项目管理，保证科研项目的顺利完成。科技创新项目的管理质量，将极大地影响该地区的科技创新发展质量。实现中部地区崛起，归根结底要靠创新，形成内生机制。目前中部地区科技项目管理存在"重数量、重过程"的问题，中部地区为完善其管理，提出了以下政策措施：合理控制项目数量，提升项目层次和质量，要求项目承担单位加强项目关键环节自我管理，建立健全科研项目管理分级责任担当机制等，促进中部地区科技项目管理高效化，以及中部地区科技进步。

2. 政策效力

表 3.15 详细展示了中部区域 2018 年 1 月~2019 年 6 月科技政策效力得分。

表 3.15　中部区域科技政策效力评分结果　　　　　　　单位：分

项目	总得分	均值	最大值	最小值	单项满分
政策力度	154	1.50	3	1	5
政策目标	1045	10.15	16	5	25
政策工具	1549	15.04	43	5	65
政策效力	4073	39.54	118	9	450

表 3.16 表示的是中部区域 2018 年 1 月~2019 年 6 月科技政策在政策力度、政策目标、政策工具及政策效力评估中各自的得分。可以看出，河南省政策效力得分为 1948 分，在三省中得分最高，安徽省得分为 1655 分，得分与河南省相差较小，湖北省得分为 470 分，在三省中得分最低。

表 3.16　中部区域政策效力评估得分表　　　　　　　单位：分

项目	政策力度	政策目标	政策工具	政策效力
安徽省	69	409	529	1655
河南省	68	522	858	1948
湖北省	17	114	162	470

由于中部区域 2018 年 1 月~2019 年 6 月科技政策数量存在差异（安徽省 41 项，河南省 51 项，湖北省 11 项），直接比较政策效力的得分意义不大，所以分别计算出中部区域及三省科技政策的政策力度均值、政策目标均值、政策工具均值和政策效力均值，以此对三省的科技政策效力评估指标进行对照比较，均值结果见图 3.27。

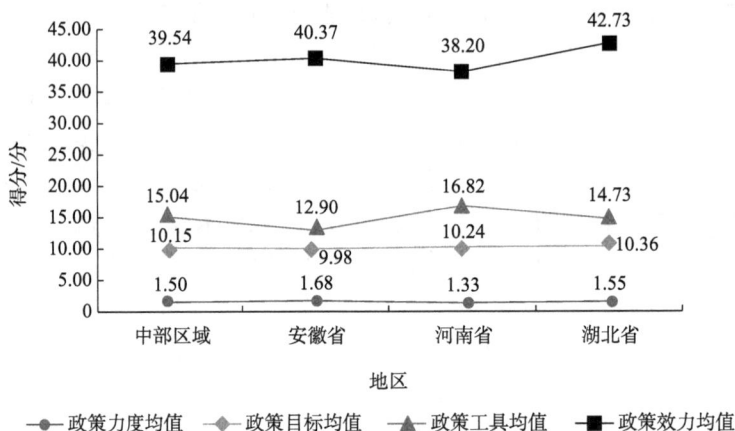

图 3.27　中部区域政策效力评估各项指标均值

如图 3.27 所示，从政策效力来看，三省政策效力均值波动较大，其中湖北省的政策效力最高，安徽省次之。反观，河南省出台政策数量最多，但其政策效力均值最低，并且低于三省政策效力均值。从政策目标来看，三省政策目标均值维持在较低的水平，但波动小，说明中部区域在政策目标的制定上较为一致；其中，河南省和湖北省的政策目标均值略高于三省均值，安徽省的政策目标均值低于三省均值。从政策工具来看，三省政策工具均值较低，波动较大。其中，河南省政策工具均值明显高于三省政策工具均值；安徽省政策工具均值低于三省政策工具均值，且差值较大；湖北省政策工具均值略低于三省政策工具均值。从政策力度来看，三省政策力度均值维持在较低的水平。其中，安徽省政策力度均值高于三省政策力度均值，差值达到 0.18 分；湖北省次之，仅高出 0.05 分；河南省政策力度均值低于三省政策力度均值。总体来看，河南省是出台政策最多的省份，政策数量高达 51 项，但其政策评估效果不佳，政策效力均值低于三省均值；反观，湖北省是出台政策最少的省份，仅有 11 项，但其政策评估效果较好。

结合国家中部崛起的战略来看，国家对河南省的定位是粮食核心区，其政策目标较为单一，结合政策文本来看，河南省政策中生态功能的政策明显多于其他两个省份；而湖北省处于交通枢纽的位置，且科教资源丰富，国家对其定位是科教高地上建"两型社会"（资源节约型和环境友好型社会），因此其政策重点是科教方向，重视科技事业的发展，科技政策产出质量高。

综上所述，根据中部区域 2018 年 1 月~2019 年 6 月科技政策效力评估结果，可以得出以下结论。

（1）中部区域三省存在政策效力不均衡的发展状况。就其均值而言，三省的政策效力均值虽然波动较大，但均处于较低的水平，说明中部区域三省科技发展总体处于相对较低的水平。

（2）在政策目标体系中，从中部区域三省科技政策目标的设置来看，政治功能、科技进步、经济效益、社会发展、生态进化分别得分 263 分、316 分、267 分、139 分、60 分。政治功能、科技进步、经济效益得分较高，且基本均衡，但社会发展和生态进化得分较低，这在一定程度上反映出中部区域的科技工作主要满足生产力的需要，最大限度地促进科学、技术和生产的一体化；但与此同时也从侧面反映出了中部区域政府没有兼顾社会发展和生态进化，如果科技政策的制定没有科学的价值理念，则不利于总体社会的发展。

（3）在政策工具体系中，政策工具协同性不足。供给型、环境型、需求型政策工具分别得分 879 分、535 分、135 分，需求型政策工具得分明显不足，需求型政策工具的拉动效用不显著；政策工具类型供需运用不平衡，供给型政策工具得分相对较高，环境型政策工具得分次之，说明中部区域的政策工具没有得到良好协调，政府对需求型政策工具重视程度不够。

（4）中部区域科技政策的政策力度普遍偏低，科技政策颁布主体局限于省级政府及其相关职能部门，政策文种以宏观性强的通知为主，政策表现形式以地方政府规章和地方政府规范性文件为主，地方人大出台的地方性法规极少，难以形成社会强制力。

基于以上结论，提出从以下方面改善中部区域科技政策的建议。

（1）提高政策目标的协同度。根据上述分析，中部区域科技政策目标设置没有重视社会发展和生态进化，目标设置差异性较大。因此，需要进一步提高中部区域政策目标的协同度，以科技发展带动经济效益提高的同时兼顾社会发展和生态进化。一方面，继续推动科技创新与经济发展紧密结合，优化科技成果转化机制，实现科研力量与生产力的紧密结合。另一方面，发展绿色科技，促进科技创新与生态文明建设深层融合，发展科技绿色产业，降低传统产业能耗，以科技力量实现低碳循环绿色发展；与此同时，紧贴时代要求，营造良好的创新氛围，优化良好的市场竞争环境，以科技发展带动大众创业、万众创新。

（2）提高对需求型政策工具的重视程度，加强政策工具间的配合。根据上述分析，中部区域供给型政策工具应用较好。供给型政策工具带来的效益是直接的、快速的，但是过度依赖财政支持、基础设施建设、人力资源管理等供给型政策，不利于中部区域科技的长期发展，因此应加强对每一种政策工具的应用。并且由于每一类政策工具都不是相互独立的，也应重视中部区域政策工具的协同度。具体而言，在科技发展层面，中部区域应多加强对外开放共享，设置科技发展示范区，以先进带动整体发展。另外，在明确科技政策目标的基础上，加强三类政策工具的相互配合，综合利用各种资源，推进中部区域各项目标的实现。

（3）重视科技政策力度的提高。当今国际竞争的实质是科技创新的竞争，而科技要创新，需政策先行，所以需要政府构建更加完善的政策体系。根据以上分析，中部区域科技政策主要由政府及其职能部门颁布，缺乏省级人民代表大会颁布的具有较强约束力的地方性法规，这些政策社会强制力不足，难以形成有效的社会合力。中部区域省级人民代表大会应加快科技立法，建立健全法律法规体系，保证中部区域科技活动规范有序开展。同时，改善政策文种结构，增加操作性强、有针对性的政策，进一步完善本地区科技政策体系。

第4章 专项科技政策

4.1 科技人才政策

4.1.1 政策外部特征

1. 政策数量统计

2018年1月至2019年6月间，中央与地方共出台30项科技人才政策。

总体而言，我国出台的科技人才政策数量相对较多，体现出了政府部门对科技人才的重视。在中央层面，我国出台了多项科技人才政策，这表明，对科技人才的重视已经上升到了国家战略层面，并且是在多个部门之间开展的。另外，各地方出台了两项甚至更多的科技人才政策。这表明，地方也深刻了解科技人才对于本地区经济、社会发展的重要意义。因此，地方才会不遗余力地制定并出台大量科技人才政策，用以吸引人才。

2. 政策类别统计

根据科技人才政策内容侧重点不同，可将其划分为多个政策类别，通过对政策类别的统计分析，可以发现我国出台的科技人才政策存在的相同点及侧重点。本书将搜集到的30项科技人才政策进行整理，如图4.1所示。

根据图4.1不难发现，在所有科技人才政策中，人才队伍建设类的政策数量最多，占据绝对优势地位，所占比例远远高于另外两类政策。这表明，我国在出台相应的科技人才政策时，侧重点在人才队伍建设方面。一方面，吸引人才来本地区发展是促进该地区长久进步的重要因素，为了推动社会发展，不论中央还是地方，都出台了大量的有关人才队伍建设的科技人才政策；另一方面，针对人才队伍建设出台的政策相较于其他类别的政策而言见效更快，只需要通过各种激励方式吸引人才，便可以在很短的时间内促进某一地区的科技力量达到平衡状态,这对于急需改变地区现状的政府来说是最有利的。因此，我国出台的科技人才政策中绝大部分都是针对人才队伍建设的。当然，吸引人才只是科技人才政策的一个方面，如何用好人才就涉及科技人才政策的另一重要内容，即管理体制方面的问题。研究发现，我国科技管理体制改革方面的人才政策占比仅为6.7%，

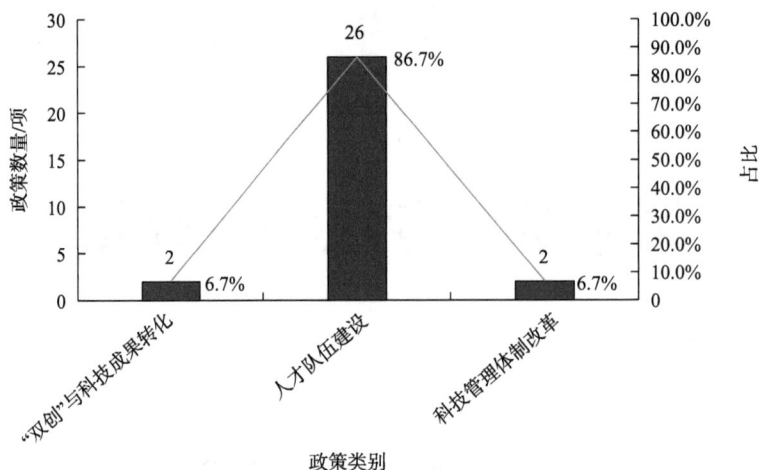

图 4.1　科技人才政策类别统计

这表明，政府在体制改革方面还有很大的提升空间，仍需投入更多精力，从长远来看，体制改革能使地区的科技发展达到新的高度。除此之外，"双创"与科技成果转化类的政策数量也较少，占比仅为 6.7%，表明我国政府应提高对"双创"与科技成果转化类人才政策的认识。

3. 政策载体

不同的科技人才政策，其发文载体也会有差异，通过对科技人才政策的发文载体进行统计分析，我们可以发现不同载体的政策占比情况，进而分析我国科技人才政策的内在性质。因此，本节将搜集到的 30 项科技人才政策进行统计制图，如图 4.2 所示。

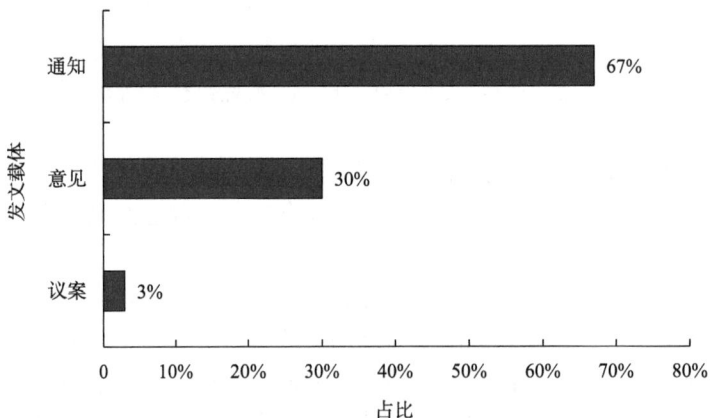

图 4.2　科技人才政策发文载体

根据图 4.2，在 30 项科技人才政策中，发布载体有议案、意见和通知 3 种形式，意见和通知占据主体地位。其中，通知类政策 20 项，在所有政策中占有绝对优势，占比高达 67%，而意见类政策相对通知类政策处于次要地位，数量为 9 项，占比为 30%。议案类政策数量最少，只有 1 项，占比仅为 3%。反映了我国出台的科技人才政策在发文载体上以通知等指令性政策为主。

4. 政策协同性

通过对政策发文主体的统计分析，我们可以探究该项政策的受重视程度及政策的协同性。因此，本节将搜集到的 30 项科技人才政策依据发文主体数量对其进行统计分析，具体如图 4.3 所示。

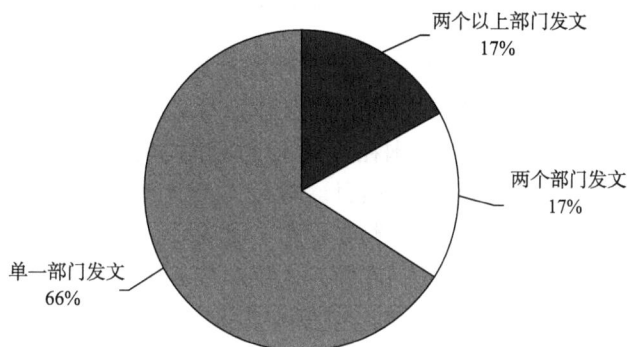

图 4.3　科技人才政策协同性

　　根据图 4.3，单一部门发文的政策数量为 20 项，占比为 66%；两个部门联合发文的政策数量为 5 项，占比为 17%；两个以上部门联合发文的政策数量为 5 项，占比为 17%。这表明我国科技人才政策的出台以单一部门发文为主，两个及以上部门发文的政策占比为 34%，还不到全部政策的半数，表明我国政府部门之间在科技人才政策制定上缺乏横向交流和联系，政策协同性较差。这与科技人才政策的内容有关，我国的科技人才政策大多涉及人才队伍建设，这与人力资源和社会保障部门密不可分，因此，大部分情况下，都是由该部门来完成相关政策的制定工作，缺少与其他部门的相互合作。在联合部门发文中，以政府办公厅或者组织部牵头居多，这既反映出组织部在人才政策制定方面的重要领导地位，又表现了政府办公厅在人才工作中的巨大影响力。

4.1.2　政策内部特征

1. 政策目标

　　本节通过 ROST CM 软件对搜集到的 30 项科技人才政策进行统计分析和词频分析以期发现科技人才政策的共同关注点，如表 4.1 所示。

表 4.1　科技人才政策高频关键词及词频　　　　单位：次

关键词	词频
人才	2105
评价	902
科技	703
创新	640
项目	597
单位	568
技术	562

续表

关键词	词频
企业	379
发展	337
科研	318

通过表 4.1 可知，在搜集到的 30 项科技人才政策中，出现频次在前十位的词分别是人才、评价、科技、创新、项目、单位、技术、企业、发展和科研，这些词的出现频次都超过了 300 次。这反映出我国在科技人才政策的内容制定上紧扣了人才和科技这一主题，注重对人才的评价，通过项目、单位、企业等载体，为人才提供全方位的帮助。此外，值得注意的是在科技人才政策里，"创新"一词共出现了 640 次，这一方面体现出我国对于创新的重视；另一方面，也反映出人才与创新是不可分割的：人才从事的是专业领域中的专业事项，创新是他们必须经历且攻克的任务。因此，人才与创新是不可分割的。另外，"企业"一词出现的频次为 379 次，体现了我国政府非常重视发挥企业在科技人才的培养中的突出作用，旨在动员全社会的力量来提升我国科技人才质量。

2. PMC 指数模型

PMC（policy modeling consistency）指数模型是由 Ruiz Estrada 建立的，他在充分借鉴辩证法关于一切事物都是运动的、普遍联系的这一思想精髓的基础上，主张要尽可能多地将相关变量囊括在内，不应将各变量差异化（Estrada，2010）。因此，该模型具有两个突出特点：一是要求变量数量足够大，所以对变量的数量不设上限；二是强调不同变量的效力一致，因此不对变量设置权重。同时，为了更科学、合理地进行模型分析，该模型规定变量的取值应服从 0-1 分布。在明确基本概念与假设后，如何构建 PMC 指数模型？Estrada 认为主要有以下四个步骤：一是变量分类及参数识别，二是构建多投入产出表，三是量化 PMC 指数，四是绘制 PMC 曲面。

1）变量分类及参数识别

在 Estrada 所提出的理论框架的基础上，参考其他学者的研究（丁潇君和房雅婷，2019；胡峰等，2020；臧维等，2018；张永安和郄海拓，2017），并充分结合科技人才政策特征，对既有框架进行调整与修改，构建了 10 个一级变量，用 $X1\sim X10$ 表示；并在每个一级变量下划分若干个二级变量，用 $X1\text{-}n\sim X10\text{-}n$ 表示。具体变量设置如表 4.2 所示。

表 4.2 科技人才政策变量体系

政策	一级变量	二级变量
P	X1 政策性质	X1-1 预测
		X1-2 监管
		X1-3 建议
		X1-4 描述
		X1-5 引导
		X1-6 其他

续表

政策	一级变量	二级变量
P	X2 政策评价	X2-1 依据充分
		X2-2 目标明确
		X2-3 方案科学
		X2-4 保障有力
	X3 发布机构	X3-1 中共中央
		X3-2 国务院
		X3-3 国家部委
		X3-4 省市政府
		X3-5 省市厅局
		X3-6 其他部门
	X4 政策领域	X4-1 经济
		X4-2 社会
		X4-3 技术
		X4-4 政治
		X4-5 制度
		X4-6 环境
	X5 政策目的	X5-1 规范引导
		X5-2 体系构建
		X5-3 科技创新
		X5-4 人才队伍建设
	X6 涉及客体	X6-1 政府
		X6-2 企业
		X6-3 高校
	X7 针对措施	X7-1 正激励措施
		X7-2 负激励措施
		X7-3 监管
	X8 政策效力	X8-1 短期（1~3 年）
		X8-2 中期（4~7 年）
		X8-3 长期（8 年及以上）
	X9 政策指向	X9-1 人才培育
		X9-2 人才吸引
		X9-3 人才创新
		X9-4 成果转化
	X10 政策依据	X10-1 上级政策

2）构建多投入产出表

根据表 4.2 设置的变量，依据 PMC 的评分方法，构建 30 项科技人才政策的多投入产出表，如表 4.3 所示。

表 4.3　科技人才政策多投入产出表

P	X1-1	X1-2	X1-3	X1-4	X1-5	X1-6	X2-1	X2-2	X2-3	X2-4
P1	0	0	0	1	0	0	1	1	1	1
P2	0	1	1	1	1	0	1	1	1	1

续表

P	X1-1	X1-2	X1-3	X1-4	X1-5	X1-6	X2-1	X2-2	X2-3	X2-4
P3	0	0	1	1	1	0	1	1	1	0
P4	0	0	1	1	1	0	1	1	1	0
P5	0	0	1	1	1	0	1	1	1	0
P6	0	1	1	1	1	0	1	1	1	1
P7	0	0	0	1	0	0	1	1	1	0
P8	1	0	1	1	1	0	1	1	1	1
P9	0	1	1	1	1	0	1	1	1	1
P10	0	0	0	1	0	0	1	1	1	0
P11	0	1	0	1	0	0	0	1	1	0
P12	0	0	1	1	1	0	0	1	1	0
P13	0	0	1	1	0	0	1	1	0	0
P14	0	0	0	1	0	0	1	1	1	1
P15	0	0	0	1	0	0	0	1	0	0
P16	0	0	0	1	0	0	0	1	0	0
P17	0	0	1	1	1	0	0	1	1	1
P18	0	0	0	1	0	0	1	1	1	0
P19	0	1	1	1	1	0	1	1	1	1
P20	0	0	0	1	0	0	0	1	1	1
P21	0	0	0	1	1	0	1	1	1	0
P22	0	0	1	1	1	0	0	0	1	1
P23	0	0	1	1	1	0	1	1	1	1
P24	0	0	0	1	0	0	1	0	0	0
P25	0	1	0	0	1	0	1	1	1	1
P26	0	0	1	1	1	0	1	1	1	1
P27	0	0	0	1	0	0	1	0	1	1
P28	0	0	1	1	1	0	1	1	1	1
P29	0	0	1	1	1	0	1	1	1	1
P30	0	0	0	1	0	0	1	1	1	1

P	X3-1	X3-2	X3-3	X3-4	X3-5	X3-6	X4-1	X4-2	X4-3	X4-4
P1	0	0	0	0	1	0	0	0	0	0
P2	0	0	0	0	1	0	0	0	0	0
P3	0	0	0	0	1	0	0	1	0	0
P4	0	0	0	0	1	0	1	1	1	0
P5	0	0	1	0	0	0	0	1	0	0
P6	0	0	1	0	0	0	0	0	0	0
P7	0	0	1	0	0	0	0	0	0	0
P8	0	0	1	0	0	0	0	1	1	0
P9	1	1	0	0	0	0	0	0	1	0
P10	0	0	0	0	0	1	0	0	0	0

续表

P	X3-1	X3-2	X3-3	X3-4	X3-5	X3-6	X4-1	X4-2	X4-3	X4-4
P11	0	0	0	0	1	0	0	0	1	0
P12	0	0	0	1	0	0	0	0	1	0
P13	0	0	0	0	1	1	0	0	0	0
P14	0	0	0	0	1	0	0	0	1	0
P15	0	0	0	0	1	1	0	1	1	0
P16	0	0	0	0	1	1	0	1	1	0
P17	0	1	0	0	0	1	1	1	1	0
P18	0	0	0	0	1	0	0	0	1	0
P19	0	1	0	0	0	1	1	1	1	0
P20	0	1	0	0	0	0	1	0	0	0
P21	0	0	0	1	0	0	0	1	1	0
P22	0	0	0	0	0	1	1	1	1	0
P23	0	0	0	0	0	1	1	1	1	0
P24	0	0	0	0	1	0	0	0	1	0
P25	0	0	0	0	1	0	0	0	0	0
P26	1	1	0	0	0	0	1	1	0	0
P27	0	0	1	0	0	0	0	0	0	0
P28	0	0	1	0	0	0	1	1	0	0
P29	0	0	1	0	0	0	1	1	0	0
P30	0	0	1	0	0	0	0	0	0	0

P	X4-5	X4-6	X5-1	X5-2	X5-3	X5-4	X6-1	X6-2	X6-3	X7-1
P1	0	0	0	0	0	1	1	1	0	1
P2	1	1	1	1	0	1	1	1	0	1
P3	1	1	0	1	1	1	1	1	1	1
P4	1	1	0	1	1	1	1	1	1	1
P5	1	1	0	1	1	1	1	1	0	1
P6	1	1	1	1	1	1	1	1	0	1
P7	1	1	0	0	1	1	1	0	0	1
P8	0	1	0	1	1	1	0	1	1	1
P9	1	1	1	1	1	1	1	1	1	1
P10	1	0	0	1	0	0	1	1	1	1
P11	1	0	0	0	0	0	0	1	1	1
P12	1	1	1	1	1	1	1	1	1	1
P13	0	0	0	0	1	1	0	0	0	1
P14	1	1	1	1	0	0	0	1	0	1
P15	0	0	0	0	1	1	0	1	0	1
P16	0	0	0	0	1	1	0	1	0	1
P17	1	1	1	1	1	1	1	1	1	1
P18	0	0	1	0	1	1	1	1	1	1

续表

P	X4-5	X4-6	X5-1	X5-2	X5-3	X5-4	X6-1	X6-2	X6-3	X7-1
P19	1	1	1	1	1	1	1	1	1	1
P20	1	0	0	0	1	1	1	1	1	1
P21	1	1	1	1	1	0	1	1	1	1
P22	1	1	0	1	1	1	1	1	1	1
P23	1	1	1	1	1	1	1	1	1	1
P24	0	0	1	0	0	0	1	1	1	1
P25	1	0	1	1	0	0	1	0	0	1
P26	1	1	1	1	1	1	1	1	1	1
P27	1	0	0	0	0	0	1	0	1	1
P28	1	1	1	1	1	1	1	1	1	1
P29	1	0	1	1	1	1	1	1	1	1
P30	1	1	1	1	1	1	1	1	0	1

P	X7-2	X7-3	X8-1	X8-2	X8-3	X9-1	X9-2	X9-3	X9-4	X10-1
P1	1	0	0	0	1	0	1	1	0	1
P2	1	1	0	0	1	1	0	1	1	1
P3	0	0	0	0	1	0	1	1	1	1
P4	0	0	0	0	1	1	1	1	1	1
P5	0	1	0	0	1	1	0	1	1	1
P6	1	1	0	0	1	1	0	1	0	1
P7	0	0	0	0	1	0	0	1	0	1
P8	0	0	0	0	1	1	0	1	0	1
P9	1	1	0	0	1	1	0	1	1	1
P10	1	1	0	0	1	1	0	1	1	1
P11	1	1	0	0	1	0	0	0	1	1
P12	0	0	0	0	1	1	0	1	1	1
P13	0	0	0	0	1	1	0	1	0	1
P14	0	1	0	0	1	1	0	1	1	1
P15	0	0	0	0	1	1	1	1	1	1
P16	0	0	0	0	1	1	1	1	1	1
P17	0	0	0	0	1	1	1	1	1	1
P18	0	0	0	0	1	1	0	1	0	1
P19	1	1	0	0	1	1	1	1	1	1
P20	0	0	0	0	1	1	1	1	1	1
P21	0	1	0	0	1	1	0	1	1	1
P22	0	0	0	0	1	1	1	1	1	1
P23	0	0	0	0	1	1	1	1	1	1
P24	0	1	0	0	1	0	0	0	0	1
P25	1	1	0	0	1	1	0	1	1	1
P26	1	1	0	0	1	1	0	1	1	1

续表

P	X7-2	X7-3	X8-1	X8-2	X8-3	X9-1	X9-2	X9-3	X9-4	X10-1
P27	0	0	0	0	1	0	1	0	0	1
P28	0	0	0	0	1	1	1	1	1	1
P29	0	0	0	0	1	1	1	1	0	1
P30	1	1	0	0	1	1	0	1	1	1

3）PMC 指数计算

对各个政策的二级变量进行评分后，根据 Estrada 提出的 PMC 指数计算公式（Estrada，2011），可以计算出每项政策的一级变量值和 PMC 值，如表 4.4 所示。

表 4.4　科技人才政策 PMC 指数

P	X1	X2	X3	X4	X5	X6	X7	X8	X9	X10	PMC 值
P1	0.17	1.00	0.17	0	0.25	0.67	0.67	0.33	0.50	1.00	4.75
P2	0.67	1.00	0.17	0.33	0.75	0.67	1.00	0.33	0.75	1.00	6.67
P3	0.50	0.75	0.17	0.50	0.75	1.00	0.33	0.33	0.75	1.00	6.08
P4	0.50	0.75	0.17	0.83	0.75	1.00	0.33	0.33	1.00	1.00	6.67
P5	0.50	0.75	0.17	0.50	0.75	0.67	0.67	0.33	0.75	1.00	6.08
P6	0.67	1.00	0.17	0.33	1.00	0.67	1.00	0.33	0.50	1.00	6.67
P7	0.17	0.75	0.17	0.33	0.50	0.33	0.33	0.33	0.25	1.00	4.17
P8	0.67	1.00	0.17	0.50	0.75	0.67	0.33	0.33	0.50	1.00	5.92
P9	0.67	1.00	0.33	0.50	1.00	1.00	1.00	0.33	0.75	1.00	7.58
P10	0.17	0.75	0.17	0.17	0.25	1.00	1.00	0.33	0.75	1.00	5.58
P11	0.33	0.50	0.17	0.33	0	0.67	1.00	0.33	0.25	1.00	4.58
P12	0.50	0.50	0.17	0.50	1.00	1.00	0.33	0.33	0.75	1.00	6.08
P13	0.33	0.50	0.33	0	0.50	0	0.33	0.33	0.50	1.00	3.83
P14	0.17	1.00	0.17	0.50	0.50	0.33	0.67	0.33	0.75	1.00	5.42
P15	0.17	0.25	0.33	0.33	0.50	0.33	0.33	0.33	1.00	1.00	4.58
P16	0.17	0.25	0.33	0.33	0.50	0.33	0.33	0.33	1.00	1.00	4.58
P17	0.50	0.75	0.33	0.83	1.00	1.00	0.33	0.33	1.00	1.00	7.08
P18	0.17	0.75	0.17	0.17	0.75	1.00	0.33	0.33	0.50	1.00	5.17
P19	0.67	1.00	0.33	0.83	1.00	1.00	1.00	0.33	1.00	1.00	8.17
P20	0.17	0.75	0.17	0.33	0.50	1.00	0.33	0.33	1.00	1.00	5.58
P21	0.33	0.75	0.17	0.67	0.75	1.00	0.67	0.33	0.75	1.00	6.42
P22	0.50	0.50	0.17	0.83	0.75	1.00	0.33	0.33	1.00	1.00	6.42
P23	0.50	1.00	0.17	0.83	1.00	1.00	0.33	0.33	1.00	1.00	7.17
P24	0.17	0.25	0.17	0.17	0.25	1.00	0.67	0.33	0	1.00	4.00
P25	0.33	1.00	0.17	0.17	0.50	0.33	1.00	0.33	0.75	1.00	5.58
P26	0.50	1.00	0.33	0.67	1.00	1.00	1.00	0.33	0.75	1.00	7.58
P27	0.17	0.75	0.17	0.17	0	0.67	0.33	0.33	0.25	1.00	3.83
P28	0.50	1.00	0.17	0.67	1.00	1.00	0.33	0.33	1.00	1.00	7.00

续表

P	X1	X2	X3	X4	X5	X6	X7	X8	X9	X10	PMC 值
P29	0.50	1.00	0.17	0.50	1.00	1.00	0.33	0.33	0.75	1.00	6.58
P30	0.17	1.00	0.17	0.33	1.00	0.67	1.00	0.33	0.75	1.00	6.42

注：限于篇幅，本表数值只保留到小数位后两位，本章的PMC指数表均如此

由表 4.4 可知，$X10$、$X6$、$X2$ 和 $X5$ 变量的得分普遍较高，其中，$X10$ 变量分值为满分的有 30 项政策，$X6$ 变量分值为满分的有 16 项政策，$X2$ 变量分值为满分的有 13 项政策，$X5$ 变量分值为满分的有 10 项政策。这表明，在出台的科技人才政策中，大部分的政策涉及客体是很全面的，包括了政府、企业和高校，反映了我国在制定科技人才政策方面考量很全面。另外，这些政策有着明确的目标和科学的实施方案，在依据方面也很充分，有上级政策作为支撑。$X5$ 变量的高分值表明，我国科技人才的政策目的是非常明确而且很广泛的，包括了规范引导等四个欲达成的目标。$X3$ 变量分值为 0.17 的政策有 23 项，其余 7 项科技人才政策的 $X3$ 分值均为 0.33，表明我国科技人才政策的发文机构绝大部分都为单一层级的部门发文。需要注意的是 $X8$ 的变量分值在所有科技人才政策中均为 0.33，而且都是长期效力。表明我国科技人才政策的政策效力有很强的一致性，从侧面反映了我国科技人才政策的高度连续性和稳定性。

另外，从具体政策看，除上段介绍的 $X2$、$X3$、$X5$、$X6$、$X8$、$X10$ 外，政策 $P1$ 的 $X7$ 变量得分较高，为 0.67，表明 $P1$ 的针对措施覆盖全面；$X4$ 变量的分值最低，为 0，表明该政策的政策领域划分不够清晰。政策 $P2$ 的 $X7$ 变量得分最高，为 1.00，表明 $P2$ 的针对措施内容全面，涵盖了正向激励措施、负向激励措施和监督措施；$X9$ 变量分值为 0.75，表明 $P2$ 的政策指向丰富、明确；$X4$ 的分值较低，反映了 $P2$ 在政策领域方面做得不够全面。政策 $P3$ 的 $X9$ 变量的得分最高，为 0.75，表明该政策有着全面的政策指向；不过，$X7$ 的分值较低，仅有 0.33，表明 $P3$ 在针对措施方面还需要提升。政策 $P4$ 的 $X9$ 变量得分最高，为 1.00，说明该政策指向清晰、全面；$X7$ 得分最低，反映出该政策的针对措施相对不足。政策 $P5$ 的 $X9$ 分值最高，表明该政策的指向非常全面；$X1$ 和 $X4$ 得分最低，表明 $P5$ 的政策领域相对单一。政策 $P6$ 的 $X7$ 变量分值最高，为 1.00，并且除 $X4$ 外，其他变量得分也相对较高，表明该政策质量较高。政策 $P7$ 除个别变量得分相对较高外，其他变量得分相对较低，表明该政策的质量有待提升。政策 $P8$ 的 $X1$ 变量得分最高，表明该政策性质包括监管、建议等诸多方面。政策 $P9$ 的 $X7$ 变量得分最高，为 1.00，表明该政策针对措施较为全面，而且 $P9$ 的其他变量得分亦较高，表明该政策质量较好。政策 $P10$ 的 $X7$ 变量分值最高，为 1.00，表明该政策注重激励措施和监管手段的运用；$X1$ 和 $X4$ 的得分最低，反映出该政策的政策性质和领域相对单一。政策 $P11$ 的 $X7$ 变量得分最高，为 1.00，表明 $P11$ 同样在针对措施方面具有相对优势。政策 $P12$ 的 $X7$ 变量分值最低，为 0.33，表明该政策的针对措施不够全面。政策 $P13$ 多数变量分值较低，表明该政策内容较为单一，不够丰富。政策 $P14$ 的 $X9$ 变量分值最高，为 0.75，表明该政策有相对明确的政策指向。政策 $P15$ 和政策 $P16$ 的各项变量得分相同，表明两项政策质量无根本差异，仅在具体内容上有所不同；政策 $P15$ 更关注创业而 $P16$ 更关注创新；此外，

这两项政策除 $X9$ 分值较高外, 其他变量分值较低, 表明该政策还有较大提升空间。政策 $P17$ 的 $X9$ 变量最高, 为 1.00, 表明该政策指向较为明确、全面。政策 $P18$ 的 $X1$ 和 $X4$ 得分相对偏低, 表明该政策的性质和领域单一, 政策效力不高。政策 $P19$ 各变量分值较高, 表明该政策的质量相对较高。政策 $P20$ 的 $X9$ 变量分值最高, 为 1.00, 表明 $P20$ 的政策指向包括了科技人才的诸多方面。政策 $P21$ 的各项变量得分较均衡, 没有明显优势和突出短板。政策 $P22$ 的 $X9$ 变量分值为满分, 说明该政策指向全面; $X7$ 变量仅得 0.33, 表明针对措施有待加强。政策 $P23$ 的 $X7$ 变量得分最低, 为 0.33, 表明该政策在针对措施方面需要加强。政策 $P24$ 除 $X7$ 变量外, 其余变量得分均不高, 特别是 $X9$ 得分为 0, 反映出该政策整体质量有待提高。政策 $P25$ 的 $X4$ 变量分值最低, 为 0.17, 反映了 $P25$ 政策领域内容较为狭窄。政策 $P26$ 各项变量得分相对较高, 表明该政策质量较高。政策 $P27$ 多数变量得分较低, 表明该政策内容有较大延展空间。政策 $P28$ 的 $X9$ 变量分值最高, 为 1.00, 说明该政策的政策指向较为全面; $X4$ 变量得分较高, 反映出该政策领域较为广泛。政策 $P29$ 各项变量得分较为适中, 表明该政策内容还有一定的延展空间。政策 $P30$ 的 $X7$ 变量分值最高, 为 1.00, 表明该政策包含了激励措施和监管措施; $X1$ 变量分值最低, 说明该政策的性质单一, 政策效力有待提升。

　　如表 4.4 所示, 我们得到了 30 项科技人才政策的 PMC 值, 根据 PMC 取值不同, 我们可以将 30 项政策归为 4 类, 分别为: 完全一致性, 很好的一致性, 可接受的一致性, 低一致性。如果 PMC 值在 10 到 9 之间, 则研究具有完全一致性; 如果 PMC 值在 8.99 到 7 之间, 那么研究就有了很好的一致性; 如果 PMC 值在 6.99 到 5 之间, 研究显示出可接受的一致性; 如果 PMC 值在 4.99 到 0 之间, 则为低一致性。科技人才政策 PMC 值等级表如表 4.5 所示。

表 4.5　科技人才政策 PMC 值等级表

政策	PMC 值	标准
$P1$	4.75	低一致性
$P2$	6.67	可接受的一致性
$P3$	6.08	可接受的一致性
$P4$	6.67	可接受的一致性
$P5$	6.08	可接受的一致性
$P6$	6.67	可接受的一致性
$P7$	4.17	低一致性
$P8$	5.92	可接受的一致性
$P9$	7.58	很好的一致性
$P10$	5.58	可接受的一致性
$P11$	4.58	低一致性
$P12$	6.08	可接受的一致性
$P13$	3.83	低一致性
$P14$	5.42	可接受的一致性
$P15$	4.58	低一致性
$P16$	4.58	低一致性

政策	PMC 值	标准
P17	7.08	很好的一致性
P18	5.17	可接受的一致性
P19	8.17	很好的一致性
P20	5.58	可接受的一致性
P21	6.42	可接受的一致性
P22	6.42	可接受的一致性
P23	7.17	很好的一致性
P24	4.00	低一致性
P25	5.58	可接受的一致性
P26	7.58	很好的一致性
P27	3.83	低一致性
P28	7.00	很好的一致性
P29	6.58	可接受的一致性
P30	6.42	可接受的一致性

依据表 4.5，我们在科技人才政策中发现，P9、P17、P19、P23、P26、P28 政策质量最高，具有很好的一致性；有 16 项政策在可接受的范围之内；而有 8 项政策为低一致性。这表明，虽然我国科技人才政策总体而言是到位的，但是在某些具体方面，还需要加强相关工作。

4）PMC 曲面绘制

为了更直观地观察与分析各项政策的优势与缺陷，通过各项政策的 PMC 指数，可以绘制出 PMC 曲面。绘制 PMC 曲面，要根据各项政策的一级变量得分构建 PMC 矩阵。由于各项政策在变量 $X10$ 上的取值均为 1，并且为了保证 PMC 曲面的平衡性与对称性，本节在绘制 PMC 曲面时将 $X10$ 剔除。PMC 矩阵的构建方法见公式（4.1）。

$$\text{PMC}_i = \begin{bmatrix} X_1 & X_2 & X_3 \\ X_4 & X_5 & X_6 \\ X_7 & X_8 & X_9 \end{bmatrix} \tag{4.1}$$

将 30 项科技人才政策在各一级变量上的取值代入公式（4.1）中，可得到各项政策的 PMC 矩阵。

$$\text{PMC}_1 = \begin{bmatrix} 0.17 & 1.00 & 0.17 \\ 0 & 0.25 & 0.67 \\ 0.67 & 0.33 & 0.50 \end{bmatrix} \qquad \text{PMC}_2 = \begin{bmatrix} 0.67 & 1.00 & 0.17 \\ 0.33 & 0.75 & 0.67 \\ 1.00 & 0.33 & 0.75 \end{bmatrix}$$

$$............$$

$$\text{PMC}_{11} = \begin{bmatrix} 0.33 & 0.50 & 0.17 \\ 0.33 & 0 & 0.67 \\ 1.00 & 0.33 & 0.25 \end{bmatrix} \qquad \text{PMC}_{12} = \begin{bmatrix} 0.50 & 0.50 & 0.17 \\ 0.50 & 1.00 & 1.00 \\ 0.33 & 0.33 & 0.75 \end{bmatrix}$$

$$............$$

$$PMC_{29} = \begin{bmatrix} 0.50 & 1.00 & 0.17 \\ 0.50 & 1.00 & 1.00 \\ 0.33 & 0.33 & 0.75 \end{bmatrix} \qquad PMC_{30} = \begin{bmatrix} 0.17 & 1.00 & 0.17 \\ 0.33 & 1.00 & 0.67 \\ 1.00 & 0.33 & 0.75 \end{bmatrix}$$

为清晰展示政策间的差距，本节选取 PMC 得分最高和最低的政策进行呈现，即只展示政策 $P19$ 和政策 $P27$ 的 PMC 曲面图，如图 4.4 和图 4.5 所示。

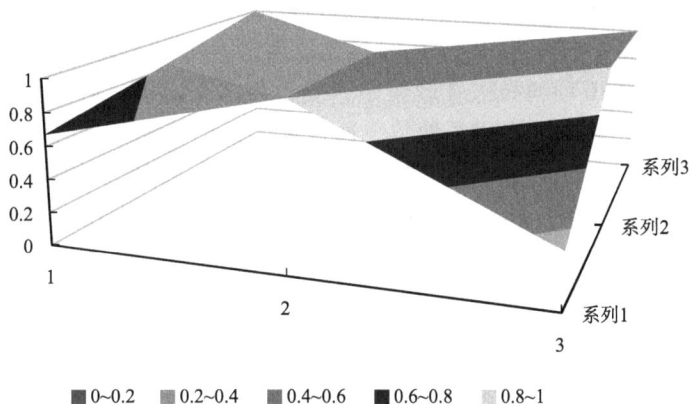

图 4.4　政策 $P19$ 的 PMC 三维曲面图

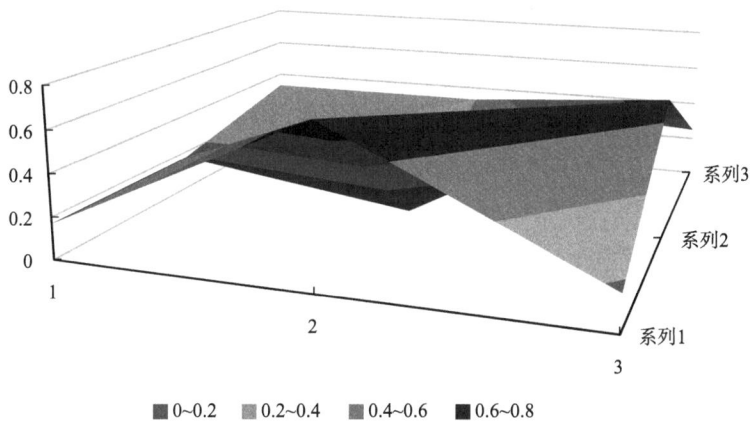

图 4.5　政策 $P27$ 的 PMC 三维曲面图

4.1.3　政策变迁

1. 政策外部特征变迁

（1）政策数量变迁。2017 年我国出台的科技人才政策在国家层面（国家发展改革委、教育部、国家中医药管理局、农业部、人社部、科技部、卫生和计划生育委员会、外国专家局、中国科学技术协会）共 13 项，占全年总量的 21.31%；地方层面共出台科技人才政策 48 项，占全年总量的 78.69%。2018 年 1 月~2019 年 6 月我国出台的科技人才政策在国家层面共 10 项，占全年总量的 33%；地方层面共出台政策 20 项，占全年总量的 67%。从整体数量上来看，2018 年 1 月~2019 年 6 月出台的科技人才政策数量要少于 2017 年出台的科技人才政策数量，这主要是由于我国在 2017 年出台了多达 48 项科技人才政策，需要时间对这些政策进行消化。

（2）政策发文载体变迁。2017 年，我国科技人才政策主要以意见、通知的形式出现。其中，通知类政策占比高达 70.49%，意见类政策则占比为 29.51%。2018 年 1 月~2019 年 6 月，在搜集到的 30 项科技人才政策中，发布载体有议案、意见和通知 3 种形式，意见和通知 2 种发布载体占据主要地位。通过对比，我们发现，在出台的科技人才政策中，通知类和意见类政策是占据主要地位的，二者占全部政策的 97%，这是很明显的一个特点。不过，相较于 2017 年，2018 年 1 月~2019 年 6 月我国出台的科技人才政策多了议案类的政策，这反映出，我国在科技人才政策方面越来越注重发布载体的多样性。

（3）政策协同性变迁。2017 年，在 61 个政策文件中，由单一机构或部门单独发文的有 38 项，由两个及以上机构或部门联合发文的有 23 项。单独发文的部门或机构以人民政府、科技、人力资源主管部门居多，联合发文的部门则以教育、财政部门居多。其中，单一部门发文占比 62.3%，两个部门发文占比 21.31%，两个以上部门发文占比 16.39%。2018 年 1 月~2019 年 6 月，单一部门发文的政策数量为 20 项，占比为 66%；两个部门发文的政策数量为 5 项，占比为 17%；两个以上部门发文的政策数量为 5 项，占比为 17%。通过对比，我们发现在发文主体占比方面变化不大，均是以单一部门发文为主，而且占比都达到了 60%以上。这表明，我国科技人才政策在协同性方面仍有待改善，而且这种情况短期之内是很难有根本变化的。

2. 政策内部特征变迁

2017 年，我国出台的科技人才政策高频词主要有人才、创新、发展、单位、科技、技术、服务、项目、管理、培养等。其主要目标为：一是促进科技人才成长，推动经济社会发展和科技创新；二是支持科技人才创新创业，优化创新创业生态环境；三是优先服务国家战略，完善科技人才引进培养体系和政策制度；四是改革和完善科技人才发展机制，建立完备的科技人才社会保障体系。

2018 年 1 月~2019 年 6 月，我国出台的科技人才政策高频词主要有人才、评价、科技、创新、项目、单位、技术、企业、发展和科研。其主要目标为：一是完善优化人才的发展环境，为人才发展提供便利条件；二是加强对人才的评价审查，防止弄虚作假事件的发生；三是支持科技人才创新创业，促进科技成果的转化；四是促进人才流动，加强国际人才交流。另外，2018 年 1 月~2019 年 6 月在出台的科技人才政策方面，突出了对人才评价的规定，这是 2017 年出台的政策中所没有的。这表明，国家不仅重视人才，而且要能够筛选人才,体现了我国科技人才政策越来越理性化。除此之外,我国还加强了对人才的引进工作,注重国际人才交流。这表明,我国科技人才政策的视野正不断扩展,由国内发展到国际。

4.2　人工智能政策

第四次工业革命趋近使人工智能渐成现实。自人工智能概念提出到算法突破、算力提高,以及海量互联网数据支撑,人工智能终在 21 世纪初迎来质的飞跃,成为全球瞩目的科技焦点。2013 年以来,美国、德国、英国、法国、日本和中国等立足本国基础、瞄准世界前沿,纷纷出台人工智能战略和政策,抢占新一轮科技革命的制高点。美国侧重人工智能对经济、科技和国家安全的影响;欧盟各国关注人工智能可能带来的伦理风险;日本重视人工智能在超智能社会建设中的作用;中国人工智能政策聚焦于人工智能领域的产业化[①]。

对于中国而言,人工智能的发展是一个历史性的战略机遇,对缓解未来人口老龄化压力,应对可持续发展挑战及促进经济结构转型升级至关重要。自 2015 年起,中国相继颁布了《中国制造 2025》《新一代人工智能发展规划》等系列国家级战略规划,在技术攻关、产品研发、示范应用、体系建设等方面进行了系统安排与部署。同时,各地方政府也积极出台相关政策落实国家人工智能战略规划,抢占科技发展机遇,助力人工智能产业发展,引领中国人工智能发展新热潮。

2019 年,清华大学中国科技政策研究中心发布了《中国人工智能发展报告 2018》,该报告多维度比较了中国与世界主要发达国家的人工智能发展状况,并从技术发展、市场应用、政策环境和社会影响等方面全面揭示中国人工智能发展的状况。该报告详细分析了 2009 年至 2018 年中国人工智能政策的演变及阶段性特征,并指出中国人工智能政策主要关注中国制造、创新驱动、物联网、"互联网+"、大数据、科技研发六个方面。因此,参照上述六个核心主题,并结合收集到的政策文本数据,以人工智能、大数据、"互联网+"、机器人和智能制造等为关键词在文本数据库中进行检索,共获得 34 项政策,将其作为人工智能政策的分析文本。

4.2.1　政策外部特征

1. 政策数量统计

自 2015 年起,中国先后出台了《中国制造 2025》《国务院关于积极推行"互联网+"

---

① 清华大学中国科技政策研究中心发布的《中国人工智能发展报告 2018》。

行动的指导意见》《新一代人工智能发展规划》等一系列国家级战略规划，各地方政府也积极出台相关政策支持人工智能及其相关产业发展。2018 年 1 月至 2019 年 6 月间，国家层面出台政策 4 项，涵盖工信部、教育部、国家知识产权局 3 个部门，占人工智能政策总数的 11.76%；地方层面共出台政策 30 项，涉及天津市、安徽省、河南省、贵州省等 16 省（自治区、直辖市），占比高达 88.24%。其中，出台政策文件较多的 5 个省（自治区、直辖市）共发文 19 项，天津市 5 项、安徽省 5 项、河南省 4 项、贵州省 3 项和重庆市 2 项，占比 55.88%，其余 11 省（自治区、直辖市）共出台政策 11 项，占比 32.35%。

2. 政策类别统计

分析 34 项人工智能政策类别，发现当前我国人工智能政策主要集中在战略导向和规划布局与科技创新项目两个方面。国家层面上，国务院各部委多以战略导向进行规划布局；地方层面上，政府及政府部门以战略导向和规划布局为主，科技创新项目为辅，如图 4.6 所示。

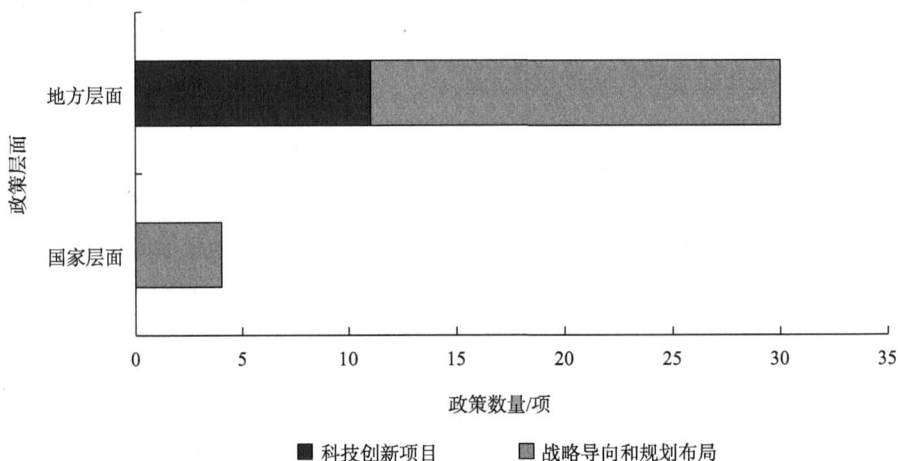

图 4.6   中国人工智能政策类别统计

3. 政策载体

国家治理体系与治理能力现代化要求党政机关公文处理工作更为科学化、制度化、规范化，2012 年中共中央办公厅、国务院办公厅印发《党政机关公文处理工作条例》，该条例明确规范了党政公文发布载体和公文制修格式。在 15 种公文载体中，常用于发布政策的载体有决议、决定、通知、意见、公报等，其中通知与意见是最常见的。2018 年 1 月~2019 年 6 月，人工智能政策发文载体中通知所占比例最大，高达 76.47%，意见次之，占比为 20.59%，公报最少，仅占 2.94%（图 4.7）。通过通知发布的政策多为发展规划、行动计划、实施方案或细则、若干政策与管理办法等，通过公报发布的多为国家或地方人民代表大会常务委员会制定的条例。

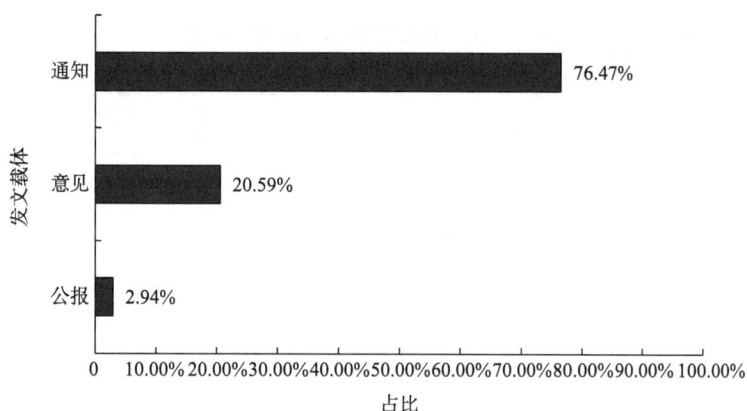

图 4.7　中国人工智能政策发文载体

4. 政策协同性

34 项政策文件中，单一机构或部门单独发文 31 项，占人工智能政策的 91.18%；两个机构或部门联合发文的仅 1 项，占人工智能政策的 2.94%；三个及以上机构或部门联合发文的有 2 项，占人工智能政策的 5.88%（图 4.8）。在地方人工智能政策中，发文较多的机构集中在省（自治区、直辖市）人民政府及办公厅、工业和信息化厅及经济和信息化厅等部门，这些单位构成了人工智能政策的核心政策制定与管理部门。

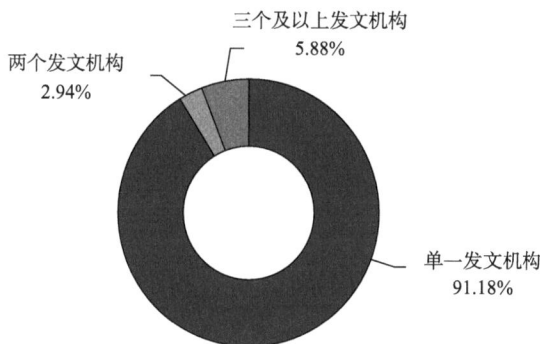

图 4.8　中国人工智能政策协同性

4.2.2　政策内部特征

1. 政策目标

通过 ROST CM 内容分析软件对既有政策文本进行分析，剔除彼此无共现关系的词语，选取词频大于等于 300 次的 30 个关键词进行分析，具体如表 4.6 所示。

表 4.6 人工智能政策高频关键词及词频   单位：次

关键词	词频	关键词	词频	关键词	词频
企业	1533	创新	760	推进	433
发展	1479	互联网	757	体系	424
智能	1388	系统	741	研发	399
工业	1325	大数据	635	加快	388
技术	1126	数据	628	融合	380
应用	1013	领域	547	加强	365
人工智能	954	重点	513	信息化	329
服务	935	推动	508	提升	321
建设	885	单位	496	示范	305
平台	825	开展	442	培育	300

运用聚类分析法对 30 个有效关键词矩阵进行系统聚类，绘制关键词聚类谱系图，如图 4.9 所示。

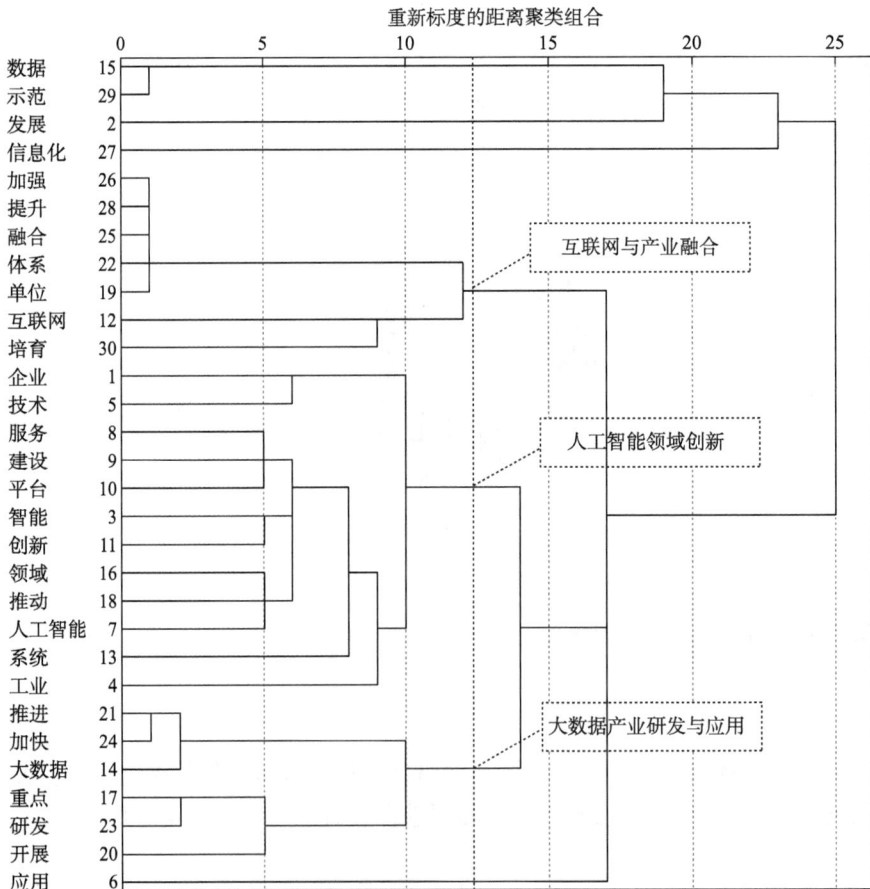

图 4.9 人工智能政策热点关键词谱系图

对上述高频关键词构建共词网络，如图 4.10 所示。结合图 4.9，得出人工智能政策聚焦以下领域。

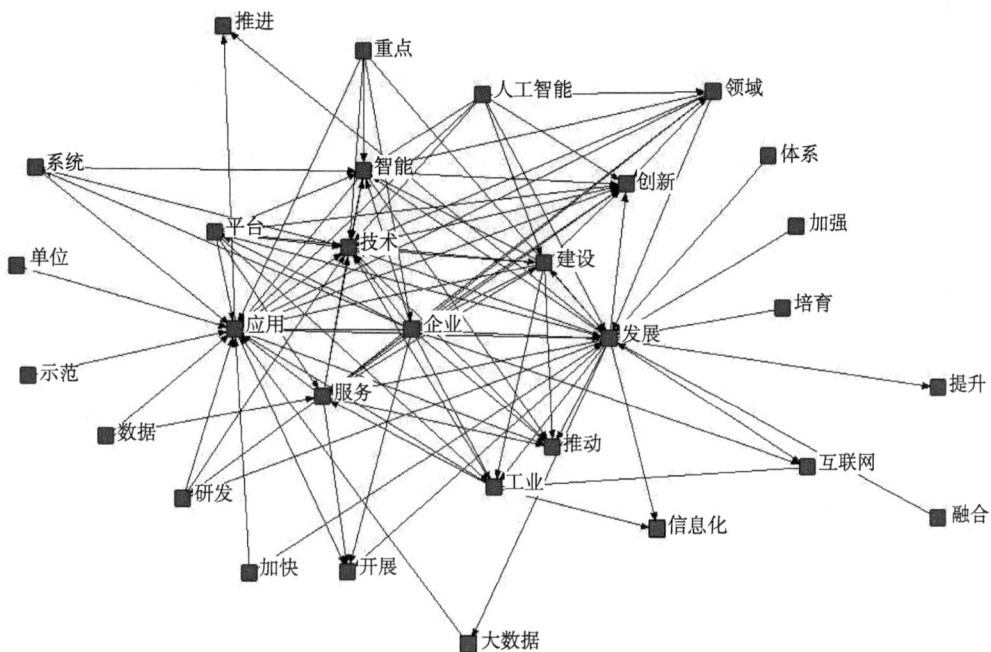

图 4.10 人工智能政策热点关键词共词网络

（1）加快技术研发，推动人工智能重点领域创新。第四次工业革命渐近，正在逐渐地影响各行各业，正在快速地颠覆几乎所有的产品与服务，如通信、医疗、卫生、教育等，正深刻地改变着我们的工作方式和生活方式。自 1961 年第一台工业机器人诞生到无人机（飞行机器人）、自动驾驶汽车（无人驾驶机器人），原来的虚幻已成现实。面对如此深刻的变革，国务院印发《新一代人工智能发展规划》文件，指导各省（自治区、直辖市）等抢抓战略机遇，构筑先发优势，在重点领域实现创新与突破。

天津市出台了《天津市促进大数据发展应用条例》《天津市新一代人工智能产业发展三年行动计划（2018—2020）》《天津市高等学校人工智能创新行动计划》等文件，在数据开放、共享、应用、安全，人工智能产业，人工智能人才培养，智能制造等领域进行了战略部署。安徽省出台了《安徽省新一代人工智能产业发展规划（2018—2030 年）》《安徽省机器人产业发展规划（2018—2027 年）》《支持机器人产业发展若干政策》等文件，围绕基础理论、关键技术、支撑平台及核心产品进行系统安排，拓展在农业、制造业、教育、医疗健康业、城市管理等领域应用的广度和深度，加快推动新一代人工智能产业全产业链创新发展。

（2）拓宽研究广度，促进互联网在行业中的应用。2015 年国务院印发《关于积极推进"互联网+"行动的指导意见》，该文件列出"互联网+"创业创新、"互联网+"人工智能等十一项重点行动，旨在利用信息通信技术及互联网平台，让互联网与传统行业进行深度融合，创造新的发展生态。此后，国务院主要职能部门相继出台部门规章积极推进"互联网+"行动，如国务院办公厅出台了《关于促进"互联网+医疗健康"发展的意见》，该文件提出一系列政策举措：一是健全"互联网+医疗健康"服务体系，从发展"互联网+"医疗服务等七个方面推动互联网与医疗健康服务融合发展；二是完善"互联网+医疗健康"支撑体系，提高医院管理和便民服务水平，提升医疗机构基础设施保障能力；三是加强行业监管和安全保障，强化医疗质量监管，保障数据信息安全。

国家知识产权局出台了《"互联网+"知识产权保护工作方案》，旨在通过充分运用"互联网+"相关技术手段提升知识产权保护效率和水平，营造更好的创新、投资和营商环境。

（3）深化研发深度，推进大数据与产业深度融合。随着物联网、云计算、人工智能等前沿信息技术的发展，人类已经迈进大数据时代。数据信息的应用与安全日渐引起各国政府的重视，并上升为国家重大科技战略。2017 年，习近平在中共中央政治局第二次集体学习时强调"审时度势、精心谋划、超前布局、力争主动""推动实施国家大数据战略""加快建设数字中国"[①]。2018 年，贵州省、天津市、河南省和内蒙古自治区相继出台了促进大数据产业发展的政策文件，落实国家大数据战略、推动大数据与产业深度融合，促进产业转型升级。贵州省以数字贵州建设为抓手，开展数字经济、数字治理、数字民生、数字设施、数字安全攻坚等建设。同时，贵州省还印发了《贵州省推动大数据与工业深度融合发展工业互联网实施方案》，构建工业互联网网络、平台、安全三个功能体系，加快互联网、大数据、人工智能与经济社会的深度融合。河南省出台了《河南省大数据产业发展三年行动计划（2018—2020 年）》，从大数据核心产业、创新应用、关联产业、发展生态等方面进行了系统部署。同时，河南省还出台了《促进大数据产业发展若干政策》，在数据中心的用电价格方面给予优惠、对云服务平台与宽带网络基础设施建设予以资金支持，同时设立信息产业发展基金，用于引进国内外大数据优势企业等。

2. PMC 指数模型

本节以 34 项人工智能政策作为分析文本。

1）变量分类及参数识别

在 Estrada 理论框架的基础上，借鉴既有研究成果，本节构建了囊括 10 个一级变量、40 个二级变量在内的变量体系，如表 4.7 所示。

表 4.7　人工智能政策变量体系

一级变量	二级变量	来源与依据
X1 政策目标	X1-1 技术攻关	基于政策内容提炼
	X1-2 产品研发	
	X1-3 示范应用	
	X1-4 体系形成	

① 习近平主持中共中央政治局第二次集体学习并讲话. http://www.gov.cn/xinwen/2017-12/09/content_5245520. htm[2017-12-09].

一级变量	二级变量	来源与依据
X2 政策工具	X2-1 供给型	基于政策内容提炼
	X2-2 需求型	
	X2-3 环境型	
X3 政策时效	X3-1 长期	丁潇君和房雅婷（2019）
	X3-2 中期	
	X3-3 短期	
X4 政策领域	X4-1 人工智能	基于政策内容提炼
	X4-2 大数据	
	X4-3 互联网+	
	X4-4 机器人	
	X4-5 智能制造	
X5 政策效力	X5-1 法律	基于政策内容提炼
	X5-2 行政法规	
	X5-3 部门规章	
	X5-4 地方性法	
	X5-5 地方政府规章	
	X5-6 地方规范性文件	
X6 政策协同	X6-1 单一部门	基于政策内容提炼
	X6-2 两个部门	
	X6-3 多个部门	
X7 政策保障	X7-1 组织领导	基于政策内容提炼
	X7-2 引导支持	
	X7-3 搭建平台	
	X7-4 推进合作	
	X7-5 优化环境	
X8 政策客体	X8-1 地方政府	基于政策内容提炼
	X8-2 企业	
	X8-3 高等学校	
	X8-4 科研院所	
	X8-5 科技中介	
	X8-6 新型研发机构	
X9 政策评价	X9-1 问题清晰	基于政策内容提炼
	X9-2 依据充分	
	X9-3 目标明确	
	X9-4 方案翔实	
	X9-5 特色突出	
X10 政策公开		

关于参数识别，若各人工智能政策符合某项二级变量的描述与基本要求，则将该项二级变量的参数记为 1，否则记为 0。

2）构建多投入产出表

多投入产出表是 PMC 指数计算和 PMC 曲面绘制的前提与关键，其本质是构建一套基于变量及其参数值的整体分析框架，以便对政策文本进行多维量化。因此，根据 10 个一级变量与 40 个二级变量的参数识别结果，构建出多投入产出表（表 4.8），由于篇幅所限，节选部分数据展示。

表 4.8 人工智能政策多投入产出表（节选）

P	X1-1	X1-2	X1-3	X1-4	X2-1	X2-2	X2-3	X3-1	X3-2	X3-3	X4-1	X4-2	X4-3	X4-4	X4-5
P1	1	1	1	1	1	0	1	0	0	1	1	1	1	0	0
...															
P20	0	0	1	1	1	1	1	0	0	1	1	1	1	1	1
...															
P34	0	1	1	1	1	0	1	0	0	1	1	1	1	1	0

P	X5-1	X5-2	X5-3	X5-4	X5-5	X5-6	X6-1	X6-2	X6-3	X7-1	X7-2	X7-3	X7-4	X7-5	X8-1
P1	0	0	1	0	0	0	1	0	0	1	1	1	0	0	1
...															
P20	0	0	0	0	1	0	1	0	0	1	1	1	1	1	1
...															
P34	0	0	0	0	0	1	1	0	0	1	1	1	1	1	1

P	X8-2	X8-3	X8-4	X8-5	X8-6	X9-1	X9-2	X9-3	X9-4	X9-5	X10
P1	1	1	1	0	0	1	1	1	1	1	1
...											
P20	1	1	1	0	0	1	1	1	1	1	1
...											
P34	1	1	1	0	0	1	1	1	1	1	1

3）PMC 指数计算

根据 Estrada 提出的 PMC 指数计算公式（Estrada，2011），可以得到人工智能政策的一级变量值和 PMC 值，计算方法见公式（4.2）。

$$
\text{PMC}_i = \left[\begin{array}{l} X_1(\sum_{j=1}^{4} \frac{X_{1j}}{4}) + X_2(\sum_{k=1}^{3} \frac{X_{2k}}{3}) + X_3(\sum_{l=1}^{3} \frac{X_{3l}}{3}) + X_4(\sum_{m=1}^{5} \frac{X_{4m}}{5}) + X_5(\sum_{n=1}^{6} \frac{X_{5n}}{6}) \\ + X_6(\sum_{o=1}^{3} \frac{X_{6o}}{3}) + X_7(\sum_{p=1}^{5} \frac{X_{7p}}{5}) + X_8(\sum_{q=1}^{6} \frac{X_{8q}}{6}) + X_9(\sum_{r=1}^{5} \frac{X_{9r}}{5}) + X_{10} \end{array} \right]
$$

（4.2）

式中，i 表示第 i 项政策；$j\sim r$ 表示各项二级变量。据此，得到各项人工智能政策的 PMC 指数，如表 4.9 所示。其中，若 9≤PMC 指数≤10，则该项政策评估结果为完美，记为优秀，属 Ⅰ 级政策；若 7≤PMC 指数≤8.99，则该项政策评估结果为良好，属 Ⅱ 级政策；若 5≤PMC 指数≤6.99，则该项政策评估结果为可接受，记为合格，属 Ⅲ 级政策；若 0≤PMC 指数≤4.99，则该项政策评估结果为不可接受，记为较差，属 Ⅳ 级政策。

表 4.9　人工智能政策 PMC 指数

P	X1	X2	X3	X4	X5	X6	X7	X8	X9	X10	PMC	级别
P1	1.00	0.70	0.30	0.60	0.60	0.30	0.60	0.60	1.00	1.00	6.70	合格
P2	1.00	1.00	1.00	0.80	0.20	0.30	1.00	0.80	1.00	1.00	8.10	良好
P3	1.00	0.70	1.00	1.00	0.40	0.30	0.80	0.60	1.00	1.00	7.80	良好
P4	0.00	0.00	0.30	0.20	0.20	0.30	0.40	0.10	1.00	1.00	3.50	较差
P5	0.75	1.00	0.30	0.80	0.20	0.30	1.00	0.20	1.00	1.00	6.55	合格
P6	1.00	0.70	1.00	1.00	0.20	0.30	1.00	0.60	1.00	1.00	7.80	良好
P7	1.00	1.00	1.00	0.80	0.60	0.30	1.00	0.80	1.00	1.00	8.50	良好
P8	1.00	0.70	1.00	1.00	0.20	0.30	1.00	1.00	1.00	1.00	8.20	良好
P9	0.75	0.70	0.30	0.20	0.20	0.30	1.00	0.60	1.00	1.00	6.05	合格
P10	1.00	0.70	0.30	0.80	0.40	0.30	0.60	0.60	1.00	1.00	6.70	合格
P11	0.50	0.70	0.30	0.80	0.40	0.30	1.00	0.60	1.00	1.00	6.60	合格
P12	0.75	0.00	0.30	0.80	0.60	0.70	1.00	0.20	1.00	1.00	6.35	合格
P13	1.00	0.70	0.30	0.60	0.20	0.30	0.80	0.60	1.00	1.00	6.50	合格
P14	0.75	1.00	1.00	1.00	0.20	0.30	1.00	0.80	1.00	1.00	8.05	良好
P15	0.00	0.70	0.30	0.40	0.20	0.30	0.20	0.20	1.00	1.00	4.30	较差
P16	0.50	1.00	0.30	1.00	0.20	0.30	1.00	0.60	1.00	1.00	6.90	合格
P17	0.25	1.00	0.30	0.60	0.20	0.30	1.00	0.60	1.00	1.00	6.25	合格
P18	1.00	1.00	0.30	1.00	0.40	0.30	1.00	0.60	1.00	1.00	7.60	良好
P19	0.75	0.70	0.30	1.00	0.20	0.30	1.00	0.60	1.00	1.00	6.85	合格
P20	0.50	1.00	0.30	1.00	0.40	0.30	1.00	0.60	1.00	1.00	7.10	良好
P21	1.00	0.70	0.70	1.00	0.40	0.30	1.00	0.60	1.00	1.00	7.70	良好
P22	0.75	1.00	0.30	0.80	0.20	0.30	1.00	0.60	1.00	1.00	6.95	合格
P23	1.00	1.00	1.00	1.00	0.40	0.30	1.00	1.00	1.00	1.00	8.70	良好
P24	1.00	1.00	0.30	0.40	0.60	0.30	1.00	1.00	1.00	1.00	7.60	良好
P25	1.00	0.70	1.00	1.00	0.20	0.30	1.00	1.00	1.00	1.00	8.20	良好
P26	0.75	0.70	0.30	0.80	0.20	0.30	0.80	1.00	1.00	1.00	6.85	合格
P27	1.00	0.70	0.30	1.00	0.20	0.30	1.00	1.00	1.00	1.00	7.50	良好
P28	1.00	1.00	0.30	1.00	0.20	1.00	0.80	0.60	1.00	1.00	7.90	良好
P29	1.00	0.70	0.70	1.00	0.40	0.30	1.00	0.80	1.00	1.00	7.90	良好
P30	1.00	0.70	0.30	0.80	0.40	0.30	1.00	0.60	1.00	1.00	7.10	良好
P31	0.75	0.70	0.30	0.60	0.20	1.00	1.00	0.40	1.00	1.00	6.95	合格
P32	1.00	0.70	0.70	0.20	0.20	0.30	1.00	0.20	1.00	1.00	6.30	合格
P33	1.00	0.70	0.30	1.00	0.40	0.30	1.00	0.40	1.00	1.00	7.10	良好
P34	0.75	0.70	0.30	0.80	0.20	0.30	1.00	0.60	1.00	1.00	6.65	合格
均值	0.81	0.76	0.50	0.79	0.31	0.35	0.91	0.62	1.00	1.00	7.05	良好

从指标评价层面看，人工智能政策 PMC 指数均值为 7.05，并且除 P4、P15 两项政

策外，其余 32 项政策达到了合格及以上级别，整体较好。通过观察各指标的均值可知，$X1$ 的均值为 0.81，说明各项政策基本围绕技术攻关、产品研发、示范应用、体系形成等开展。$X2$ 均值为 0.76，说明各项政策工具选取灵活、应用多样，涵盖供给型、需求型与环境型等多项政策工具。$X3$ 的均值为 0.50，结合各政策的时效的集中与离散趋势，可知大部分人工智能政策更看重政策的短期效应与影响，只有少数政策既规划政策的长期目标，又设定了政策的中期与短期目标。$X4$ 的均值为 0.79，说明人工智能政策覆盖范围较广，政策内容基本涵盖人工智能、大数据、"互联网+"、机器人及智能制造等内容。$X5$ 的均值为 0.31，说明人工智能政策大多通过地方规范性文件发布，只有少数政策通过地方政府规章的形式发布。$X6$ 的均值为 0.35，说明人工智能政策更多是通过单一主体发布，政策间的协同性不足。$X7$ 的均值为 0.91，说明为保证政策有效执行，在组织领导、引导支持、搭建平台、推进合作、优化环境等方面都进行了详细安排与系统部署，以便政策产生更好的效果。$X8$ 的均值为 0.62，表明人工智能政策涵盖地方政府、企业、高校、科研院所、科技中介等多客体，说明政策的实施需要多组织共同努力。$X9$ 的均值为 1.00，说明各项政策问题表述清晰，方案制订依据充分，政策既有定性的目标，又有定量指标，政策内容翔实、丰富，政策制定因地制宜、特色突出。$X10$ 的均值为 1.00，表明各地的政务信息公开水平提高，政策文本均可获得。

从政策层次分布看，在 4 项国家政策中，$P7$ 政策的 PMC 得分高达 8.50，说明这一政策的设计相对合理、科学，政策的各维度考虑全面。作为教育部出台的人工智能创新行动计划，兼具了技术攻关、产品研发、示范应用、体系构建等多目标视角，运用了供给型、环境型、需求型等多项政策工具，涵盖了地方政府、企业、高校、科研院所、科技中介等多个政策客体，涉及人工智能、大数据、"互联网+"、机器人、智能制造等多个政策领域，从组织领导、引导支持、搭建平台、推进合作、优化环境等多方面进行部署与安排。$P1$、$P12$ 和 $P32$ 政策的 PMC 得分分别为 6.70、6.35 和 6.30，均为合格，但与 $P7$ 相比，在政策工具选取与使用，政策客观的涵盖等方面略显不足，还得加强。在 30 项地方政策中，级别良好 16 项，其中 $P23$ 的得分最高，为 8.70；级别合格的政策 12 项，级别较差的政策 2 项，即 $P15$ 与 $P4$，其中，$P4$ 得分为 3.50，说明 $P4$ 存在政策目标不全面、政策工具使用单一、政策客观涵盖不全等问题。

4）PMC 曲面绘制

将 34 项人工智能政策在各一级变量上的取值代入公式（4.1）中，可得到各项政策的 PMC 矩阵。

$$\text{PMC}_1=\begin{bmatrix} 1.00 & 0.70 & 0.30 \\ 0.60 & 0.60 & 0.30 \\ 0.60 & 0.60 & 1.00 \end{bmatrix} \qquad \text{PMC}_2=\begin{bmatrix} 1.00 & 1.00 & 1.00 \\ 0.80 & 0.20 & 0.30 \\ 1.00 & 0.80 & 1.00 \end{bmatrix}$$

$$\cdots\cdots\cdots\cdots$$

$$\text{PMC}_{11}=\begin{bmatrix} 0.50 & 0.70 & 0.30 \\ 0.80 & 0.40 & 0.30 \\ 1.00 & 0.60 & 1.00 \end{bmatrix} \qquad \text{PMC}_{12}=\begin{bmatrix} 0.75 & 0 & 0.30 \\ 0.80 & 0.60 & 0.70 \\ 1.00 & 0.20 & 1.00 \end{bmatrix}$$

$$\cdots\cdots\cdots$$

$$\mathrm{PMC}_{33} = \begin{bmatrix} 1.00 & 0.70 & 0.30 \\ 1.00 & 0.40 & 0.30 \\ 1.00 & 0.40 & 1.00 \end{bmatrix} \qquad \mathrm{PMC}_{34} = \begin{bmatrix} 0.75 & 0.70 & 0.30 \\ 0.80 & 0.20 & 0.30 \\ 1.00 & 0.60 & 1.00 \end{bmatrix}$$

为清晰展示政策间的差距，本节选取 PMC 得分最高和最低的政策进行呈现，只展示政策 $P23$ 和政策 $P4$ 的 PMC 曲面图，如图 4.11 和图 4.12 所示。

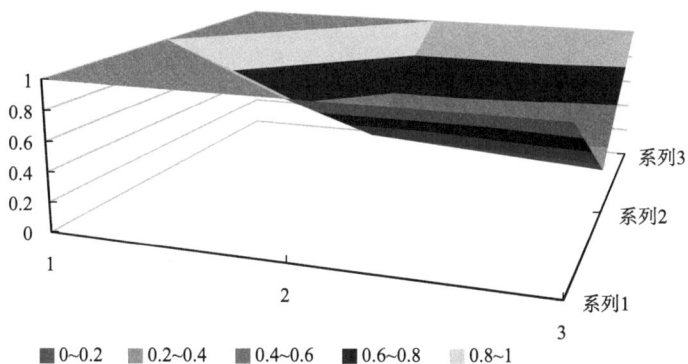

图 4.11　政策 $P23$ 的 PMC 曲面图

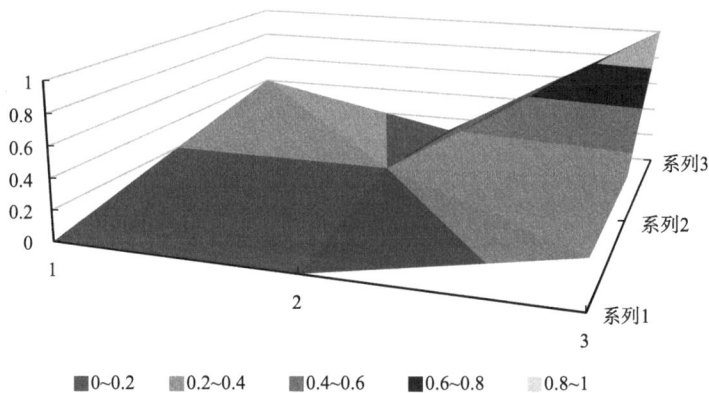

图 4.12　政策 $P4$ 的 PMC 曲面图

由上面的分析可以看到：一方面，人工智能政策设计较为合理。34 项政策中 II 级政策 17 项，占政策总数的 50%；III 级政策 15 项，占政策总数的 44.12%；IV 级政策 2 项，占政策总数的 5.88%。这也充分说明了国务院与地方政府非常重视人工智能的顶层设计，从政策工具、政策时效、政策领域、政策客体等多维度推动人工智能的技术攻关、产品研发、示范应用和体系构建。

另一方面，人工智能政策制定仍需完善。从 34 项政策的一级变量及二级变量的分值来看，人工智能政策的制定仍需改进：一是只有 8 项政策（$P2$、$P3$、$P6$、$P7$、$P8$、$P14$、$P23$、$P25$）规划长期、中期与短期的目标，其余大部分政策仅设定了短期目标，这也在某种程度上制约了人工智能政策的效率与效果。二是政策工具运用失衡。政策工具是实现政策目标的手段、方法和措施，人工智能的高质量发展离不开政策工具的合理运用，但通过研究发现，多项人工智能的政策工具在运用上存在结构性失衡的情况，这也是今后人工智能政策制定应该改进的方向。

4.3　科研诚信政策

4.3.1　政策外部特征

1. 政策数量统计

2018 年 1 月至 2019 年 6 月间，本节搜集到 9 项科研诚信政策。

总体而言，出台的科研诚信政策数量相对较少，国家出台了 1 项引领全国科研诚信建设工作的政策，各地方的跟进进度差别较大。仅有 8 个省区出台了适用于本地区的科研诚信政策，其余省区市并未有专门的科研诚信政策发布，这反映了我国地方层面还未足够重视科研诚信问题，关于科研诚信建设的相关文件政策数量偏少，我国仍需进一步加强科研诚信政策的制定工作。

2. 政策类别统计

不同的科研诚信政策具有不同的政策类别，通过对政策类别进行统计分析，可以看出我国出台的科研诚信政策存在的相同点及侧重点。本节将搜集到的 9 项科研诚信政策进行整理，如图 4.13 所示。

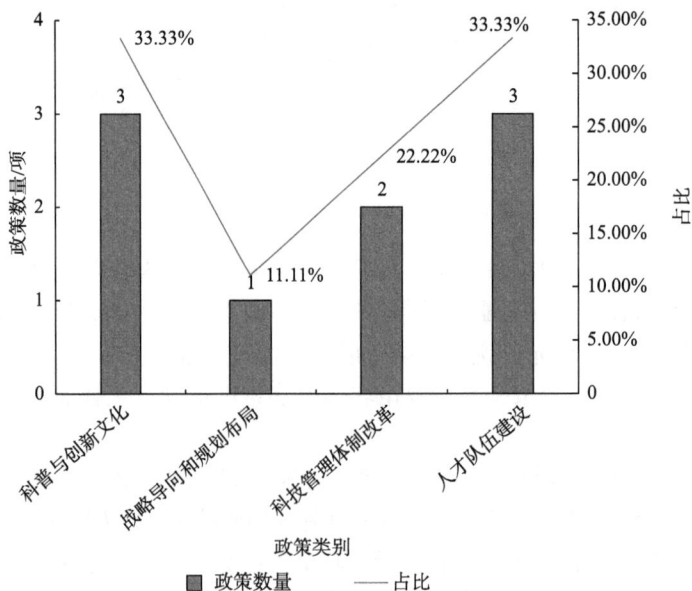

图 4.13　科研诚信政策类别统计

根据图 4.13,不难发现,在科研诚信政策中,科普与创新文化和人才队伍建设类所包括的政策数量最多,这既反映出我国在科研诚信政策的制定过程中注重创新性以及对大众的科普教育,又反映出政府在培育人才方面也投入了大量精力。当前,我国政府将"人"看作最重要、最活跃的因素,意图通过人的改变来推动整个科研诚信的建设。另外,科技管理体制改革为主的政策类别占比相对不高,反映出我国虽然有改革相关管理体制的尝试,但并未将该方向作为解决的重点。体制的僵化在一定程度上会桎梏我国科研诚信的建设,因此,我国在今后的科研诚信政策制定过程中,应加强对管理体制改革方面的投入力度。此外,战略导向和规划布局占比最少,缺乏一个总揽全局的布局,这往往会出现顾此失彼的情况。因此,我国应提升科研诚信政策的前瞻性和战略地位,发挥其引导科研诚信建设的作用。

3. 政策载体

不同的科研诚信政策,其发文载体也会有差异,通过对科研诚信政策的发文载体进行统计分析,我们可以发现不同载体的政策占比情况,进而分析我国科研诚信政策的内在性质。因此,本节将搜集到的 9 项科研诚信政策进行统计制图,如图 4.14 所示。

根据图 4.14,在搜集到的 9 项科研诚信政策中,发布载体以通知和意见两种形式为主,反映了我国出台的科研诚信政策仍以指令性为主。

4. 政策协同性

通过对政策发文主体的统计分析,我们可以探究该项政策的受重视程度以及政策的协同性。因此,本节将搜集到的 9 项科研诚信政策依据发文主体数量对其进行统计分析,具体如图 4.15 所示。

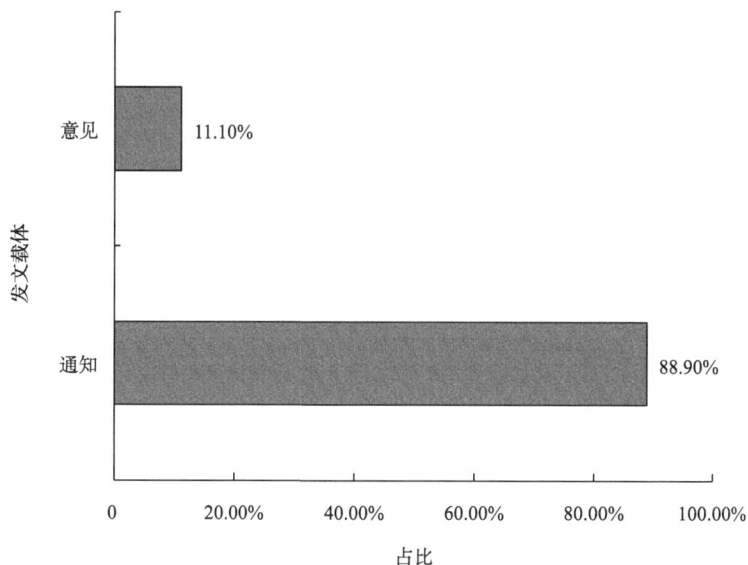

图 4.14　科研诚信政策发文载体

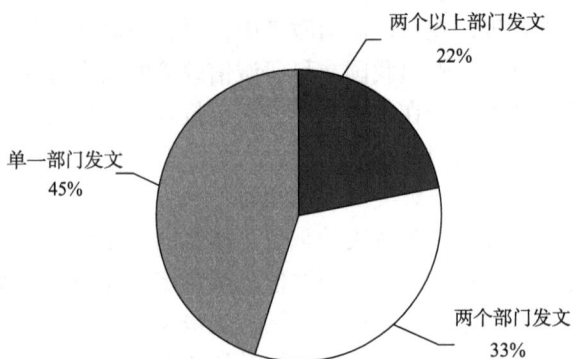

图 4.15 科研诚信政策发文主体统计图

从图 4.15 中可以发现，我国科研诚信政策的出台已经打破了单一部门发文为主的情况，两个及以上部门发文的政策占比达到了 55%，已经占据了主要地位。这说明，各部门在科研诚信政策制定上加强了横向交流和联系，避免了单一部门在政策制定上的闭塞，体现出科研诚信政策的良好协同性。除此之外，在联合部门发文中，以政府办公厅或者科技厅牵头居多，反映出我国政府在政策制定方面的巨大影响力，同时也说明了职能部门在相关领域的巨大作用。

4.3.2 政策内部特征

1. 政策目标

利用 ROST CM 软件对搜集到的 9 项科研诚信政策进行统计分析和词频分析，如表 4.10 所示。

表 4.10 科研诚信政策高频关键词及词频　　　　　　　　　　单位：次

关键词	词频
科研	1280
诚信	1018
科技	572
管理	367
计划	289
项目	282
行为	281
建设	274
单位	269
加强	252
部门	199
处理	177
人员	173

通过表 4.10 可知，在搜集到的 9 项科研诚信政策中，出现频次在前十位的词汇分别是科研、诚信、科技、管理、计划、项目、行为、建设、单位、加强，这些词汇的出现频次都达到了 200 次以上。这反映出我国在科研诚信政策的内容制定上着重突出了诚信的建设，并且以项目、科技、管理为抓手，重视构建环节，即如何建设。值得注意的是，科研诚信政策里"行为"一词的出现频次为 281 次，一方面体现出我国对于治理科研不端行为的重视；另一方面，反映了我国对于科研诚信的理解在不断深入，以此来规范科研活动主体的科研行为。另外，"处理"一词出现频次为 177 次，体现了我国在科研诚信构建中注重通过负激励的手段对科研失信行为进行惩处。

在对 9 项科研诚信政策进行词频分析后，本节利用 ROST CM 软件对其进行聚类分析，以期探究该类政策的重点和类别，如表 4.11 所示。

表 4.11 科研诚信政策聚类分析表

类特征	名称
类 1 类特征	科研的
类 2 类特征	科研、诚信
类 3 类特征	科研、资金管理
类 4 类特征	科研诚信
类 5 类特征	主要目标
类 6 类特征	复核、决定
类 7 类特征	指导思想

根据表 4.11 我们发现，在搜集到的科研诚信政策中，特征明显的为科研、诚信、资金管理、主要目标、决定和指导思想等。这表明，我国出台的科研诚信政策指向性是很强的，专门针对科研诚信问题进行相关的政策制定工作。并且，科研诚信建设着重从资金层面对该问题进行治理，这是因为科研诚信问题的发生是基于利益，而利益离不开资金。因此，我国科研诚信政策从资金角度对科研活动主体的行为进行了规范引导。除此之外，在政策中，主要目标和指导思想被划分为类特征，反映了我国在科研诚信政策制定过程中注重政策的可靠性和科学性。

2. PMC 指数模型

1）变量分类及参数识别

在 Estrada 理论框架的基础上，参考其他学者的研究成果，本节构建了 10 个一级变量，用 $X1 \sim X10$ 表示；并在每个一级变量下划分若干个二级变量，用 $X1\text{-}n \sim X10\text{-}n$ 表示，如表 4.12 所示。

表 4.12 科研诚信政策变量体系

一级变量	二级变量
X1 政策性质	X1-1 预测
	X1-2 监管
	X1-3 建议
	X1-4 描述
	X1-5 引导
	X1-6 其他
X2 政策评价	X2-1 依据充分
	X2-2 目标明确
	X2-3 方案科学
	X2-4 保障有力
X3 发布机构	X3-1 国务院
	X3-2 国家部委
	X3-3 省市政府
	X3-4 省市厅局
	X3-5 其他部门
X4 政策领域	X4-1 经济
	X4-2 社会
	X4-3 技术
	X4-4 政治
	X4-5 制度
	X4-6 环境
	X4-7 科学
X5 激励措施	X5-1 人才培育
	X5-2 金融支持
	X5-3 资金奖励
	X5-4 税收优惠
	X5-5 职称晋升
X6 惩处措施	X6-1 警告
	X6-2 降级
	X6-3 取消评审职称资格
	X6-4 没收资金
	X6-5 纳入失信名单
X7 政策目的	X7-1 规范引导
	X7-2 科技创新
	X7-3 体系构建
	X7-4 国际合作
X8 涉及客体	X8-1 高等学校
	X8-2 科研院所
	X8-3 企业部门
X9 政策指向	X9-1 科研不端
	X9-2 学术道德
	X9-3 学术风气
	X9-4 学术造假
	X9-5 学术抄袭、剽窃
X10 政策依据	X10-1 上级政策

2）构建多投入产出表

根据表 4.12 设置的变量，并依据 PMC 的评分方法，本节构建了 9 项科研诚信政策的多投入产出表，如表 4.13 所示。

表 4.13　科研诚信政策多投入产出表

P	X1-1	X1-2	X1-3	X1-4	X1-5	X1-6	X2-1	X2-2	X2-3	X2-4
P1	0	1	0	1	1	0	1	1	1	0
P2	0	1	1	1	1	0	1	1	1	1
P3	0	1	1	1	1	0	1	1	1	1
P4	0	1	1	1	1	0	1	1	1	1
P5	0	1	1	1	1	0	1	1	1	1
P6	0	1	1	1	1	0	1	1	1	1
P7	0	1	1	1	1	0	1	1	1	1
P8	0	1	1	1	1	0	1	1	1	1
P9	0	1	0	1	0	0	1	0	1	0

P	X3-1	X3-2	X3-3	X3-4	X3-5	X4-1	X4-2	X4-3	X4-4	X4-5
P1	0	0	0	1	0	0	0	0	0	1
P2	0	0	0	1	0	0	1	1	0	1
P3	0	0	0	1	1	1	1	0	0	1
P4	0	0	1	0	1	1	1	0	0	1
P5	0	0	1	0	1	1	1	0	0	1
P6	0	0	1	0	1	1	1	0	0	1
P7	0	0	0	1	0	1	1	0	0	1
P8	1	0	0	0	1	0	1	0	0	1
P9	0	0	0	1	1	1	0	0	0	1

P	X4-6	X4-7	X5-1	X5-2	X5-3	X5-4	X5-5	X6-1	X6-2	X6-3
P1	1	0	0	0	1	0	1	0	1	0
P2	1	1	0	0	0	0	0	0	0	0
P3	1	0	1	1	1	0	1	1	0	1
P4	1	0	1	1	1	0	1	0	0	1
P5	1	1	1	1	1	0	1	0	0	1
P6	1	1	1	1	1	0	0	1	0	1
P7	1	0	1	1	1	0	1	1	0	1
P8	1	0	1	1	1	0	1	1	0	1
P9	1	0	1	1	1	0	0	0	0	1

P	X6-4	X6-5	X7-1	X7-2	X7-3	X7-4	X8-1	X8-2	X8-3	X9-1
P1	1	1	1	0	1	0	1	1	1	1
P2	1	1	1	0	1	0	1	1	0	1
P3	1	1	1	1	1	0	1	1	0	1
P4	1	1	1	1	1	1	1	1	1	0

续表

P	X6-4	X6-5	X7-1	X7-2	X7-3	X7-4	X8-1	X8-2	X8-3	X9-1
P5	1	1	1	1	1	0	1	1	1	1
P6	1	1	1	1	1	1	1	1	1	1
P7	1	1	1	1	1	0	1	1	1	0
P8	1	1	1	1	1	1	1	1	1	0
P9	1	1	1	1	1	0	1	1	1	1

P	X9-2	X9-3	X9-4	X9-5	X10-1
P1	0	0	0	0	1
P2	1	0	1	1	1
P3	1	0	1	1	1
P4	1	0	1	1	1
P5	1	0	1	1	1
P6	1	1	1	1	1
P7	1	0	1	1	1
P8	1	0	1	1	1
P9	1	0	1	1	1

3）PMC 指数计算

对各个政策的二级变量进行评分后，根据 Estrada 提出的 PMC 指数计算公式（Estrada，2011），可以算出每项政策的一级变量值和 PMC 值，如表 4.14 所示。

表 4.14　科研诚信政策 PMC 指数

X	P1	P2	P3	P4	P5	P6	P7	P8	P9
$X1$	0.50	0.67	0.67	0.67	0.67	0.67	0.67	0.67	0.33
$X2$	0.75	1.00	1.00	1.00	1.00	1.00	1.00	1.00	0.50
$X3$	0.20	0.20	0.40	0.40	0.40	0.40	0.20	0.40	0.40
$X4$	0.29	0.71	0.57	0.57	0.71	0.71	0.57	0.43	0.43
$X5$	0.40	0	0.80	0.80	0.80	0.60	0.80	0.80	0.60
$X6$	0.80	0.40	0.80	0.60	0.60	0.80	0.80	0.80	0.60
$X7$	0.50	0.50	0.75	1.00	0.75	1.00	0.75	1.00	0.75
$X8$	1.00	0.67	0.67	1.00	1.00	1.00	1.00	1.00	1.00
$X9$	0.20	0.80	0.80	0.60	0.80	1.00	0.60	0.60	0.80
$X10$	1.00	1.00	1.00	1.00	1.00	1.00	1.00	1.00	1.00
PMC 值	5.64	5.95	7.46	7.64	7.73	8.18	7.39	7.70	6.41

根据表 4.14，我们得到了每项科研诚信的一级变量下的分值。通过对 9 项科研诚信政策进行横向比较，我们发现 $X2$、$X8$、$X10$ 变量的得分普遍较高，其中 $X2$、$X8$ 有 7 项政策满分，$X10$ 所有政策均满分，这表明在出台的科研诚信政策中，有明确的目标和科学的实施方案，涵盖了高校、科研院所、企业部门等多个政策客体，并且在依据方面也

很充分，有上级政策作为支撑。

另外，通过对各个政策进行纵向比较，我们发现，在 P1 政策中，X6 变量和 X8 变量得分较高，分别为 0.80 和 1.00，表明 P1 的惩戒措施使用得较为全面，政策客体实现了全覆盖；X3 和 X9 变量的分值最低，仅为 0.20，表明该政策的效力不高，内容不全面，仅涉及科研诚信的部分内容。在 P2 政策中，除了 X2 和 X10 变量为满分外，X9 变量得分较高，表明 P2 的政策领域覆盖非常广泛，尽可能地将科研诚信涉及的方方面面纳入其中；X5 的分值最低，说明 P2 在激励措施不全面，仍需要进一步提升。在 P3 政策中，除了 X2 和 X10 变量为满分外，X5、X6 和 X9 变量的得分最高，为 0.80，表明该政策的奖惩措施内容丰富，政策指向较为全面。在 P4 政策中，除了 X2 和 X10 变量为满分外，X7 和 X8 变量也为满分，说明该政策的政策目标较为清晰、明确，政策客体涵盖全面。在 P5 政策中，除了 X2、X8 和 X10 变量为满分外，X5 和 X9 的分值较高，表明该政策正向激励措施内容较为全面，覆盖广泛。在 P6 政策中，X2、X7、X8、X9 和 X10 分值为 1.00，并且其他变量得分普遍较高，表明该政策的政策目标清晰、政策客体覆盖全面，政策指向更为明确，整体质量较高。在 P7 政策中，除了 X2、X8 和 X10 变量为满分外，X5 和 X6 变量得分较高，表明该政策在奖惩方面投入了很大精力。在 P8 政策中，X2、X7、X8 和 X10 得分最高，均为 1.00 分，表明该政策的涉及领域是很广泛的。在 P9 政策中，X2 较低的得分表明该政策总体评价不高，缺乏主要目标的指引。

根据 PMC 取值不同，我们可以将 9 项政策归为四类，分别为：完全的一致性，很好的一致性，可接受的一致性，低一致性。如果 PMC 值在 10 到 9 之间，则研究具有完全的一致性；如果 PMC 值是在 8.99 到 7 之间，那么研究就有了很好的一致性；如果 PMC 值在 6.99 到 5 之间，研究显示出可接受的一致性；如果 PMC 值是在 4.99 到 0 之间，则为低一致性。科研诚信政策 PMC 值等级表如表 4.15 所示。

表 4.15 科研诚信政策 PMC 值等级表

政策	PMC 值	标准
P1	5.64	可接受的一致性
P2	5.95	可接受的一致性
P3	7.46	很好的一致性
P4	7.64	很好的一致性
P5	7.73	很好的一致性
P6	8.18	很好的一致性
P7	7.39	很好的一致性
P8	7.70	很好的一致性
P9	6.41	可接受的一致性

依据表 4.15，我们可以看出，科研诚信政策中 P3、P4、P5、P6、P7 和 P8 政策质量最高，具有很好的一致性；其余政策在可接受的范围之内。

4）PMC 曲面绘制

为了更直观地探究每项科研诚信政策的优势和劣势，我们将每项政策的 PMC 值进行归类，形成矩阵，根据矩阵绘制三维图，如下所示：

$$
PMC_1 = \begin{bmatrix} 0.50 & 0.75 & 0.20 \\ 0.29 & 0.40 & 0.80 \\ 0.50 & 1.00 & 0.20 \end{bmatrix} \quad
PMC_2 = \begin{bmatrix} 0.67 & 1.00 & 0.20 \\ 0.71 & 0 & 0.40 \\ 0.50 & 0.67 & 0.80 \end{bmatrix} \quad
PMC_3 = \begin{bmatrix} 0.67 & 1.00 & 0.40 \\ 0.57 & 0.80 & 0.80 \\ 0.75 & 0.67 & 0.80 \end{bmatrix}
$$

$$
PMC_4 = \begin{bmatrix} 0.67 & 1.00 & 0.40 \\ 0.57 & 0.80 & 0.60 \\ 1.00 & 1.00 & 0.60 \end{bmatrix} \quad
PMC_5 = \begin{bmatrix} 0.67 & 1.00 & 0.40 \\ 0.71 & 0.80 & 0.60 \\ 0.75 & 1.00 & 0.80 \end{bmatrix} \quad
PMC_6 = \begin{bmatrix} 0.67 & 1.00 & 0.40 \\ 0.71 & 0.60 & 0.80 \\ 1.00 & 1.00 & 1.00 \end{bmatrix}
$$

$$
PMC_7 = \begin{bmatrix} 0.67 & 1.00 & 0.20 \\ 0.57 & 0.80 & 0.80 \\ 0.75 & 1.00 & 0.60 \end{bmatrix} \quad
PMC_8 = \begin{bmatrix} 0.67 & 1.00 & 0.40 \\ 0.43 & 0.80 & 0.80 \\ 1.00 & 1.00 & 0.60 \end{bmatrix} \quad
PMC_9 = \begin{bmatrix} 0.33 & 0.50 & 0.40 \\ 0.43 & 0.60 & 0.60 \\ 0.75 & 1.00 & 0.80 \end{bmatrix}
$$

为清晰展示政策间的差距，本节选取 PMC 得分最高和最低的政策进行呈现，只展示政策 $P6$ 和政策 $P1$ 的 PMC 曲面图，如图 4.16 和图 4.17 所示。

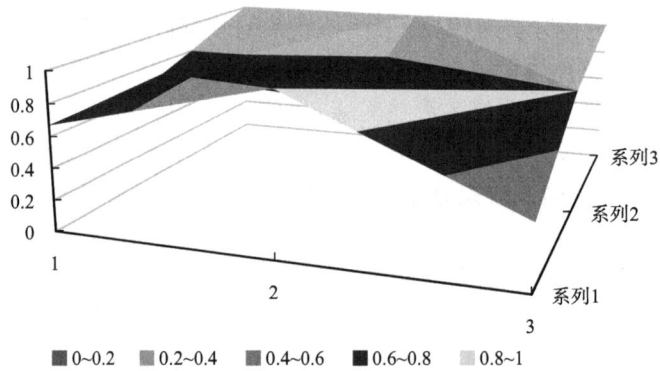

图 4.16   政策 $P6$ 的 PMC 三维曲面图

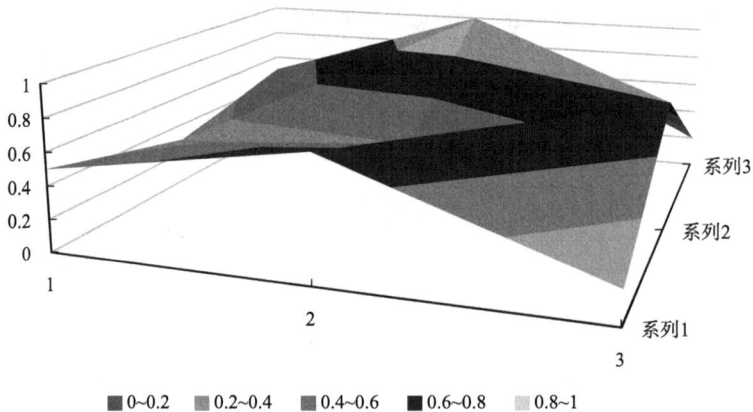

图 4.17   政策 $P1$ 的 PMC 三维曲面图（一）

4.4　"项目评审、人才评价、机构评估"政策

新中国成立 70 多年来，特别是改革开放 40 多年来，中国科技实力与影响力飞速提升、举世瞩目。例如，近年来中国的研发投入保持了年均 10%的高速增长，SCI 论文累计发表数量及引用量均已跃居到世界第二位，等等。但是人们也看到，中国科技管理的发展越来越受到以数论文、专利及人才"帽子"等为标志的量化评价的制约，这种过度量化的评价导向已严重影响和破坏了正常的学术生态。习近平在两院院士大会上明确强调："要改革科技评价制度，建立以科技创新质量、贡献、绩效为导向的分类评价体系，正确评价科技创新成果的科学价值、技术价值、经济价值、社会价值、文化价值。"①可见，中国科技评价处在迫切需要转变发展道路的关键时刻，即抑制过度量化评价倾向、发展更加关注科技质量的评价制度和方法，以保证能够有更多原创性科学与技术的突破性成果产出，实现从"量变到质变"的转化。2018 年 7 月，中共中央办公厅和国务院办公厅联合印发了《关于深化项目评审、人才评价、机构评估改革的意见》（以下简称"三评"改革）等政策文件，旨在改革科研项目评审、人才评价、机构评估，加快建立以科技创新质量、绩效、贡献为导向的分类评价体系。为落实"三评"改革文件，国务院相关职能部门与各地方政府需要切实梳理和清理与"三评"改革精神不相符的各类办法和工作，试图克服科技评价的弊端。现对 2018 年 1 月至 2019 年 6 月，国家层面与地方层面出台的相关科技评价政策文件进行分析，旨在为政策制定者与研究者提供借鉴。

4.4.1　政策外部特征

1. 政策数量统计

在中共中央、国务院积极探索国家层面科技评价体制、机制改革的同时，各地方政府也出台相关办法与意见，致力于改革与完善本地区科技评价制度。在国家层面上，共出台政策 4 项，占比 28.57%；在地方层面上，共出台政策 10 项，占比 71.43%，如图 4.18 所示。

---

① 习近平：为建设世界科技强国而奋斗. http://cpc.people.com.cn/n1/2016/0531/c64094-28399667.html[2016-05-31].

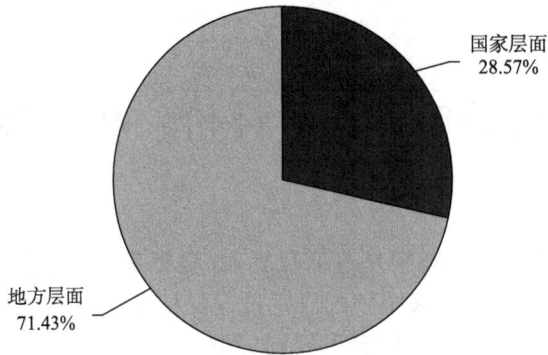

图 4.18　"三评"改革政策数量统计

2. 政策载体

党的十九大明确把完善和发展中国特色社会主义制度、推进国家治理体系和治理能力现代化作为我国全面深化改革总目标，治理体系与治理能力的现代化对党政机关公文处理工作的科学化、制度化、规范化提出了更高的要求，2012 年中共中央办公厅联合国务院办公厅印发《党政机关公文处理工作条例》，规定了 15 种党政公文发布载体，规范了公文制修格式。2018 年 1 月~2019 年 6 月，"三评"改革政策发文载体中通知类所占比例最大，高达 85.71%，意见类占比为 14.29%，如图 4.19 所示。

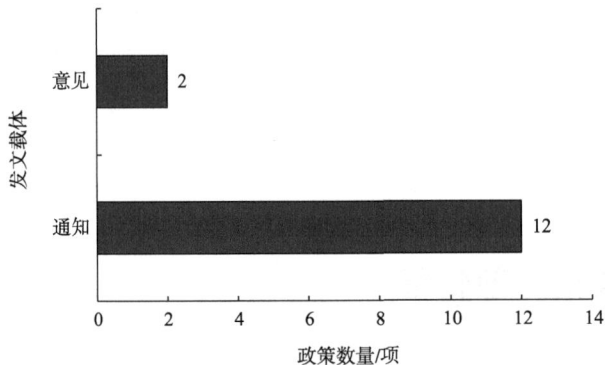

图 4.19　"三评"改革政策发文载体

3. 政策协同性

14 项政策文件中，机构或部门单独发文 10 项，占"三评"改革政策的 71.43%；两个机构或部门联合发文的有 3 项，占"三评"改革政策的 21.43%；三个及以上机构或部门联合发文的有 1 项，占"三评"改革政策的 7.14%（图 4.20）。在地方层面的"三评"改革政策中，牵头发文的政策较多集中在省（自治区、直辖市）科技主管部门，只有黑龙江省的"三评"改革政策是中共黑龙江省委办公厅与黑龙江省人民政府办公厅联合印发的，级别更高，效力更强。

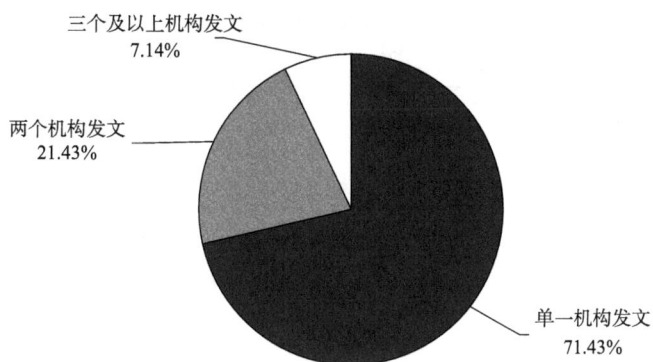

图 4.20 "三评"改革政策协同性

4.4.2 政策内部特征

1. 政策目标

通过 ROST CM 内容分析软件对既有政策文本进行分析,剔除彼此无共现关系的词语,选取词频排名前 29 的关键词进行分析。具体如表 4.16 所示。

表 4.16 "三评"改革政策高频关键词及词频 　　　　单位:次

关键词	词频	关键词	词频	关键词	词频
评价	388	绩效评价	109	科技	79
项目	313	建立	108	资金	77
人才	230	重点	105	改革	73
单位	198	机制	102	研究	72
课题	163	能力	94	科学	69
人才评价	139	综合	93	创新	68
管理	129	国家	91	制度	65
发展	128	组织	89	考核	65
任务	114	评审	86	体系	63
成果	111	科研	79		

运用聚类分析法对 29 个有效关键词矩阵进行系统聚类分析,绘制"三评"改革政策热点关键词谱系图,如图 4.21 所示。

重新标度的距离聚类组合

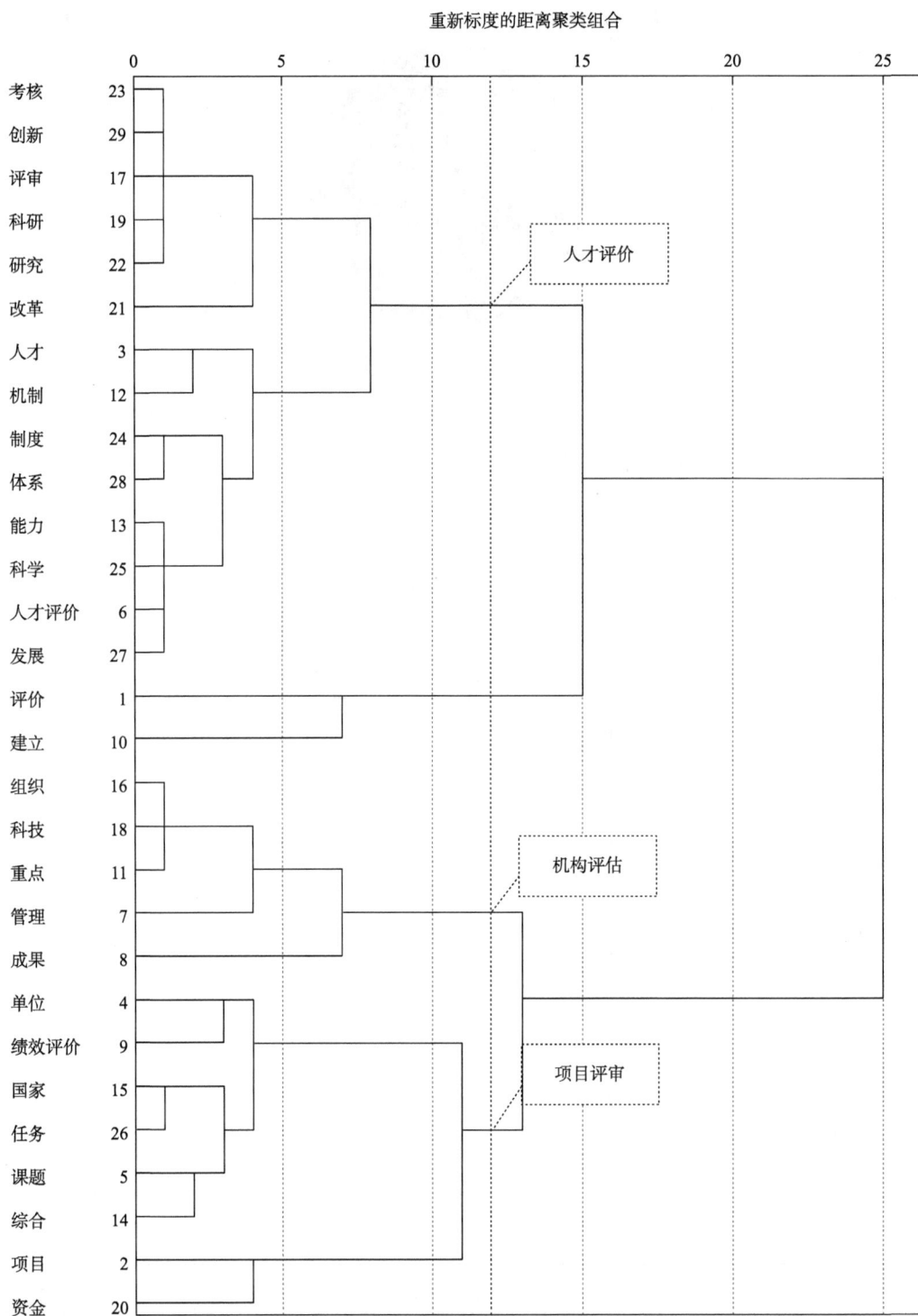

图 4.21 "三评"改革政策热点关键词谱系图

对上述高频关键词构建共词网络,如图 4.22 所示。结合图 4.21,得出"三评"改革政策聚焦以下领域。

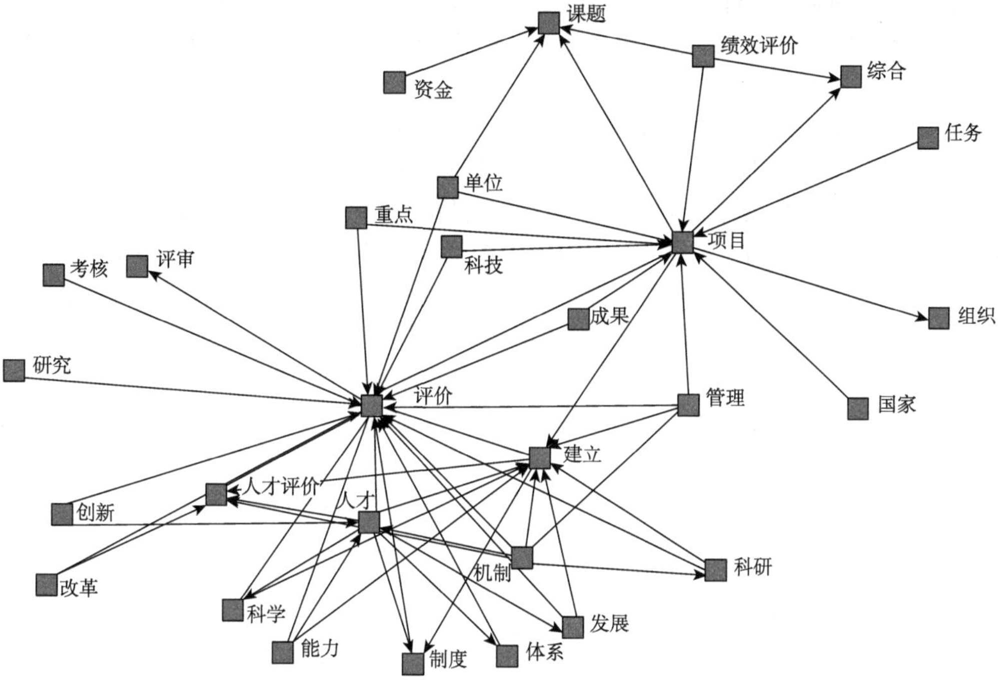

图 4.22　"三评"改革政策热点关键词共词网络

（1）改革科技人才评价制度，丰富评价内容。人才评价是科技评价的重要组成部分，是人才资源开发管理和使用的前提。建立科学的人才评价机制，对于树立正确用人导向、激励引导人才职业发展、调动人才创新创业积极性、加快建设人才强国具有重要作用。当前，我国人才评价机制仍存在分类评价不足、评价标准单一、评价手段趋同等突出问题，亟须推动人才分类评价，科学设置评价标准，创新人才评价方式。在国家层面上，明确分类推进人才评价机制改革，科学设置人才评价标准，创新多元人才评价方式，加快推进哲学社会科学和文化艺术人才、教育人才、医疗卫生人才、技术技能人才等人才评价制度，保障和落实用人单位自主权，打造公平、公正的评价环境。在地方层面上，上海市、贵州省、安徽省和内蒙古自治区等地区纷纷出台人才评价体制机制改革意见与办法，贯彻落实党中央、国务院关于人才评价体制机制改革的最新指示，但各地区各有侧重。安徽省制定了《安徽省企业技能人才自主评价试行办法》，旨在健全技能人才评价机制，增强评价工作的针对性和有效性，提高技术工人待遇，服务实体经济。上海市围绕上海国际金融中心建设，提出要创新金融人才评价机制，加快金融人才分类评价模式转变，探索建立国际化、市场化的金融人才分类评价体系。同时，对接国际通用评价标准，建立国际认证与国内职称评价衔接机制，提高金融人才国际化水平。与上述两地区不同，贵州省着眼于"百千人才"，出台了评审认定与跟踪考核实施细则，以人才类型划分、申报推荐、评选条件、认定程序、跟踪考核等进行了系统详尽的规定。

（2）改革科研项目评审机制，优化管理方式。项目评审作为科技评价的重要组成部分，其指南编制是否科学、团队选择是否合理、成果验收是否严格不仅决定科研成果质量的优劣，更决定科技计划的使命是否能完成。在国家层面上，"三评"改革从指南编制和发布、项目评审过程、评审专家选取、项目评审质量和效率、成果评价验收、国家科技计划绩效评估、国家科技奖励等七个方面对科研项目的评审与管理进行了详细规定。在指南编制方面，意见明确规定项目指南编制要广泛吸纳各方意见，反映各方需求，提高指南科学性。同时，该意见还主张各类国家科技计划逐步实行年度指南定期发布制度。在组织实施方面，"三评"改革主张公开竞争择优与定向择优和定向委托相结合，对于一般的国家科学计划可通过公开竞争择优方式遴选项目，对于目标明确、技术路线清晰的项目，采取定向择优和定向委托的方式更具效率，更能增强承担单位的使命感与荣誉感。在成果验收方面，明确承担单位对科研成果管理负主体责任，同时明确行业主管部门定期对所涉科研成果进行抽查，在项目验收后不定期对成果应用情况进行现场抽查和后评估。在地方层面上，广西壮族自治区、甘肃省等地区陆续出台实施意见与工作规范，推进科技计划项目体制机制改革。其中，广西壮族自治区规范科技项目评估评审，提高科研和财政绩效，制定了《广西科技计划项目立项评审管理办法（试行）》，就项目管理、质量控制、项目评审、预算评估、纪委要求、监督检查等方面进行严格要求。为规范科技项目预算评估，保障科研经费的合理配置和有效利用，出台了《广西科技计划项目预算评估工作规范（试行）》，规定预算评估组织主体、预算评估程序、预算评估方式、预算评估方法等。

（3）完善科研机构评估制度，实行章程管理。科研机构是科技项目研发和人才交流的重要场所，也是推动我国科技创新发展的重要力量。科研机构，特别是国立科研机构运行是否顺畅、机构评估是否科学合理直接影响我国科技创新的发展。当前，美国、日本、韩国等科技强国都建立了较为完善的国立科研机构评估制度，为优化科研单位的管理过程、激发科研单位的创新潜能。应加强科研机构绩效评价的顶层设计，建立符合科研规律的评价体系；实行中长期的考核评价，减轻评价频次，减轻科研单位的负担；建立分组分层协同配合的工作体系，将单位评价、综合评价以及第三方评价机构评价有机结合起来。实行章程管理，鼓励科研机构根据职能定位和国家使命制定章程，作为本单位绩效评价的基本依据；保障法人自主权，支持科研单位依法依章进行自主决策；强化评价结果的使用，强化绩效评价的导向性，将绩效评价结果作为政策规划、财政拨款等方面的重要依据和参考。

2. PMC 指数模型

1）变量分类及参数识别

本书以有关项目评审、人才评价、机构评估的 14 项政策作为"三评"改革政策的分析文本，并在充分借鉴现有研究成果的基础上，构建了囊括 10 个一级变量、37 个二级变量在内的变量体系，如表 4.17 所示。

表 4.17 "三评"改革政策变量体系

一级变量	二级变量	来源与依据
X1 政策目标	X1-1 项目评审管理优化 X1-2 人才评价方式改进 X1-3 机构评估制度完善 X1-4 监督评估体系建设 X1-5 科研诚信体系建设	基于政策内容提炼
X2 政策工具	X2-1 自愿型 X2-2 混合型 X2-3 强制型	基于政策内容提炼
X3 政策时效	X3-1 长期 X3-2 中期 X3-3 短期	丁潇君和房雅婷（2019）
X4 政策领域	X4-1 项目评审 X4-2 人才评价 X4-3 机构评估	基于政策内容提炼
X5 政策效力	X5-1 法律 X5-2 行政法规 X5-3 部门规章 X5-4 地方性法规 X5-5 地方政府规章 X5-6 地方规范性文件	基于政策内容提炼
X6 政策协同	X6-1 单一部门 X6-2 两个部门 X6-3 多个部门	基于政策内容提炼
X7 政策保障	X7-1 组织领导 X7-2 优化环境 X7-3 部门协同 X7-4 试点示范	基于政策内容提炼
X8 政策客体	X8-1 地方政府 X8-2 企业 X8-3 高等学校 X8-4 科研院所 X8-5 新型研发机构	基于政策内容提炼
X9 政策评价	X9-1 问题清晰 X9-2 依据充分 X9-3 目标明确 X9-4 方案翔实 X9-5 特色突出	基于政策内容提炼
X10 政策公开		

2）构建多投入产出表

根据变量的参数识别结果，本节构建出如表 4.18 所示的多投入产出表，由于数量较多，只节选部分数据。

表 4.18 "三评"改革政策多投入产出表（节选）

P	X1-1	X1-2	X1-3	X1-4	X1-5	X2-1	X2-2	X2-3	X3-1	X3-2	X3-3	X4-1	X4-2
P1	1.00	1.00	1.00	1.00	1.00	1.00	0.00	1.00	0.00	0.00	1.00	1.00	1.00
...													
P7	1.00	0.00	0.00	1.00	0.00	1.00	0.00	1.00	0.00	0.00	1.00	1.00	0.00
...													
P14	0.00	1.00	0.00	1.00	1.00	1.00	0.00	1.00	0.00	0.00	1.00	0.00	0.00
P	X4-3	X5-1	X5-2	X5-3	X5-4	X5-5	X5-6	X6-1	X6-2	X6-3	X7-1	X7-2	X7-3
P1	1.00	0.00	1.00	0.00	0.00	0.00	0.00	0.00	1.00	0.00	1.00	1.00	1.00
...													
P7	0.00	0.00	0.00	0.00	0.00	0.00	1.00	0.00	1.00	0.00	1.00	1.00	0.00
...													
P14	0.00	0.00	0.00	0.00	0.00	0.00	1.00	0.00	0.00	0.00	1.00	0.00	1.00
P	X7-4	X8-1	X8-2	X8-3	X8-4	X8-5	X9-1	X9-2	X9-3	X9-4	X9-5	X10	
P1	1.00	1.00	1.00	1.00	1.00	0.00	1.00	1.00	1.00	1.00	1.00	1.00	
...													
P7	0.00	0.00	0.00	0.00	0.00	0.00	1.00	1.00	1.00	1.00	1.00	1.00	
....													
P14	0.00	1.00	1.00	1.00	1.00	0.00	1.00	1.00	1.00	1.00	1.00		

3）PMC 指数计算

根据 Estrada 提出的 PMC 指数计算公式（Estrada，2011），可以得到"三评"改革政策评估的 PMC 指数，计算方法见公式（4.3）。

$$
PMC_i = \left[
\begin{array}{l}
X_1\left(\sum_{j=1}^{5}\dfrac{X_{1j}}{5}\right) + X_2\left(\sum_{k=1}^{3}\dfrac{X_{2k}}{3}\right) + X_3\left(\sum_{l=1}^{3}\dfrac{X_{3l}}{3}\right) + X_4\left(\sum_{m=1}^{3}\dfrac{X_{4m}}{3}\right) + X_5\left(\sum_{n=1}^{6}\dfrac{X_{5n}}{6}\right) \\
+ X_6\left(\sum_{o=1}^{3}\dfrac{X_{6o}}{3}\right) + X_7\left(\sum_{p=1}^{4}\dfrac{X_{7p}}{4}\right) + X_8\left(\sum_{q=1}^{5}\dfrac{X_{8q}}{5}\right) + X_9\left(\sum_{r=1}^{5}\dfrac{X_{9r}}{5}\right) + X_{10}
\end{array}
\right]
$$

（4.3）

式中，i 表示第 i 项政策；$j \sim r$ 表示各项二级变量。据此，得到各项基础科学研究政策的 PMC 指数，如表 4.19 所示。其中，若 9≤PMC 指数≤10，则该项政策评估结果为完美，记为优秀，属 I 级政策；若 7≤PMC 指数≤8.99，则该项政策评估结果为良好，属 II 级政策；若 5≤PMC 指数≤6.99，则该项政策评估结果为可接受，记为合格，属 III 级政策；若 0≤PMC 指数≤4.99，则该项政策评估结果为不可接受，记为较差，属 IV 级政策。

表 4.19 "三评"改革政策 PMC 指数

序号	X1	X2	X3	X4	X5	X6	X7	X8	X9	X10	PMC	级别
P1	1.00	0.70	0.30	1.00	0.80	0.70	1.00	0.80	1.00	1.00	8.30	良好
P2	1.00	0.70	0.30	0.30	0.80	0.70	1.00	1.00	1.00	1.00	7.80	良好
P3	0.60	0.70	0.30	0.30	0.60	0.30	0.50	0.80	1.00	1.00	6.10	合格

续表

序号	X1	X2	X3	X4	X5	X6	X7	X8	X9	X10	PMC	级别
P4	0.80	0.70	0.30	0.30	0.60	0.30	0.50	0.80	1.00	1.00	6.30	合格
P5	0.60	0.70	0.30	0.30	0.20	0.30	0.50	0.40	1.00	1.00	5.30	合格
P6	1.00	0.70	0.30	1.00	0.20	0.70	1.00	0.80	1.00	1.00	7.70	良好
P7	0.40	0.70	0.30	0.30	0.20	0.30	0.50	0.60	1.00		5.30	合格
P8	0.40	0.70	0.30	0.30	0.20	0.30	0.00	0.60	1.00	1.00	4.80	较差
P9	0.60	0.70	0.30	0.30		0.30	0.75	0.60	1.00	1.00	5.75	合格
P10	0.60	0.70	0.30	0.30	0.20	0.30	0.75	0.80	1.00	1.00	5.95	合格
P11	0.60	0.70	0.30	0.30		0.30	0.25	0.60	1.00		5.25	合格
P12	0.60	0.70	0.30	0.30	0.20	1.00	0.25	0.80	1.00	1.00	6.15	合格
P13	1.00	0.70	0.30	1.00	0.20	0.30	0.75	0.60	1.00	1.00	6.85	合格
P14	0.60	0.70	0.30	0.30	0.20	0.30	0.75	0.80	1.00	1.00	5.95	合格
均值	0.70	0.70	0.30	0.45	0.34	0.44	0.61	0.71	1.00	1.00	6.25	合格

从评价指标看,"三评"改革政策 PMC 指数均值为 6.25,级别为合格,表明"三评"改革政策整体制定水平一般,就单个具体政策而言,在政策工具选择、政策协同创新等方面还有很大的改进空间。$X1$ 的均值为 0.70,表明多数政策涵盖了两个及以上的具体政策目标,政策目标设置较为全面。$X2$ 的均值为 0.70,表明"三评"改革政策在手段或工具的选择上可兼顾两种政策工具类型。$X3$ 的均值为 0.30,表明"三评"改革政策立足眼前问题,关注短期效应,没有进行中期或长期的目标规划。$X4$ 的均值为 0.45,观察 $P1$ 至 $P14$,不难发现其政策领域覆盖较为极端,或者为某一领域的具体政策,或为覆盖全面的综合政策,所以整体来看政策领域单一。$X5$ 的均值为 0.34,分值较低,表明"三评"改革政策多数为地方政策,并通过规范性文件的形式发布,较少使用地方性法规或地方政府规章。$X6$ 的均值为 0.44,说明"三评"改革政策多为单一发文机构,政策协同程度不强。$X7$ 的均值为 0.61,说明"三评"改革政策在组织领导、优化环境、部门协同等方面进行详尽安排,以保证政策目标得以实现。$X8$ 的均值为 0.71,说明"三评"改革政策兼顾地方政府、企业、高校、科研院所、新型研发机构等多客体。$X9$ 的均值为 1,表明"三评"改革政策不仅关注政策目标的实现、政策工具的选择,还重视政策问题表述是否清晰,方案依据是否充分,政策目标是否合理、可操作,政策内容是否翔实丰富,政策制定是否因地制宜、突出特色。$X10$ 的均值为 1,表明政府的信息较为透明,政策文本可公开获取。

从具体政策看,在 14 项"三评"改革政策中,3 项良好,10 项合格,1 项较差,表明政策制定水平有差异,因此详细分析个体政策间的具体差别对提高政策制定质量具有重要意义。在 4 项国家政策中,$P1$ 和 $P2$ 的级别为良好,其中 $P1$ 的 PMC 指数得分最高,其突出优势在于政策内容囊括项目评审、人才评价、机构评估、科研监督与诚信等多角度,政策效力更高,政策协同能力更强。与 $P1$ 相比,$P2$ 更多关注人才评价体制机制改革,包含的政策客体比 $P1$ 更为全面。$P3$ 与 $P4$ 的级别为合格,存在政策领域关注单一、政策协同不足、政策保障力度不强等问题。在 10 项地方政策中，PMC 级别为良好的有 1 项，合格的有 8 项，较差的有 1 项。P6 级别为良好，PMC 得分为 7.70，整体得分较高，但存在一个明显的不足，就是政策的效力明显低于平均值。P5、P7 等 8 项政策合格，总的来说，合格类政策存在政策效力不高、政策协同能力不强、政策保障措施不完善等问题。P8 级别为较差，在于 P8 是项目预算评估方面的规范，具有特殊性。

4）PMC 曲面绘制

将 14 项"三评"改革政策在各一级变量上的取值代入到公式（4.1）中，可得到各项政策的 PMC 矩阵。

$$\text{PMC}_1 = \begin{bmatrix} 1.00 & 0.70 & 0.30 \\ 1.00 & 0.80 & 0.70 \\ 1.00 & 0.80 & 1.00 \end{bmatrix} \quad \text{PMC}_2 = \begin{bmatrix} 1.00 & 0.70 & 0.30 \\ 0.30 & 0.80 & 0.70 \\ 1.00 & 1.00 & 1.00 \end{bmatrix}$$

$$\cdots\cdots$$

$$\text{PMC}_6 = \begin{bmatrix} 1.00 & 0.70 & 0.30 \\ 1.00 & 0.20 & 0.70 \\ 1.00 & 0.80 & 1.00 \end{bmatrix} \quad \text{PMC}_7 = \begin{bmatrix} 0.40 & 0.70 & 0.30 \\ 0.30 & 0.20 & 0.30 \\ 0.50 & 0.60 & 1.00 \end{bmatrix}$$

$$\cdots\cdots$$

$$\text{PMC}_{13} = \begin{bmatrix} 1.00 & 0.70 & 0.30 \\ 1.00 & 0.20 & 0.30 \\ 0.75 & 0.60 & 1.00 \end{bmatrix} \quad \text{PMC}_{14} = \begin{bmatrix} 0.60 & 0.70 & 0.30 \\ 0.30 & 0.20 & 0.30 \\ 0.75 & 0.80 & 1.00 \end{bmatrix}$$

根据各项政策的 PMC 矩阵，可绘制各项政策的 PMC 曲面，为清晰展示政策间的差距，本节选取 PMC 得分最高和最低的政策进行呈现，即只展示政策 P1 和政策 P8 的 PMC 曲面图，如图 4.23、图 4.24 所示。

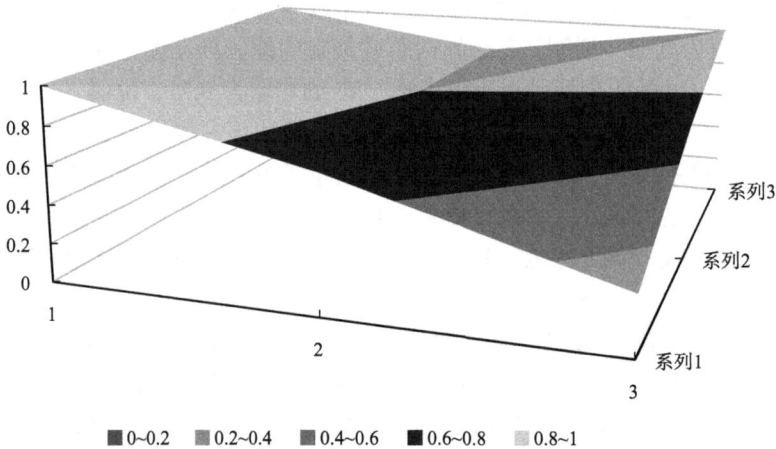

图 4.23 政策 P1 的 PMC 三维曲面图（二）

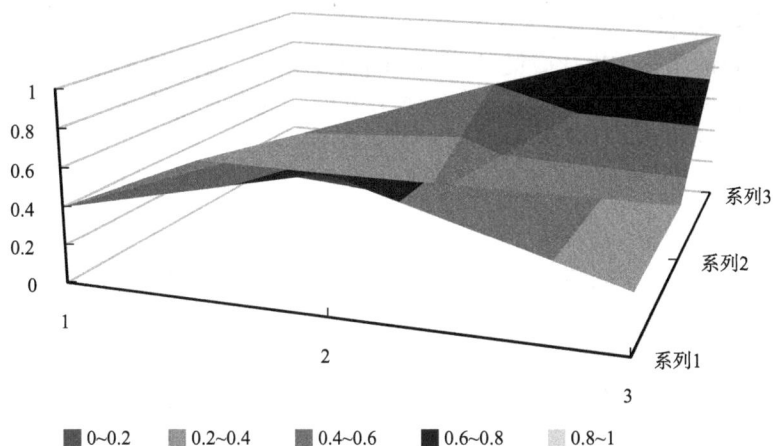

图 4.24　政策 P8 的 PMC 三维曲面图

通过以上分析，我们可以知道：一方面，"三评"改革政策整体可接受。14 项政策中有 3 项政策（P1、P2、P6）的 PMC 指数评分等级为良好，占政策总数的 21.43%；有 10 项政策（P3、P4 等）的等级为合格，占政策总数的 71.43%；有 1 项政策（P8）等级为较差。总体看，"三评"改革政策基本涵盖了政策目标、政策工具、政策时效、政策领域、政策客体等多个维度，在一定程度上可有效深化我国项目评审、人才评价、机构评估的体制机制改革。

另一方面，"三评"改革政策制定仍需完善。从 14 项政策的一级变量及二级变量的分值来看，"三评"改革政策的制定仍需改进：一是除少数政策外，绝大部分政策时效均为短期，这表明"三评"改革政策缺少长期、连续的规划，这在一定程度上制约了"三评"改革政策的效率与效果。二是政策协同能力不足。条块分割行政管理体制，致使部门间的协同能力不足，"三评"改革政策的发文机构多为部门单独发文，反映出政策制定前机构间的沟通、协调不足，这在一定程度上也会制约政策目标的实现。

4.5　科技成果转移转化政策

4.5.1　政策外部特征

1. 政策数量统计

国家与地方出台的科技成果转移转化政策数量为 30 项。其中，国家层面出台的科技成果转移转化政策数量为 4 项，地方层面出台的科技成果转移转化政策数量为 26 项。相对而言，科技成果转移转化政策数量较多，体现出了国家与地方对科技成果转移转化的重视。

2. 政策类别统计

不同的科技成果转移转化政策具有不同的政策类别，通过对政策类别的统计分析，可以发现我国出台的科技成果转移转化政策存在的相同点及侧重点。本节将搜集到的 30 项科技成果转移转化政策进行整理，如图 4.25 所示。

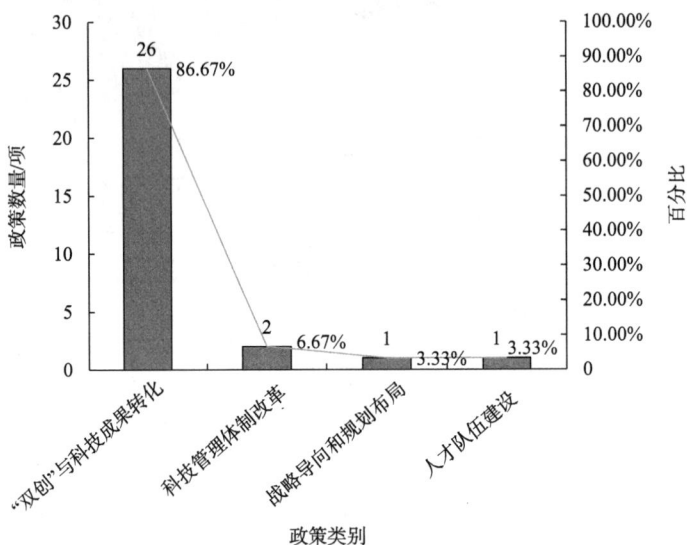

图 4.25　科技成果转移转化政策类别统计

根据图 4.25 不难发现，在所有科技成果转移转化政策中，政策类别数量最多的为"双创"与科技成果转化，其占据绝对优势地位，所占比例远远高于另外 3 项政策类别。

3. 政策载体

不同的科技成果转移转化政策，其发文载体也会有差异，通过对科技成果转移转化政策的发文载体进行统计分析，我们可以发现不同载体的政策占比情况，进而分析我国科技成果转移转化政策的内在性质。因此，本节将搜集到的 30 项科技成果转移转化策进行统计制图，如图 4.26 所示。

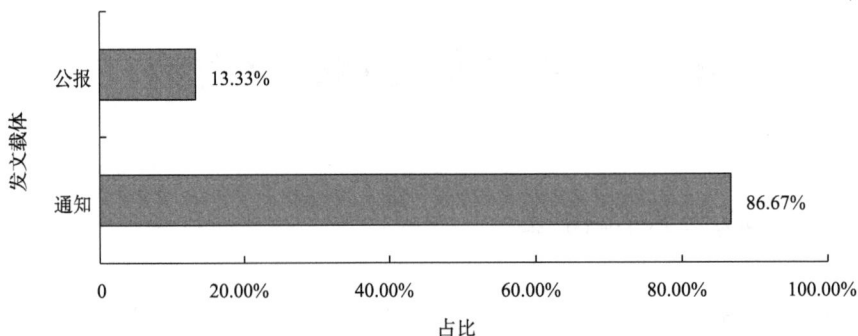

图 4.26　科技成果转移转化政策发文载体

根据图 4.26，在搜集到的 30 项科技成果转移转化政策中，发文载体有公报和通知两种形式，其中通知类政策 26 项，占全部政策的 86.67%；意见类政策 4 项，占比为 13.33%。

通知类的科技成果转移转化政策占据绝对优势地位，反映了我国出台的科技成果转移转化政策在发文载体上仍以通知等指令性政策为主。

4. 政策协同性

通过对政策发文主体的统计分析，我们可以探究该项政策的受重视程度及政策的协同性。因此，本节将搜集到的 30 项科技成果转移转化政策依据发文主体数量进行统计分析，具体如图 4.27 所示。

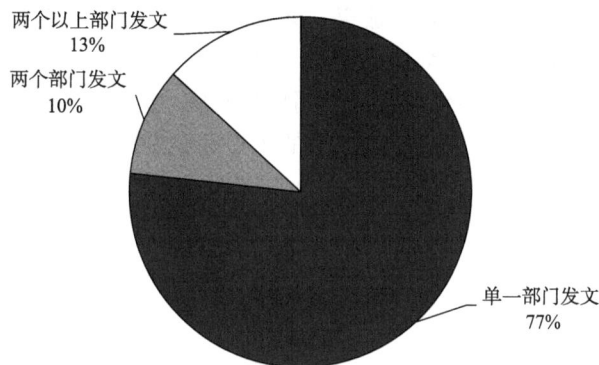

图 4.27　科技成果转移转化政策发文主体统计

根据图 4.27，我们发现，单一部门发文的政策数量为 23 项，占比为 77%；两个部门发文的政策数量为 3 项，占比为 10%；两个以上部门发文的政策数量为 4 项，占比为 13%。我国科技成果转移转化政策的出台仍然以单一部门发文为主，两个及以上部门发文的政策占比为 23%，未超过全部政策的半数，这说明我国的部门在科技成果转移转化政策制定上缺乏横向交流和联系，科技成果转移转化政策的政策协同性有待提升。

4.5.2　政策内部特征

1. 政策目标

利用 ROST CM 软件对搜集到的 30 项科技成果转移转化政策进行统计分析，对其进行词频分析，以期对搜集到的政策进行词频统计分析，发现其中的关注点，如表 4.20 所示。

表 4.20　科技成果转移转化政策高频关键词及词频

高频词	词频/次	高频词	词频/次	高频词	词频/次
科技	2130	机构	461	项目	287
成果	1663	服务	387	资金	283
转化	1285	单位	312	政策	277
技术	842	建设	296	开展	264
创新	615	高校	293	管理	260
转移	588	发展	289	人员	255
企业	550	国家	287	人才	253

续表

高频词	词频/次	高频词	词频/次	高频词	词频/次
促进	252	建立	233	部门	224
开发	248	研究	231	机制	213

通过表 4.20 可知，在搜集到的 30 项科技成果转移转化政策中，出现频次在前十位的、有实际含义的词汇分别是科技、成果、转化、技术、创新、转移、企业、机构、服务和单位，这些词汇的出现频次都达到了 300 次。

在对 30 项科技成果转移转化政策进行词频分析后，运用 SPSS 软件对科技成果转移转化政策进行聚类分析，以期探究该类政策的重点和类别，详细如图 4.28 所示。

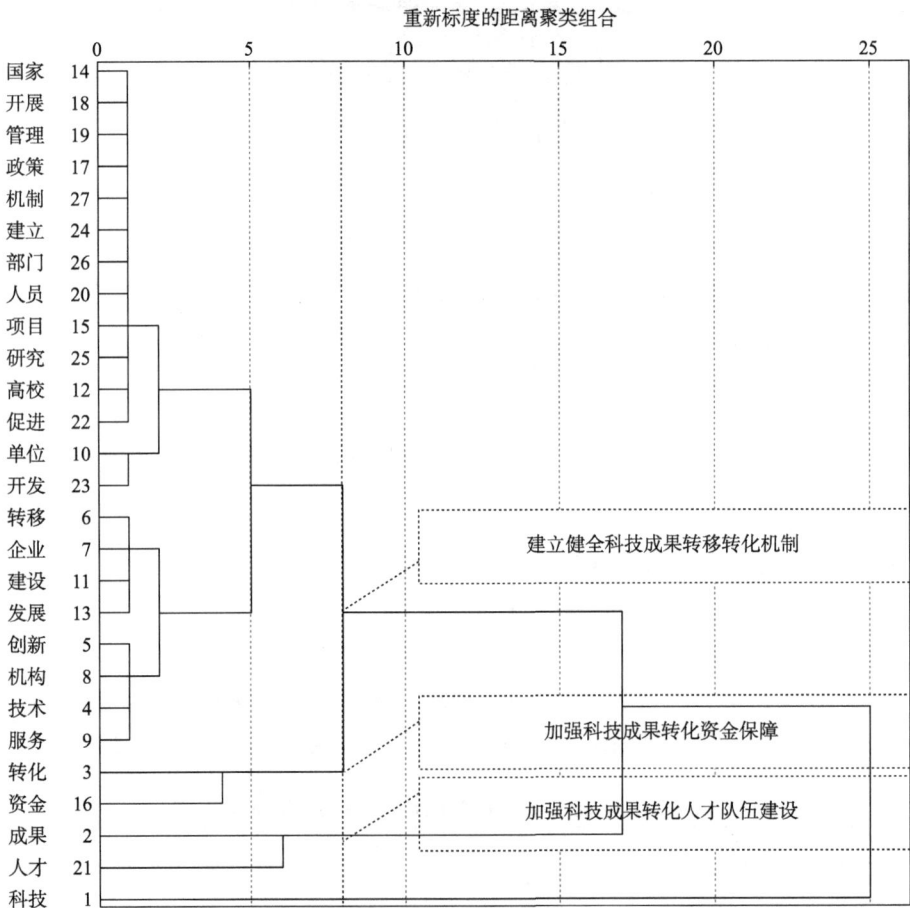

图 4.28　科技成果转移转化政策谱系图

2. PMC 指数模型

1）变量分类及参数识别

对搜集到的科技成果转移转化政策进行 PMC 指数分析，可以发现每项政策的优势和劣势，探究该政策的一致性程度。本节以 P 表示搜集到的政策，首先按照 PMC 指数分析的步骤，针对政策内容，划分 10 个一级变量，用 $X1$~$X10$ 表示；并在每个一级变量下划分若干个二级变量，用 $X1$-n~$X10$-n 表示。具体变量如表 4.21 所示。

表 4.21 科技成果转移转化政策变量体系

一级变量	二级变量
$X1$ 政策性质	$X1$-1 预测
	$X1$-2 监管
	$X1$-3 建议
	$X1$-4 描述
	$X1$-5 引导
	$X1$-6 其他
$X2$ 政策评价	$X2$-1 依据充分
	$X2$-2 目标明确
	$X2$-3 方案科学
	$X2$-4 保障有力
$X3$ 发布机构	$X3$-1 中共中央
	$X3$-2 国务院
	$X3$-3 国家部委
	$X3$-4 省市政府
	$X3$-5 省市厅局
	$X3$-6 其他部门
$X4$ 政策领域	$X4$-1 经济
	$X4$-2 社会
	$X4$-3 技术
	$X4$-4 政治
	$X4$-5 制度
	$X4$-6 环境
$X5$ 政策目的	$X5$-1 规范引导
	$X5$-2 体系构建
	$X5$-3 科技成果转化
	$X5$-4 人才队伍建设
$X6$ 涉及客体	$X6$-1 政府
	$X6$-2 企业
	$X6$-3 高校
$X7$ 针对措施	$X7$-1 正激励措施
	$X7$-2 负激励措施
	$X7$-3 监管
$X8$ 政策效力	$X8$-1 短期
	$X8$-2 中期
	$X8$-3 长期
$X9$ 政策重点	$X9$-1 科技成果转化
	$X9$-2 服务保障
	$X9$-3 创新驱动发展
	$X9$-4 知识产权保护
$X10$ 政策公开	

2）构建多投入产出表

根据表 4.21 设置的变量，依据 PMC 的评分方法，对 30 项科技成果转移转化政策进行变量计算，如表 4.22 所示。

表 4.22　科技成果转移转化政策多投入产出表（节选）

P	X1-1	X1-2	X1-3	X1-4	X1-5	X1-6	X2-1	X2-2	X2-3	X2-4
P1	0	1	1	1	1	0	1	1	0	0
P2	1	0	1	1	1	0	1	1	1	1
...										
P20	0	0	1	1	1	0	1	1	1	1
P21	1	1	1	1	1	0	1	1	1	1
...										
P29	0	1	1	1	1	0	1	1	1	0
P30	0	1	1	1	1	0	1	1	0	1

P	X3-1	X3-2	X3-3	X3-4	X3-5	X3-6	X4-1	X4-2	X4-3	X4-4
P1	0	0	1	0	0	0	1	0	1	0
P2	0	0	1	0	0	0	0	0	1	0
...										
P20	0	0	0	1	0	0	1	0	1	0
P21	0	0	0	1	0	0	1	1	0	0
...										
P29	0	0	0	1	0	0	1	1	1	1
P30	0	0	0	1	0	0	1	1	1	0

P	X4-5	X4-6	X5-1	X5-2	X5-3	X5-4	X6-1	X6-2	X6-3	X7-1
P1	1	0	1	0	1	0	1	0	1	1
P2	1	0	1	1	1	0	1	0	1	1
...										
P20	0	0	1	1	1	1	1	1	1	1
P21	1	0	1	1	1	1	1	1	1	1
...										
P29	1	0	1	1	1	0	1	1	1	1
P30	1	0	1	1	1	1	1	1	1	1

P	X7-2	X7-3	X8-1	X8-2	X8-3	X9-1	X9-2	X9-3	X9-4	X10
P1	0	1	1	0	0	1	0	0	0	1
P2	0	0	0	1	0	1	1	0	0	1
...										
P20	1	1	0	1	0	1	0	1	0	1
P21	1	1	0	0	1	1	1	1	1	1
...										
P29	1	0	0	0	1	1	0	1	1	1
P30	1	1	0	0	1	1	1	0	1	1

3）PMC 指数计算

通过对各个政策的二级变量进行评分后，根据表 4.22，结合 PMC 指数分析的计算方法，我们可以计算出每项政策的一级变量值和 PMC 值，如表 4.23 所示。

表 4.23　科技成果转移转化政策 PMC 指数

P	X1	X2	X3	X4	X5	X6	X7	X8	X9	X10	PMC 值
P1	0.67	0.50	0.17	0.50	0.50	0.67	0.67	0.33	0.25	1.00	5.26
P2	0.67	1.00	0.17	0.33	0.75	0.67	0.33	0.33	0.50	1.00	5.75
P3	0.83	1.00	0.33	0.83	1.00	1.00	0.33	0.33	1.00	1.00	7.65
P4	0.17	0.75	0.17	0.33	0.50	1.00	0.33	0.33	0.25	1.00	4.83
P5	0.83	1.00	0.17	0.67	1.00	1.00	1.00	0.33	0.50	1.00	7.50
P6	0.50	0.25	0.17	0.33	0.50	1.00	0.33	0.33	0.25	1.00	4.66
P7	0.33	1.00	0.17	0.17	0.75	1.00	0.67	0.33	0.50	1.00	5.92
P8	0.50	1.00	0.17	0.33	0.75	1.00	1.00	0.33	0.75	1.00	6.83
P9	0.33	0.75	0.17	0.33	0.50	1.00	0.67	0.33	0.25	1.00	5.33
P10	0.33	0.75	0.17	0.17	0.50	0.33	1.00	0.33	0.75	1.00	4.33
P11	0.17	1.00	0.33	0.33	0.75	0.33	0.33	0.33	0.25	1.00	4.82
P12	0.67	0.75	0.17	0.33	1.00	1.00	0.33	0.33	0.75	1.00	6.33
P13	0.67	0.75	0.17	0.50	1.00	1.00	0.67	0.33	0.75	1.00	6.84
P14	0.33	0.75	0.17	0.17	0.50	1.00	1.00	0.33	0.25	1.00	5.50
P15	0.50	0.75	0.17	0.33	0.75	1.00	0.33	0.33	0.50	1.00	6.33
P16	0.17	0.75	0.17	0.33	0.50	1.00	1.00	0.33	0.25	1.00	5.50
P17	0.50	1.00	0.17	0.67	1.00	1.00	0.33	0.33	1.00	1.00	7.00
P18	0.33	0.75	0.17	0.17	0.75	0.67	1.00	0.33	0.75	1.00	5.92
P19	0.17	0.75	0.17	0.33	0.75	1.00	0.33	0.33	0.25	1.00	5.08
P20	0.50	1.00	0.17	0.33	1.00	1.00	1.00	0.33	0.50	1.00	6.83
P21	0.83	1.00	0.17	0.50	1.00	1.00	0.33	0.33	1.00	1.00	7.83
P22	0.50	0.75	0.33	0.50	0.75	0.67	1.00	0.33	0.25	1.00	6.08
P23	0.67	0.75	0.17	0.33	0.50	0.67	0.33	0.33	0.75	1.00	5.50
P24	0.50	0.75	0.17	0.17	0.75	1.00	0.33	0.33	0.50	1.00	5.50
P25	0.50	1.00	0.33	0.33	1.00	0.67	0.33	0.33	0.75	1.00	6.24
P26	0.67	1.00	0.17	0.50	1.00	1.00	0.33	0.33	1.00	1.00	7.00
P27	0.83	1.00	0.17	0.67	1.00	1.00	0.67	0.33	1.00	1.00	7.67
P28	0.67	0.75	0.17	0.67	1.00	1.00	0.33	0.33	0.50	1.00	6.42
P29	0.67	0.75	0.17	0.83	0.75	1.00	0.67	0.33	0.75	1.00	6.92
P30	0.67	0.75	0.17	0.67	1.00	1.00	1.00	0.33	0.75	1.00	7.34

根据表 4.23，我们得到了每项科技成果转移转化政策的一级变量下的分值。通过对 30 项科技成果转移转化政策进行横向比较，我们发现，X2、X5、X6、X7 和 X10 变量的得分普遍较高，其中，X10 变量分值为满分的有 30 项政策，X6 变量分值为满分的有 22 项政策，X2 和 X5 变量分值为满分的有 12 项政策，X7 变量分值为满分的有 10 项政策。这表明，在出台的科技成果转移转化政策中，大部分的政策涉及客体是很全面的，包括了政府、企业和高校，反映了我国在制定科技成果转移转化政策方面有很全面的考量。另外，这些政策有着明确的目标，在依据方面也很充分，有上级政策作为支撑。X5 变量

的高分值表明，我国科技成果转移转化的政策目的是非常明确而且很广泛的，包括了规范引导等 4 个欲达成的目标。$X3$ 变量分值在 0.17 的政策有 26 项，其余 4 项科技成果转移转化政策的 $X3$ 分值均为 0.33，表明我国科技成果转移转化政策的发文机构绝大部分都为单一层级的部门。需要注意的是 $X8$ 的变量分值在所有科技成果转移转化政策中均为 0.33，表明我国科技成果转移转化政策的政策效力有很强的一致性，从侧面反映了我国政策的高度连续性和稳定性。

如表 4.23 所示，我们得到了 30 项科技成果转移转化政策的 PMC 值，根据 PMC 取值不同，我们可以将这 30 项政策归为四类，其中，若 9≤PMC 指数≤10，则该项政策评估结果为完美，记为优秀，属 I 级政策；若 7≤PMC 指数≤8.99，则该项政策评估结果为良好，属 II 级政策；若 5≤PMC 指数≤6.99，则该项政策评估结果为可接受，记为合格，属 III 级政策；若 0≤PMC 指数≤4.99，则该项政策评估结果为不可接受，记为较差，属 IV 级政策。科技成果转移转化政策 PMC 值等级表如表 4.24 所示。

表 4.24　科技成果转移转化政策 PMC 值等级表

政策	PMC 值	级别
P1	5.26	合格
P2	5.75	合格
P3	7.65	良好
P4	4.83	较差
P5	7.50	良好
P6	4.66	较差
P7	5.92	合格
P8	6.83	合格
P9	5.33	合格
P10	4.33	较差
P11	4.82	较差
P12	6.33	合格
P13	6.84	合格
P14	5.50	合格
P15	6.33	合格
P16	5.50	合格
P17	7.00	良好
P18	5.92	合格
P19	5.08	合格
P20	6.83	合格
P21	7.83	良好
P22	6.08	合格
P23	5.50	合格
P24	5.50	合格
P25	6.24	合格
P26	7.00	良好
P27	7.67	良好
P28	6.42	合格
P29	6.92	合格
P30	7.34	良好

依据表 4.24，我们在科技成果转移转化政策中发现，$P3$、$P5$、$P21$ 和 $P27$ 政策质量最高，级别为良好，有 19 项政策级别为合格，而有 13.33% 的政策为较差，表明，虽然我国科技成果转移转化政策整体质量较高，但是在某些具体方面，还有待加强。

从评价指标看，科技成果转移转化政策 PMC 指数均值为 6.16，级别合格，表明科技成果转移转化政策整体制定水平一般，就单个具体政策而言，在政策工具选择、政策涉及主体等方面还有很大的改进空间。$X1$ 的均值为 0.52，表明多数政策在政策性质方面具备一定的预测、引导、建议性质，但监管性和其他性质有待进一步加强。$X2$ 的均值为 0.83，表明科技成果转移转化政策评价整体较好，政策规范且方案具有可行性。$X3$ 的均值为 0.19，表明科技成果转移转化政策目前多由单一机构制定发布，各级政府以及同一级政府各部门间的沟通合作有待进一步加强，政策协同程度不强。$X4$ 的均值为 0.42，观察 $P1$ 至 $P30$，不难发现其政策领域覆盖较为集中，主要集中在科技与经济两个方面。$X5$ 的均值为 0.78，分值较高，说明科技成果转移转化政策的目标明确。$X6$ 的均值为 0.89，说明科技成果转移转化政策充分考虑了科技成果转移转化现实，有效地将三大主体包含在政策议定过程之中。$X7$ 的均值为 0.61，说明科技成果转移转化政策在指定过程中采取了多样的针对措施，既有正激励也同时伴随着负激励和监管。$X8$ 的均值为 0.33，说明科技成果转移转化政策主要立足眼前问题，关注短期效应，中期或长期的目标规划略显不足。$X9$ 的均值为 0.58，表明科技成果转移转化政策充分体现了创新驱动发展、知识产权保护等重要议题，具有鲜明的时代特色。$X10$ 的均值为 1，表明政府的信息较为透明，政策文本可公开获取。

从具体政策看，在 30 项科技成果转移转化政策中，7 项良好，19 项合格，4 项较差，表明政策制定水平有差异，因此详细分析个体政策间的具体差别对我们提高政策制定质量具有重要意义。在 4 项国家政策中，$P3$ 的级别为良好，其突出优势在于政策内容涉及领域广泛，涉及主体众多，体现时代热点问题；$P1$ 与 $P2$ 的级别为合格，存在政策领域关注单一，政策协同不足、政策保障力度不强等问题；$P4$ 的级别为较差，因为该政策专业性较高，视角相对单一，与分析框架匹配程度低。在 26 项地方政策中，PMC 级别良好 6 项，合格 17 项，较差 3 项。$P21$ 级别为良好，PMC 得分为 7.83，总分最高，但依然存在政策协同不足的问题。$P7$、$P8$ 等 17 项政策级别为合格，总的来说，合格类政策存在政策效力不高、政策协同能力不强、政策保障措施不完善等问题；$P6$、$P10$ 等政策级别为较差，表现为此类政策聚焦某一视角，不适用综合性框架说就分析。

4）PMC 曲面绘制

通过各项政策的 PMC 指数，可以绘制出 PMC 曲面，旨在更直观地观察与分析各项政策的优势与缺陷。我们将每项政策的 PMC 值进行归类，形成矩阵，根据矩阵绘制三维图。

$$PMC_1 = \begin{bmatrix} 0.67 & 0.50 & 0.17 \\ 0.50 & 0.50 & 0.67 \\ 0.67 & 0.33 & 0.25 \end{bmatrix} \quad PMC_2 = \begin{bmatrix} 0.67 & 1.00 & 0.17 \\ 0.33 & 0.75 & 0.67 \\ 0.33 & 0.33 & 0.50 \end{bmatrix}$$

············

$$\mathrm{PMC}_6 = \begin{bmatrix} 0.50 & 0.25 & 0.17 \\ 0.33 & 0.50 & 1.00 \\ 0.33 & 0.33 & 0.25 \end{bmatrix} \qquad \mathrm{PMC}_7 = \begin{bmatrix} 0.33 & 1.00 & 0.17 \\ 0.17 & 0.75 & 1.00 \\ 0.67 & 0.33 & 0.50 \end{bmatrix}$$

$$\cdots\cdots\cdots\cdots$$

$$\mathrm{PMC}_{13} = \begin{bmatrix} 0.67 & 0.75 & 0.17 \\ 0.50 & 1.00 & 1.00 \\ 0.67 & 0.33 & 0.75 \end{bmatrix} \qquad \mathrm{PMC}_{14} = \begin{bmatrix} 0.33 & 0.75 & 0.17 \\ 0.17 & 0.50 & 1.00 \\ 1.00 & 0.33 & 0.25 \end{bmatrix}$$

$$\cdots\cdots\cdots\cdots$$

$$\mathrm{PMC}_{29} = \begin{bmatrix} 0.67 & 0.75 & 0.17 \\ 0.83 & 0.75 & 1.00 \\ 0.67 & 0.33 & 0.75 \end{bmatrix} \qquad \mathrm{PMC}_{30} = \begin{bmatrix} 0.67 & 0.75 & 0.17 \\ 0.67 & 1.00 & 1.00 \\ 1.00 & 0.33 & 0.75 \end{bmatrix}$$

为清晰展示政策间的差距，本节选取 PMC 得分最高和最低的政策进行呈现，即只展示政策 $P21$ 和政策 $P10$ 的 PMC 曲面图，如图 4.29 和图 4.30 所示。

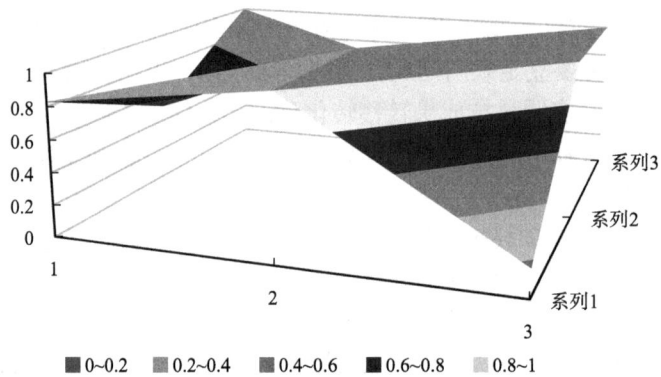

图 4.29　政策 $P21$ 的 PMC 三维曲面图

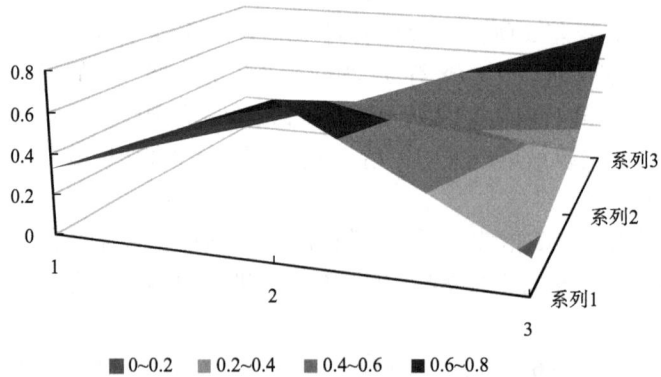

图 4.30　政策 $P10$ 的 PMC 三维曲面图

4.5.3　政策变迁

1. 政策外部特征变迁

（1）政策数量变迁分析。2017 年我国出台的科技成果转移转化政策在国家层面（科技部、教育部、交通运输部）共 3 项，占全年总量的 7.32%；地方层面共出台政策 38 项，占全年总量的 92.68%。2018 年 1 月~2019 年 6 月我国出台的科技成果转移转化政策在国家层面共 4 项，占全年总量的 13.33%；地方层面共出台政策 26 项，占全年总量的 86.67%。从政策数量看，与 2017 年出台的科技成果转化政策数量相比，2018 年 1 月~2019 年 6 月，国家层面的政策数量并没较大幅度增加，但地方层面的政策数量却明显减少，说明地方正在既定政策消化期。

（2）政策发文载体变迁分析。2017 年，我国科技成果转移转化政策主要以公报、意见、通知、决议等形式出现。其中，通知类政策占比高达 73.17%，意见类政策则占比 12.20%。2018 年 1 月~2019 年 6 月，在搜集到的 30 项科技成果转移转化政策中，主要载体有公报和通知两种形式，其中通知类政策 26 项，占全部政策的 86.67%；公报类政策 4 项，占比为 13.33%。对比发现，相较于 2017 年，2018 年 1 月~2019 年 6 月我国出台的科技成果转移转化政策载体种类有所减少。

（3）政策协同性变迁分析。2017 年，在 41 项政策文件中，由单一机构或部门单独发文的有 36 项，由两个及以上机构或部门联合发文的仅有 5 项。单独发文的部门或机构以人民政府、科技主管部门居多，联合发文的部门则以财政部门居多。其中，单一部门发文占比 88%，两个部门发文占比 5%，两个以上部门发文占比 7%。2018 年 1 月~2019 年 6 月，单一部门发文的政策数量为 23 项，占比为 77%；两个部门发文的政策数量为 3 项，占比为 10%；两个以上部门发文的政策数量为 4 项，占比为 13%。这表明我国加强部门之间的高效协同仍是我国政府亟须解决的问题。

2. 政策内部特征变迁

2017 年科技成果转化政策排名前十的高频词主要是科技、成果、转化、技术、转移、创新、机构、单位、企业和服务。2018 年 1 月~2019 年 6 月，科技成果转化政策排名前十的高频词主要是科技、成果、转化、技术、创新、转移、企业、机构、服务和高校。其中，企业和高校的排名较 2017 年有明显提高，表明 2018 年 1 月~2019 年 6 月，无论是中央层面还是地方层面，政府都更加注重发挥企业和高校这两大创新主体在科技成果转化等方面的积极作用，反映出我国科技成果转移转化政策越来越理性化。

第 5 章　科技政策学术研究

本章立足于科技政策学术研究层面，通过对 2018 年 1 月~2019 年 6 月国内外科技政策类学术会议合作机构、会议主题、会议议题、学术研究状况进行分析，总结科技政策研究领域的基本状况、研究热点及未来趋势。

5.1　中国科技政策类学术会议状况

本节以科学网、中国学术会议网、科技政策研究微信公众平台作为学术会议信息检索平台，以"科学""科技""技术""科学技术""创新"作为检索词语，以 2018 年 1 月~2019 年 6 月作为检索时间跨度，共搜集并筛选出与"科技政策"密切相关的学术会议 20 场。

5.1.1　科技政策类学术会议合作机构

学术会议的顺利召开需要主办单位、承办单位、协办单位、赞助商等各方通力协作，本节将它们统称为合作机构。各个机构在学术会议中出现的频次如表 5.1 所示。合作机构涵盖了政府部门、高等院校、科研院所、行业协会、学术期刊、企事业单位等，学术会议得到了社会各界的积极响应和广泛参与。其中，高等院校、科研院所、行业协会、学术期刊的出现次数较多，是学术会议的主要参与者；相比之下，政府部门和企事业单位较少出现在学术会议中，参与度不高。值得一提的是，中国科学学与科技政策研究会 6 次出现在学术会议中，是重要的组织者和参与者；《科研管理》《科技进步与对策》《科学学与科学技术管理》《科学学研究》等行内影响力颇高的刊物，为学术会议产生的思想和观点提供了交流载体与传播途径。

表 5.1 科技政策类学术会议合作机构出现频次 单位：次

机构名称	频次
中国科学学与科技政策研究会	6
中国科学院成都文献情报中心	2
中国科学院科技战略咨询研究院	2
《科研管理》	2
中国科学学与科技政策研究会科技政策专业委员会	2
《科技进步与对策》	2
重庆科技发展战略研究院	2
山东省科技发展战略研究所	2
《科学学与科学技术管理》	2
《科学学研究》	2
北京工业大学经济与管理学院（黄鲁成研究团队）	1
清华大学经济管理学院	1
山东工商学院	1
中国科学院武汉文献情报中心	1
重庆理工大学	1
全国地方科技智库联盟	1
东海大学	1
中国科学院文献情报中心	1
中国自然辩证法研究会	1
黑龙江省科学技术情报研究院	1
山东省科学院情报研究所	1
中国科学学与科技政策研究会政策模拟专业委员会	1
东北大学	1
南京大学经济学院	1
浙江工商大学国际商务研究院	1
东海大学政治学系	1
国家发改委宏观经济研究院	1
中细软集团有限公司	1
上海市科学学研究所	1
中国科学学与科技政策研究会技术预见专业委会	1
中国技术经济学会 MOT 专业委员会	1
《中国科技论坛》	1
《世界科技研究与发展》	1
广东外语外贸大学金融学院	1
Innovation and Development Policy	1
《科学与社会》	1

机构名称	频次
同济大学	1
中国科协创新战略研究院	1
中国科技发展战略研究院	1
中国人民大学中国经济改革与发展研究院	1
科技部中国科学技术发展战略研究院	1
厦门大学经济学院	1
黑龙江省科学技术协会	1
四川省知识经济促进会	1
电子科技大学经济与管理学院	1
南昌大学中国中部经济社会发展研究中心	1
同方知网（北京）技术有限公司	1
江西省科学院科技战略研究所	1
中国技术经济学会	1
哈尔滨工程大学	1
中国科学院管理创新与评估研究中心	1
上海大学创新与知识管理研究中心	1
加拿大魁北克大学蒙特利尔分校	1
黑龙江省人民政府	1
《科学与管理》	1
中南财经政法大学工商管理学院	1
清华大学技术创新研究中心	1
科学计量与科技评价研究中心（Scientometrics & Evaluation Research Center，SERC）	1
中国自然辩证法研究会科技与社会专业委员会	1
浙江大学宁波理工学院商学院	1
安徽财经大学国际经济贸易学院	1
四川省科技信息研究所	1
《经济研究》	1
浙江省科技发展战略研究院	1
《技术经济》	1
中国科学学与科技政策研究会青年工作委员会	1
重庆理工大学重庆知识产权学院	1
北京科学学研究中心	1
山西大学	1
《科技和产业》	1
贵州省科学院	1

续表

机构名称	频次
广东省科技图书馆（广东省科技信息与发展战略研究所）	1
重庆市科学技术研究院	1
中国科学学与科技政策研究会科技管理与评价专业委员会	1
中国科学技术发展战略研究院和重庆科学技术研究院	1
中国科学技术协会	1
复旦大学经济学院	1
南昌大学经济管理学院	1
太原师范学院	1
电子科技大学	1
国家知识产权局知识产权发展研究中心	1
浙江工业大学政治与公共管理学院	1
中国科学学与科技政策研究会知识产权政策与管理专业委员会	1
南昌大学江西长江经济带建设协同创新中心	1
东北大学科技哲学研究中心	1
武汉大学中国产学研合作问题研究中心	1
"一带一路"知识产权与创新发展研究院	1
华南理工大学工商管理学院	1
中国管理科学学会	1
淮阴工学院苏北发展研究院	1
复旦大学创业与创业投资研究中心	1
北京师范大学经济与工商管理学院	1
《科技中国》	1
成都市郫都区知识产权局	1

5.1.2　科技政策类学术会议主题

2018 年 1 月~2019 年 6 月中国科技政策类学术会议名称和主题如表 5.2 所示，会议主题覆盖面比较广泛。其中，既有对历史发展经验与实践的梳理总结，又有面向新时代发展路径和未来发展趋势的展望；既有从国家战略高度谈论创新型国家建设、国家创新体系、创新驱动发展战略等相关问题，又有从区域协调发展角度谈论东北振兴、海峡两岸区域发展等相关问题；既有侧重于国际科技竞争与合作格局的辩证分析，又有侧重于中国科技体制改革与特色道路的深度研究；既有围绕创新前端驱动的治理规划，又有关于创新过程驱动的治理方案，也有涉及创新后端驱动的治理对策。

表 5.2　科技政策类学术会议主题

会议名称	会议主题
第三届全国科技智库论坛 2019	智谋创新・引领未来
2018 科学计量与科技评价天府论坛	
《G20 国家科技竞争格局之辩》系列报告发布暨研讨会	
中国创新经济论坛	
第十八届全国科技评价学术研讨会	科技评价与治理
2018 年科技进步论坛暨第六届中国产学研合作创新论坛	领跑与并跑：打造中国高质量发展的科技创新引擎
复旦大学创新与创业前沿学术论坛	颠覆性技术创新与未来变革
第十五届中国技术管理（2018'MOT）学术年会	共享经济背景下的技术管理：挑战与创新
第一届中国知识产权政策与管理发展论坛暨第三届成电知识产权管理论坛	
第十三届中国科技论坛会议	现代化经济体系与国家创新体系
"改革开放 40 年来中国科技体制的改革与发展"研讨会	
中国科学学与科技政策研究会政策模拟专业委员 2018 年学术年会暨换届会议	政策模拟
第九届中国技术未来分析论坛	发展质量、老龄社会与大国竞争环境下的科技创新
第十三届全国技术预见学术研讨会	技术预见与新旧动能转换
2018 第八届海峡两岸区域发展论坛	海峡协力创新、智慧永续发展
第十四届中国科技政策与管理学术年会	改革开放 40 年：科技促进发展的实践探索与理论创新
第二届中国知识产权政策与管理发展论坛	新时代背景下的知识产权强国战略
2019 中国科技智库论坛	新时代新战略新动能：科技创新与东北振兴
2019 创新与知识管理国际会议（iKM2019）	知识创新研究与实践
"建国 70 年来中国科技创新政策的发展"研讨会	

5.1.3　科技政策类学术会议议题

在不同的会议主题下，各科技政策类学术会议进一步设置了若干会议议题，以促使与会学者展开深入交流与探讨，强化会议的学理性与应用性。2018 年 1 月~2019 年 6 月中国科技政策类学术会议议题如表 5.3 所示。

表 5.3　科技政策类学术会议议题

会议名称	会议议题
第三届全国科技智库论坛 2019	国家与地方创新驱动发展战略与实践 智库建设支撑科技决策建议与科技战略规划 科技智库治理体系与服务能力建设

续表

会议名称	会议议题
2018 科学计量与科技评价天府论坛	科学计量与科技评价的理论、方法和应用
	政策信息学的理论、方法和应用
	学科信息学的理论、方法和应用
	计量评价分析技术与工具
《G20 国家科技竞争格局之辩》系列报告 发布暨研讨会	G20 科技创新政策研究
	全球人工智能产业发展现状
	人工智能技术研究
中国创新经济论坛	不同国家创新模式、创新政策和国家创新体系比较研究
	中国特色创新经济理论研究
	创新与中国经济增长
	产业政策与创新政策
	知识产权保护与专利制度
	微观企业创新行为特征、内在机制与影响因素
	对外开放与创新
	制度与创新
	金融发展与创新
	区域创新和创新共同体
	产学研机制体制研究
第十八届全国科技评价学术研讨会	科技评价理论与方法
	科技政策学
	科研机构评价与治理
	科研项目与计划评价与治理
	科技人才及科技团队评价与治理
	大学评价与治理
	创新能力评价与治理
	区域创新与创新网络评价与治理
	技术管理与技术评估及治理
2018 年科技进步论坛暨第六届中国产学研 合作创新论坛	科技创新驱动与技术创新
	区域科学发展与产业升级
	科技创新理论与政策
	创业与创新绩效
	企业创新发展
	科技创新与评价
	军民融合深度发展
	科技人才培养
复旦大学创新与创业前沿学术论坛	"一带一路"倡议下中国与中东欧国家贸易潜力分析
	"互联网＋"背景下女性创业者的创业动机与路径选择
	我国超大型城市医疗急救运输系统的创新
第十五届中国技术管理（2018'MOT）学术 年会	技术管理理论与方法
	共享经济下的创新与创业
	互联网+与创新
	供给侧结构性改革与创新
	技术与创新评价
	开放创新
	全面创新

续表

会议名称	会议议题
第十五届中国技术管理（2018'MOT）学术年会	分散创新
	跨界创新
	平台创新
	朴素创新
	商业模式创新
	技术生态
	创新生态
	新兴技术以及科技创新政策
第一届中国知识产权政策与管理发展论坛暨第三届成电知识产权管理论坛	知识产权政策与国际规则治理
	技术创新、产业变革与知识产权
	知识产权运营与价值评估
	知识产权保护与布局实证研究
	专利申请、审查与知识产权科学计量
	知识产权法律制度与实务
第十三届中国科技论坛会议	科技创新支撑现代化经济体系建设
	科技创新支撑供给侧结构性改革
	深化改革，加强国家创新体系建设
	建设创新引领协同发展的产业体系
	强化战略科技力量
	科技创新支撑乡村振兴
	区域协调创新发展战略
	互联网、大数据、人工智能与实体经济的融合创新
	加强创新能力、开放合作
"改革开放40年来中国科技体制的改革与发展"研讨会	
中国科学学与科技政策研究会政策模拟专业委员2018年学术年会暨换届会议	经济发展政策和金融政策模拟
	国际经济和地缘政治政策模拟
	人口、资源、环境和气候变化政策模拟
	计算经济学、计算地理学、计算管理科学相关问题
	行为经济学与经济微观行为模拟
	区域与城市发展政策问题
	乡村振兴政策与治理
	DCGE和DSGE专门问题
	ABS、ABM专题
	其他与计算机经济管理相关议题
第九届中国技术未来分析论坛	贸易战环境下的我国科技创新战略研究
	创新质量与我国科技创新评价体系研究
	面向老龄社会的科技创新
	创新平衡发展与创新政策质量
	多源异构数据挖掘与工程科未来分析
	大数据环境下的颠覆性技术识别
	开放式创新与研发合作伙伴选择
	数据驱动的高端制造与科技创新
	网络信息资源挖掘与创新政策研究
	新兴技术与创新政策社会感知分析

续表

会议名称	会议议题
第十三届全国技术预见学术研讨会	国内外技术预见理论、方法与实践 技术预见与科技创新战略研究与实践 产业技术路线图方法研究与实践 国际视野下重点产业变革趋势预见 新科技革命背景下重点领域突破方向的预见 战略性新兴产业未来发展的关键共性技术预见 大数据时代背景下技术预见的商业模式创新 技术预见在促进科技创新与战略转型中的支撑作用 技术预见在地方落实国家战略和推动新旧动能转换中的作用与策略
2018 第八届海峡两岸区域发展论坛	海峡两岸区域创新驱动发展 海峡两岸创新文化与科技创新、创新创业 海峡两岸人工智能与智能制造、智能城市建设 海峡两岸智慧医疗创新与产业发展 海峡两岸的民生保障和改善 海峡两岸的绿色发展、循环经济和生态保育 海峡两岸区域发展的其他相关问题
第十四届中国科技政策与管理学术年会	创新体系：理论、方法与实践 商业模式创新与产品创新 科技成果产业化和创业创新 公共管理 （政）产学研融合创新合作 产业创新管理 开放式创新 科技管理与评价 大数据、人工智能与科技发展 科技金融政策和研发财税政策 科学计量学与信息计量学 科技传播与普及 技术预见 知识产权政策与管理 军民融合 区域创新
第二届中国知识产权政策与管理发展论坛	知识产权强国战略理论构建及实施路径 知识产权现代化国家治理 知识产权制度运行、政策实施的实证和案例研究 知识产权高质量发展模式及路径 国家知识产权保护体系建设的路径与方法 知识产权审查质量和审查效率研究 知识产权运营的政策体系、商业模式、生态治理、法治保障 高校和科研院所的专利技术转移和成果转化
第二届中国知识产权政策与管理发展论坛	知识产权密集型产业、新领域新业态、知识产权金融、军民融合、"一带一路" 等知识产权热点问题 知识产权管理绩效的实证分析和案例研究 知识产权管理的学科建设、研究方法和人才培养

续表

会议名称	会议议题
2019 中国科技智库论坛	国家科技发展战略
	国家创新体系效能
	区域创新体系建设
	技术转移与技术交易
2019 创新与知识管理国际会议（iKM2019）	知识的创造与创新方法
	面向全球创新的知识与智慧
	智力资本、知识管理与创新
	知识管理系统的设计与开发
	大数据时代的知识管理
	知识政策
	知识与创新的经济学
"建国 70 年来中国科技创新政策的发展"研讨会	建国 70 年来中国科技创新政策的思想和理论
	建国 70 年中国科技创新政策发展的历史阶段和特点
	建国 70 年来中国科技创新政策的制订与实施
	规划在中国科技发展中的作用

由于会议议题种类和数量颇多，为理顺各会议议题之间的关系，提炼重点内容，本节借助 ROST CM 软件将各个议题拆分为若干关键词，并运用 NetDraw 构建了会议议题的共现网络，如图 5.1 所示。

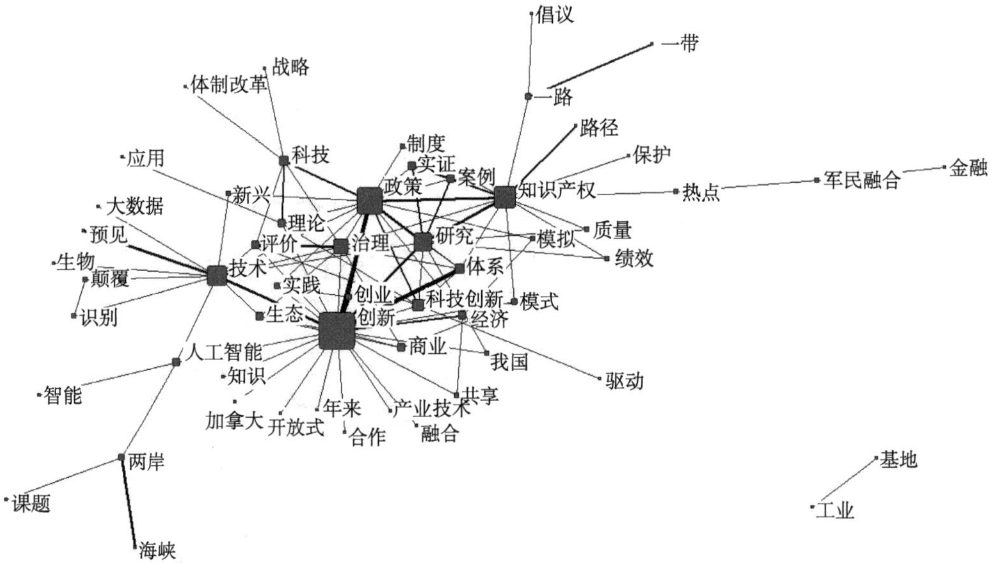

图 5.1   科技政策类学术会议议题共现网络

其中，代表"创新""政策""知识产权""技术""治理""研究"等关键词的节点明显大于共现网络中的其他节点，说明这些关键词在各个会议议题中的出现频率较高。通过关键词之间的连线粗细，可以看出关键词之间的关联度大小，其中线条越粗，关键词之间的联系越为紧密，会呈现出若干聚类和词簇，进而可以总结出几个主要的议题。

主要议题一：创新体系。这类议题聚焦于创新体系的理论与方法研究，总结中国改革开放 40 年、新中国成立 70 年以来科技体制改革和国家创新体系建设的内在逻辑、发展动因、历史经验和路径。另外，该议题也关注不同国家和地区的创新体系比较研究。

主要议题二：创新政策。这类议题梳理了创新政策对科技创新、技术创新、产业创新等领域的辩证关系与作用机理，如新兴技术、网络信息资源挖掘、产业发展、企业创新等；揭示了中国创新政策变迁的历史阶段、阶段特征、制定与实施过程；探讨了创新政策质量的测量标准体系与方法。

主要议题三：技术创新。这类议题重在研究颠覆性技术创新和重大技术创新的识别、评判与支持机制，突出战略联盟在技术创新中的重要功能与作用。

主要议题四：技术预见。这类议题立足于技术预见与新旧动能转换，通过政策仿真、系统动力学、大数据等工具与方法，科学合理地识别与评判颠覆性技术，预测面向新时代的技术发展趋势，尤其是人工智能相关技术研发与应用图景。此外，总结了在技术预见中应警惕的数据陷阱。

主要议题五：知识产权政策。这类议题一是分析了创新型国家与知识产权强国建设的内生逻辑和实现机制，凸显了知识产权的战略地位；二是构建并发展了中国特色知识产权理论；三是探讨了新兴技术发展、产学研深度融合和平台商业生态治理、知识产权密集型产业、知识产权金融和军民融合的知识产权等热点问题；四是揭示了知识产权政策制定与实施过程，提出了知识产权保护制度与体系的建设路径；五是评价了知识产权管理行为的绩效，如知识产权审查质量与效率；六是探索了知识产权高质量发展的模式与路径。

主要议题六：实证研究与案例研究。这类议题提倡用案例法和一些实证方法分析科技政策制定与执行过程中的具体环节和行为，从个案中挖掘问题，总结经验与启示，注重归纳逻辑的使用。

主要议题七："一带一路"倡议。这类议题主要是以"一带一路"倡议作为重要背景，研究科技政策中的各类问题，如"一带一路"倡议下中国特色知识产权理论的构建与发展。

主要议题八：科技理论。一方面，这类议题旨在将既有的学术理论应用于科技政策研究中，如科学计量与科技评价理论、政策信息学理论、技术管理理论等；另一方面，该类议题也旨在从科技政策实务中实现理论创新，构建与发展出具有中国特色的新理论，如中国特色创新经济理论、中国特色知识产权理论等。

主要议题九：科技评价与治理。受到"三评"改革的影响，这类议题聚焦于将科技评价理论、方法与应用，以及科研机构、科研项目与计划、科技人才及团队、大学、创新能力、区域创新与创新网络、技术等内容纳入科技评价与治理的范畴。

主要议题十：海峡两岸区域发展。这类议题主要以海峡两岸的共性问题为结合点，从战略规划（创新驱动发展等）、文化氛围（创新创业和创新文化等）、技术创新（人工智能和 3D 生物打印等）、民生保障（创新创业和新医疗产业等）、环境资源（绿色发展和循环经济等）各个方面展开深入研究与探讨。

5.2　科技政策类学术研究状况

本节以中国知网为中文文献检索平台，以 Web of Science 为英文文献检索平台；以 "TI=('科技'+'科学'+'技术'+'科学技术'+'创新')*政策" 为中文检索公式，以 "TI=(science OR technology OR science and technology OR S&T OR innovation) AND TI=policy" 为英文检索公式；以 2018 年 1 月~2019 年 6 月作为检索时间跨度，共筛选出符合条件的中文文献 1940 篇，英文文献 1091 篇。需要说明的是，在所获取的国外相关研究信息的作者和文献来源方面，由于数据缺失和格式错乱问题较为严重，所以在这两方面不做国内外比较分析。

Cite Space 是目前做知识图谱分析较为通用和有效的工具，通过可视化的形式直观呈现文献特征与逻辑，它由陈超美教授的团队研制。通过由 Cite Space 输出的知识图谱，既能够分析文献的外在显性特征，如时间分布、机构分布、关键词词频等，又能够深入挖掘文献的内在隐性逻辑结构，如共词聚类分析、社会网络分析，从而得到各个研究阶段的热点主题及其变化趋势。

5.2.1　科技政策类学术研究的外部特征

从国内科技政策研究机构情况上看，以中国科学院科技战略咨询研究院、中国科学技术信息研究所、广东省科技创新监测研究中心等为代表的研究院所，以及以北京工业大学经济与管理学院、哈尔滨商业大学、中国人民大学公共管理学院、清华大学公共管理学院等为代表的高等院校是科技政策学术研究的中坚力量，如表 5.4 所示。

表 5.4　2018 年 1 月~2019 年 6 月国内科技政策研究机构及发文数量（节选）　　单位：篇

研究机构	数量	研究机构	数量
中国科学院科技战略咨询研究院	21	中国人民大学公共管理学院	9
中国科学技术信息研究所	17	安徽省科学技术情报研究所	9
广东省科技创新监测研究中心	14	清华大学公共管理学院	9
北京工业大学经济与管理学院	13	上海市计划生育科学研究所	8
中国科协创新战略研究院	12	中国科学技术大学	8
中国科学技术发展战略研究院	10	电子科技大学	8
哈尔滨商业大学	9	东北大学文法学院	8

续表

研究机构	数量	研究机构	数量
同济大学经济与管理学院	7	山西财经大学	5
安徽大学	7	华中科技大学	5
中国科学院大学公共政策与管理学院	7	上海师范大学	5
山东大学	7	中南财经政法大学公共管理学院	5
华南理工大学	6	华中科技大学管理学院	5
中国科学院大学	6	华南理工大学公共管理学院	5
中国科学院文献情报中心	6	福州大学经济与管理学院	5
重庆大学	5	中国科学院成都文献情报中心	5
吉林省科学技术信息研究所	5	中国社会科学院研究生院	5
北京交通大学经济管理学院	5	浙江工商大学	5
河北金融学院	5	苏州大学	5
中国矿业大学	5	中国社会科学院工业经济研究所	5
中央财经大学财政税务学院	5		

国内科技政策研究机构合作网络的密度为 0.005，Modularity Q（模块值）=0.7785，Mean Silhouette（平均轮廓值）=0.1554，S 值（即 Mean Silhouette）未达到聚类分析的最低阈值标准。因此，目前的科技政策研究工作主要由单一机构独立开展，尚未形成广泛的合作网络。仅有部分研究机构建立了较为密切的联系，并且主要形成了以中国科学院科技战略咨询研究院（中心度为 0.02）、中国科协创新战略研究院（中心度为 0.01）为核心的科技政策研究合作集群，构建了包含中国科学技术信息研究所、中国科学院大学经济与管理学院、安徽省科学技术情报研究所、同济大学经济与管理学院、东北大学文法学院、中国人民大学公共管理学院、清华大学公共管理学院、广东省科技创新监测研究中心等多个研究机构在内的星点状、分散式的机构合作网络图谱，如图 5.2 所示。

国外科技政策研究机构合作网络的密度为 0.0408，Modularity Q=0.6143，Mean Silhouette=0.4309。网络密度数值较低，与国内情况类似的是，目前国外科技政策研究工作主要由单一机构独立开展，尚未形成广泛的合作网络。但相较于国内科技政策研究机构合作网络，国外不同机构间的合作链条更长，联系更为紧密，形成了以牛津大学（University of Oxford，Univ Oxford）、哈佛大学（Harvard University，Harvard Univ）、墨尔本大学（The University of Melbourne，Univ Melbourne）、不列颠哥伦比亚大学（University of British Columbia，Univ British Columbia）、乌得勒支大学（Utrecht University，Univ Utrecht）、曼彻斯特大学（The University of Manchester，Univ Manchester）、剑桥大学（University of Cambridge，Univ Cambridge）、亚利桑那州立大学（Arizona State University，Arizona State Univ）、斯坦福大学（Stanford University，Stanford Univ）、多伦多大学（University of Toronto，Univ Toronto）、东英吉利大学（University of East Anglia，Univ East Anglia）、加利福尼亚大学伯克利分校（University of California，Berkeley，Univ

中国科学技术信息研究所

中国科学院大学经济与管理学院

中国社会科学院工业经济研究所
首都经济贸易大学

安徽省科学技术情报研究所

中国科学院大学公共
政策与管理学院

北京工业大学经济与管理学院
中国科协创新创新战略研究院
中国科学院科技战略咨询研究院
中国科学
院大学
中国科学技术发展战略研究院

中国人民大学公共管理学院

同济大学经济与管理学院

东北大学文法学院
哈尔滨商业大学

中国科学技术交流中心

中国人民大学

清华大学公共管理学院

广东省科技创新监测研究中心
北京交通大学经济管理学院

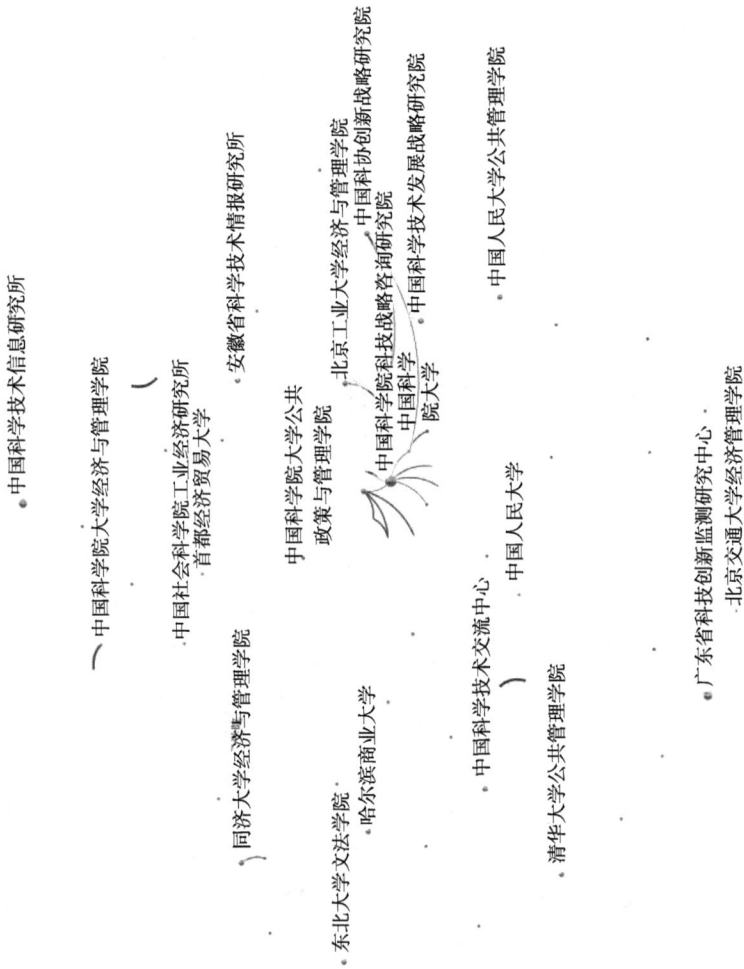

图5.2 国内科技政策研究机构合作网络图谱

Calif Berkeley）、澳大利亚国立大学（The Australian National University, Australian Natl Univ）、伦敦大学学院（University College London，UCL）、乔治华盛顿大学（George Washington University, George Washington Univ）、佐治亚理工学院（Georgia Institute of Technology, Georgia Inst Technol）、俄亥俄州立大学（The Ohio State University, Ohio State Univ）等为多中心的科技政策研究合作网络，如图 5.3 所示。

图 5.3　国外科技政策研究机构合作网络图谱

2018 年 1 月~2019 年 6 月国内科技政策研究作者合作网络密度为 0.0095，Modularity Q=0.9277，Mean Silhouette=0.3205，尽管数值达到了聚类分析的最低阈值标准，但呈现出 78 组聚类，结果较多。整体而言，作者合作网络与机构合作网络呈现出相同的特征，即研究网络松散、合作不紧密，以同单位的研究人员相互合作为主。

从文献来源上看，《科技管理研究》《科技进步与对策》《中国科技论坛》《科学学研究》《科学管理研究》《软科学》《中国软科学》《科学学与科学技术管理》等行业内颇具影响力的期刊均榜上有名，刊登了较多的科技政策研究类学术论文。其中，在所有期刊中，《科技管理研究》刊登的科技政策研究类论文数量最多。此外，其他学科领域有较高影响力的期刊也同样关注科技政策研究，刊登了若干篇相关学术论文，如《中国行政管理》《中国高校科技》等，如表 5.5 所示。

表 5.5　2018 年 1 月~2019 年 6 月国内科技政策学术研究文献来源及数量（节选）　　单位：篇

文献来源	数量	文献来源	数量
《科技管理研究》	48	《情报杂志》	10
《科技进步与对策》	27	《中国软科学》	10
《中国科技论坛》	22	《中国科技资源导刊》	9
《科技中国》	20	《管理观察》	9
《科学学研究》	17	《知识经济》	9
《纳税》	14	《华东科技》	9
《全球科技经济瞭望》	13	《中国科技信息》	9
《安徽科技》	13	《智库时代》	9
《经济研究导刊》	13	《现代商贸工业》	8
《经济研究参考》	13	《中国行政管理》	8
《时代金融》	11	中国科学技术大学	8
《科学管理研究》	11	《中国高校科技》	8
《现代经济信息》	10	《科学学与科学技术管理》	8
《软科学》	10		

5.2.2　科技政策类学术研究的内在逻辑

本节主要从两个方面分析中国科技政策类学术研究的内在逻辑：一方面，通过构建关键词的共现网络，观察关键词节点大小，计算关键词在整个共现网络中的中心性，分析单个关键词在共现网络中的重要程度；通过观测关键词之间的连线，以挖掘不同关键词之间的相互关联；另一方面，通过共词聚类分析，总结中国科技政策类学术的主题与热点。

将时间切片设置为 1，即以每年单独作为一个研究阶段，因此将 2018 年和 2019 年上半年国内科技政策研究划分为 2 个研究阶段，取每个阶段共现次数排在前 30 名的关键词作为分析对象，勾选 Pathfinder 以构建关键路径网，得到包含 50 个节点、73 条连线的关键词共现网络图谱，如图 5.4 所示。经过进一步分析，可知：①该图谱的网络密度为 0.0596，数值很低，说明共词之间的联系不够紧密，研究内容和主题较为分散。②结合关键词节点大小和中心性可知，"财政政策""技术创新""创新""科技成果转化""税收政策""科技创新""财税政策""政策文本""政策""政策工具""创新驱动""科技人才""中小企业"等关键词在共词网络中发挥着重要作用。③通过观察关键词之间的连线可知，整个网络的连线较为稀疏，关键词之间存在一定的联系，但联系不紧密，这一点印证了第一个结论；部分关键词之间的连线较粗，说明这些关键词在同一篇文献中的共现次数较多，联系紧密。

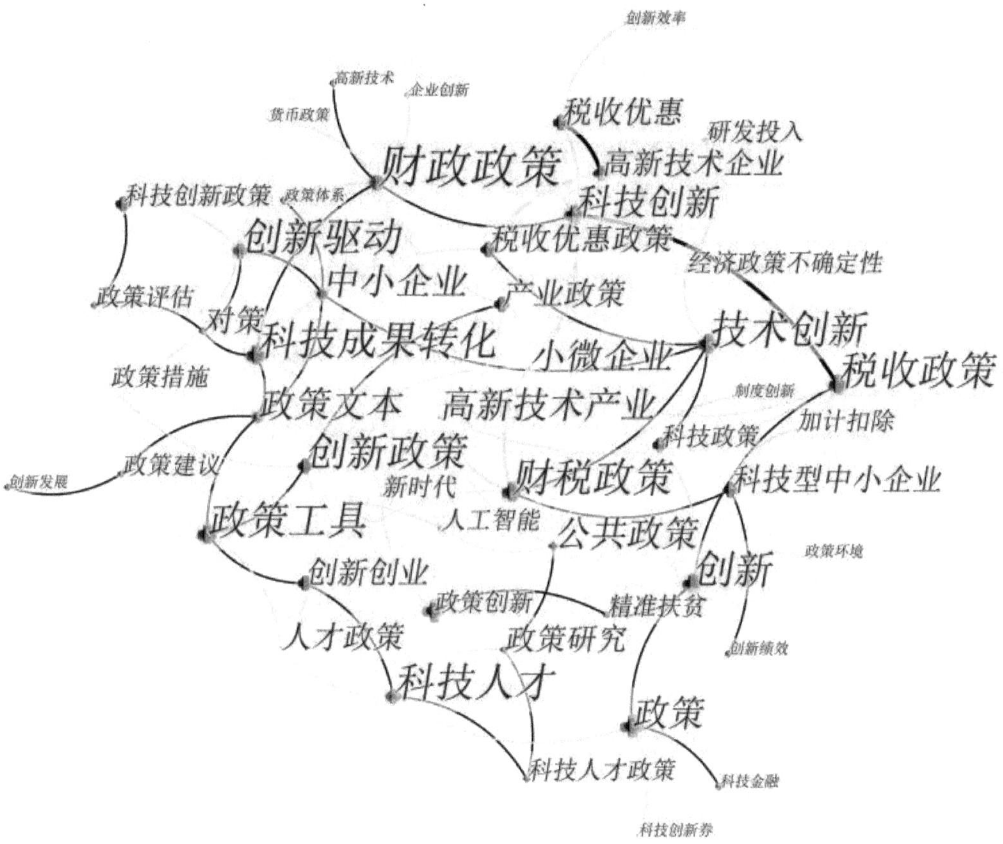

图 5.4　国内科技政策学术研究的关键词共现网络图谱

为进一步分析既有研究的热点问题和主要议题，需要对关键词进一步进行聚类分析。Cite Space 设置了 Modularity Q 和 Mean Silhouette，以衡量网络结构和聚类清晰度。其中，Q 值的取值范围为（0,1），当 Q 值>0.3 时，则认为聚类出来的网络机构是显著的；当 S 值>0.5 时，则认为聚类结果是合理的（陈悦等，2015）。经过计算可知，国内科技政策学术研究的关键词共现网络图谱的 Modularity Q=0.5925，Mean Silhouette=0.8593，均超过了最低阈值标准，说明聚类结果合理。

经过共现网络图谱和聚类分析，本节将高频关键词划分为六个类别，将同一类别中的共现关键词重新代入具体语境中，通过回溯文献的标题、摘要和关键词，可以理解共现关键词的含义，从而理解各个聚类的具体内容。

（1）科技人才政策及创新创业政策研究，关键词包括"公共政策""政策工具""人才政策""创新创业""制度创新""政策研究""创新政策""科技人才""科技人才政策"

"人工智能"。这类研究聚焦于人才引进、培养、考核、激励等方面的政策举措和创新创业方面的支持措施。

（2）科技成果转化政策研究，关键词包括"企业创新""财政政策""创新驱动""政策措施""科技创新政策""高新技术""货币政策""政策评估""对策""科技成果转化"。这类研究侧重于挖掘货币政策、财政政策、科技创新政策在技术进步和科技成果转化等方面的逻辑关系，并对其进行政策评估，以探索出促进科技成果转化的政策建议。

（3）面向新时代的科技政策创新研究，关键词包括"政策环境""科技金融""新时代""科技政策""创新""政策""精准扶贫""政策创新""科技创新券"。这类研究总结了以往科技政策中存在的问题，辩证分析了新时代面临的主要矛盾，提出了面向新时代的政策创新路径和具体举措，如以科技创新券为代表的科技金融政策创新。

（4）高新技术产业政策及中小企业财税政策研究，关键词包括"加计扣除""科技型中小企业""税收政策""科技创新""产业政策""小微企业""创新绩效""高新技术产业""财税政策"。这类研究重在分析高新技术产业和中小企业发展的配套措施，尤其是财税政策，分析了二者创新绩效的影响因素，测量对比了政策实施前后的创新绩效。

（5）高新技术企业技术创新政策研究，关键词包括"高新技术企业""经济政策不确定性""创新效率""税收优惠政策""税收优惠""研发投入""技术创新"。这类研究在总结高技术企业研发投入、创新效率等方面现状与问题的基础上，围绕税收优惠、技术创新等方面提出了政策建议。

（6）政策体系研究，关键词包括"政策建议""中小企业""创新发展""政策文本""政策体系"。这类研究主要以政策文本为研究对象，以促进中小企业创新发展为目的，从政策体系的构建角度提出了政策建议。

将时间切片设置为 1，即以每年单独作为一个研究阶段，因此将 2018 年和 2019 年上半年国外科技政策研究划分为 2 个研究阶段，取每个阶段共现次数排在前 30 名的关键词作为分析对象，勾选 Pathfinder 以构建关键路径网，得到包含 50 个节点、73 条连线的关键词共现网络图谱，如图 5.5 所示。经过进一步分析，可知：①该图谱的网络密度为 0.0596，数值很低，说明共词之间的联系不够紧密，研究内容和主题较为分散。②结合关键词节点大小和中心性可知，"research and development"（研究与发展）、"system"（体系）、"dynamics"（动力）、"sustainability"（可持续性）、"climate change"（气候变化）、"adoption"（采纳）、"innovation"（创新）、"governance"（治理）、"innovation policy"（创新政策）、"performance"（绩效）等关键词在共词网络中发挥着重要作用。③通过观察关键词之间的连线可知，整个网络的连线较为稀疏，关键词之间存在一定的联系，但联系不紧密，这一点印证了第一个结论；部分关键词之间的连线较粗，说明这些关键词在同一篇文献中的共现次数较多，联系紧密。

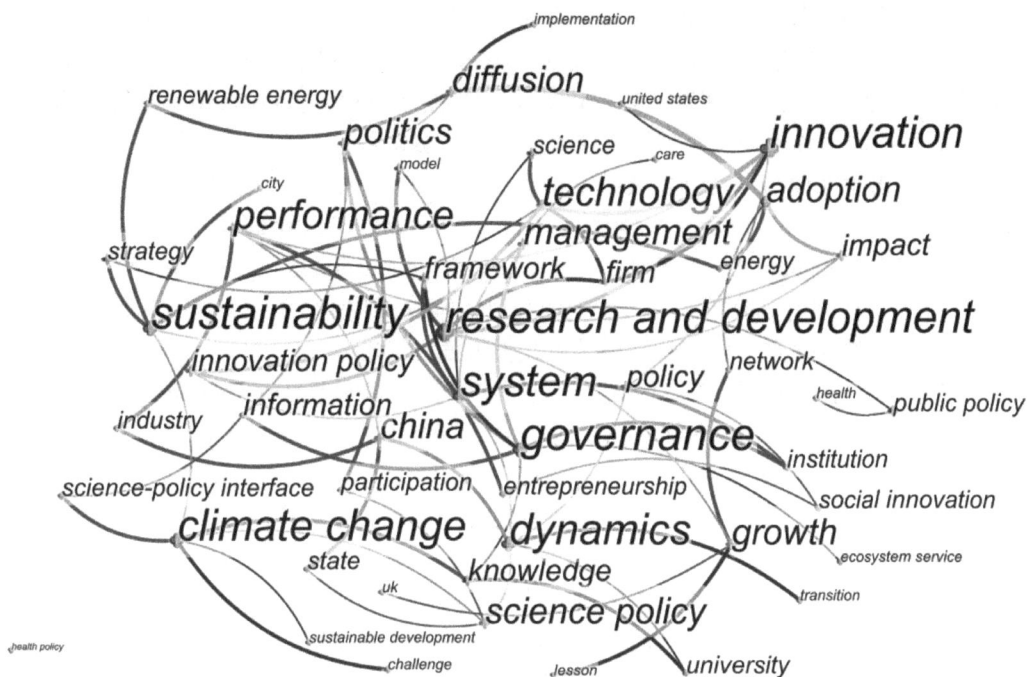

图 5.5 国外科技政策学术研究的关键词共现网络图谱

由于原始数据和软件设置原因，China、UK 等国家英文名称均为小写

经过计算可知，国内科技政策学术研究的关键词共现网络图谱的 Modularity Q=0.5725，Mean Silhouette=0.7163，均超过了最低阈值标准，说明聚类结果合理。

经过共现网络图谱和聚类分析，本节将高频关键词划分为六个类别，将同一类别中的共现关键词重新代入具体语境中，通过回溯文献的标题、摘要和关键词，可以理解共现关键词的含义，从而理解各个聚类的具体内容。

（1）生态环境保护与治理问题研究，关键词主要有 "politics"（政治）、"ecosystem service"（生态系统服务）、"care"（关怀）、"institution"（制度）、"system"（体系）、"information"（信息）、"framework"（框架）、"governance"（治理）、"participation"（参与）、"management"（管理）。这类研究列举了当前主要的生态环境问题，如温室效应、湿地破坏等，说明了生态环境保护的必要性与紧迫性，提出了各个主体在环境治理中的参与途径、技术手段和政策安排等。

（2）科学、技术和创新（science, technology, innovation，STI）政策研究，关键词主要有 "public policy"（公共政策）、"firm"（企业）、"united states"（美国）、"science"（科学）、"innovation"（创新）、"health"（健康）、"model"（模型）、"technology"（技术）、"innovation policy"（创新政策）、"research and development"（研究与发展）。这类研究认为 STI 政策是政府治理体系和治理框架中不可或缺的一部分，探究了 STI 政策中某项具体的政策工具对中小企业的影响，如 R&D 经费投入与补贴的影响和作用机制。

（3）社会创新与转型政策研究，关键词主要有 "transition"（转型）、"industry"（产业）、"policy"（政策）、"social innovation"（社会创新）、"state"（国家）、"dynamics"（动力）、"china"（中国）、"performance"（绩效）、"science policy"（科学政策）、"entrepreneurship"（企业家）。这类研究不仅回答了科技政策如何促进产业转型、社会转型及其转型动力等问题，而且探究了政策企业家与科技政策之间的互动关系与互动机制。

（4）可再生能源与可持续发展政策扩散、采纳与执行研究，关键词主要有"renewable energy"（可再生能源）、"impact"（影响）、"adoption"（采纳）、"diffusion"（扩散）、"strategy"（战略）、"implementation"（执行）、"energy"（能源）、"sustainability"（可持续性）、"city"（城市）。这类研究着重分析了可再生能源与可持续发展政策扩散、采纳与执行的影响因素和机制，同时也探究了相关政策对城市其他方面的影响。

（5）科学与政策的相互关系和互动机制研究，关键词主要有"challenge"（挑战）、"sustainable development"（可持续发展）、"science-policy interface"（科学与政策交互作用）、"university"（大学）、"climate change"（气候变化）、"knowledge"（知识）。这类研究分析了科学家与政策制定者、利益相关者之间的互动关系和机制，并普遍认为科学研究应能够回答有关于弥补政策差距的问题，以使科学研究对政策制定产生效用。研究者关注可持续发展、气候变化所带来的挑战等方面的科学与政策互动机制。

（6）经验与启示研究，关键词主要有"network（网络）"、"uk"（英国）、"growth"（增长）、"lesson"（教训）。这类研究侧重于从各国科技政策实践中总结经验和启示。

5.2.3　科技政策类学术出版物（著作、教材）

本节以超星读秀为检索平台，以 "(T=科技|科学|技术|科学技术|创新)*(T=政策)*(2018<=Y<=2019)" 为检索公式，以 2018 年 1 月~2019 年 6 月为检索时间跨度，共检索出科技政策类学术出版物 107 种。

从出版社信息来看，在设定的时间段内，共有 58 家出版社先后出版了科技政策类图书。其中，科学出版社出版相关图书 15 册，数量最多，经济科学出版社出版相关图书 10 册，其余出版社出版的相关图书数量均在 10 册以下。此外，这些出版社的地理位置主要位于北京市，如表 5.6 所示。

表 5.6　科技政策类学术出版物出版社名称及数量（节选） 单位：册

出版社及出版地	数量	出版社及出版地	数量
北京：科学出版社	15	北京：中国农业出版社	3
北京：经济科学出版社	10	北京：科学技术文献出版社	3
北京：社会科学文献出版社	7	北京：地质出版社	3
北京：经济管理出版社	7	天津：天津大学出版社	2
北京：知识产权出版社	4	北京：中国人事出版社	2
北京：中国环境出版集团	3	北京：中国科学技术出版社	2
北京：中国财富出版社	3	北京：国家行政学院出版社	2
上海：上海交通大学出版社	3	北京：法律出版社	2
北京：中国社会科学出版社	3		

科技政策类学术出版物的主题词及词频如表 5.7 所示。经过初步分析，这些出版物在研究层面上可以分为战略层、综合层和基本层（赵筱媛和苏竣，2007）。其中，战略层研究是指涉及国家科学技术长远发展的、具有前瞻性的研究，如以"国家创新系统""科技发展""政策体系""新兴产业"等为主题词的研究；综合层研究是对战略层研究的细化和对基本层研究的整合，如以"区域经济发展""区域经济""技术革新""产业政策"等为主题词的研究；基本层研究是针对某一领域、某项工具的研究，如以"计算机辅助设计""金融法""投资"等为主题词的研究。

表 5.7　科技政策学术类出版物主题词及词频（词频 ≥ 2 次）　　　单位：次

主题词	词频	主题词	词频
科技政策	17	环境政策	2
技术革新	15	财政政策	2
中小企业	4	法规	2
科学技术	4	国家税收	2
经济政策	4	政策	2
计算机辅助设计	3	投资	2
产业政策	3	市场结构	2
知识产权	3	新兴产业	2
建筑设计	3	国家创新系统	2
企业创新	3	发展战略	2
区域经济发展	3	专业技术人员	2
环境经济	3	应用软件	2
金融法	2	政策体系	2
税收政策	2	科技发展	2
区域经济	2		

科技政策类学术出版物主题词共现网络如图 5.6 所示。代表"技术革新"的节点明显要比代表其他主题的节点大，说明"技术革新"是 2018 年 1 月~2019 年 6 月科技政策类学术出版物最为关注的主题。并且，"技术革新—中小企业—市场结构""技术革新—科技政策""技术革新—区域经济发展"这些主题词在共现网络中的连线较粗，分别构成了以"技术革新"为核心的三大主题。除此之外，"科技政策—科学技术—发展战略""计算机辅助设计—建筑设计—应用软件""环境政策—环境经济""企业创新—经济政策"分别构成了四个主题。

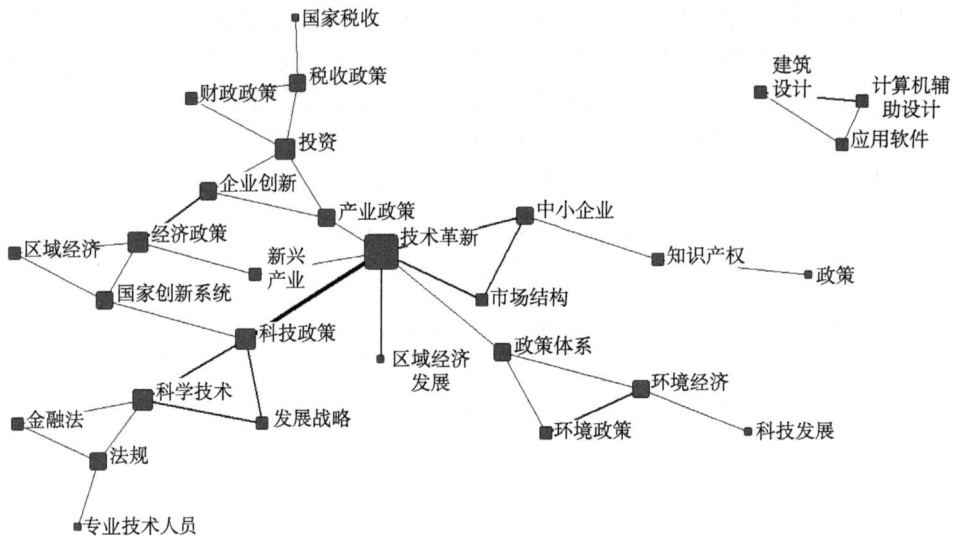

图 5.6　科技政策类学术出版物主题词共现网络

5.2.4　科技政策类学术研究的发展趋势

通过 Cite Space 的时区图谱,可以观测到相关研究的起始、延续、发展和关系等方面的特征。2018 年 1 月~2019 年 6 月国内科技政策学术研究的关键词时区图谱如图 5.7 所示,其中左侧实线框连线代表 2018 年相关研究主题的延续发展关系,右侧虚线框连线代表 2019 年上半年相关研究主题的延续发展关系。

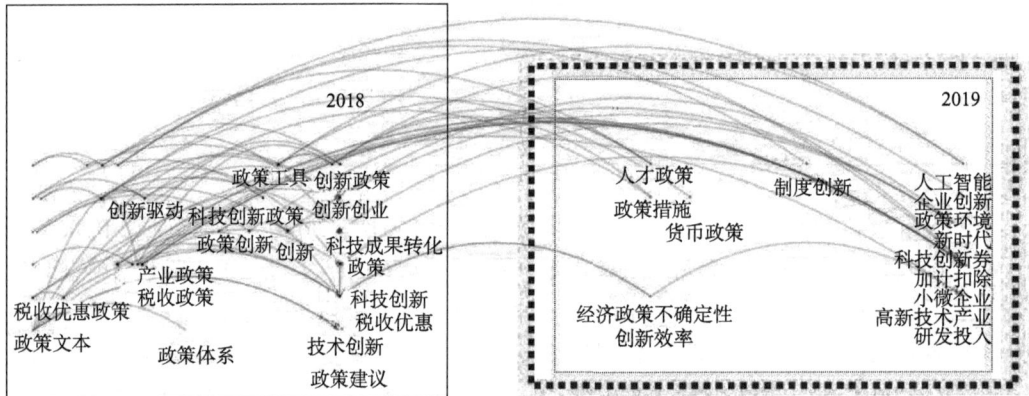

图 5.7　国内科技政策学术研究的关键词时区图谱

分析可知,当前的科技政策类学术研究正在由政策工具、创新创业、创新驱动、产业政策、税收政策、科技成果转化等主题,向人才政策、制度创新、创新效率、人工智能、科技创新券、高新技术产业等主题过渡和转变,这些新兴主题成为新时代中国科技政策研究的热点问题，并代表了未来一段时间内的研究趋势。

科技政策研究热点与前沿问题，在很大程度上受到国家政策和重大事件的引导和影响。例如，随着中国共产党第十九届中央委员会第四次全体会议的召开，如何发挥科技在坚持和完善中国特色社会主义制度、推进国家治理体系和治理能力现代化方面的功能和作用，将会是科技政策研究的一个重要议题。再如，随着各地"抢人大战"进入白热化阶段和以机构评估、人才评价、项目评审为代表的"三评"改革持续深入，各地如何求同存异，保持人才政策的异质性，又应推出何种"新政"以打出"组合拳"，为人才提供更优质的服务；人工智能将有何新的突破，技术如何在科技政策引导和规范中良性发展，科技政策又如何满足技术发展的需要，等等，这些问题将为未来提供广阔的研究空间。

第6章 科技政策专题研究

6.1 中国科技特派员政策扩散问题研究[①]

6.1.1 研究背景

1949 年新中国成立之初，我国就开始发布一号文件。20 世纪 70 年代，家庭联产承包责任制的雏形在小岗村出现。但是在当时僵化的体制和思想之下，人们对这一生产形势是否合乎社会主义的性质产生了疑问。为此，在经过多次会议讨论之后，中共中央在 1982 年颁布了中国历史上第一份关于农村工作的一号文件，即《全国农村工作会议纪要》。此后，1982 年至 1986 年的中央一号文件都以农业、农村、农民为主题，对农村改革和农业发展做出具体部署。18 年之后的 2003 年，《中共中央 国务院关于促进农民增加收入若干政策的意见》于 12 月 31 日正式发布，中央一号文件再次回归农业，一直到现在，中央一号文件已经和"三农"问题紧密联系在一起，成为每年中共中央发布的第一份，也是最重要的一份指导全国农村工作的文件。

从 2004 年的中央一号文件开始，农业科技政策已然成为解决"三农"问题的一个重要板块和措施。2013 年的中央一号文件提到"推进科技特派员农村科技创业行动"，这是科技特派员政策首次出现在中央一号文件中。事实上，从 1999 年福建省南平市党委和政府探索解决新时期"三农"问题，到 2002 年宁夏回族自治区印发全国首个地方文件开展科技特派员试点行动，科技特派员制度截至 2018 年底已经覆盖了 31 个省级行政单位。

2004 年 12 月 31 日科技部和人事部联合印发了《关于开展科技特派员基层创业行动试点工作的若干意见》，标志着"科技特派员制度"正式进入国家层面，成为一项全国性的农业科技政策。2009 年 5 月 31 日，科技部、人社部、农业部、教育部、中宣部、国家林业局、共青团中央、中国银监会联合印发《关于深入开展科技特派员农村科技创业行动的意见》（以下简称《农村科技创业行动》），再次强调了科技特派员制度的重要性。

[①] 本章节取自姚宏勃硕士学位论文《中国科技特派员政策扩散问题研究》研究成果，导师为杜宝贵教授。

2016 年国务院办公厅发布《关于深入推行科技特派员制度的若干意见》(以下简称《深入推行科特制度》),明确要求深入实施创新驱动发展战略,壮大科技特派员队伍,完善科技特派员制度,引导各类科技创新创业人才和单位整合科技、信息、资金、管理等现代生产要素,深入农村基层一线开展科技创业和服务,培育新型农业经营和服务主体,健全农业社会化科技服务体系,促进农村一二三产业深度融合。

6.1.2 研究设计

1. 数据收集与整理

本章以中央和地方政府网站中信息公开栏目包含的政策文本为数据来源,对其中公开在网上发布的政策文本进行收集,对于无法在政府网站上查询到的政策文本,则视为该政府并未发布这一政策文本。其中,中央一级的政府网站主要包括中共中央、国务院、全国人大、科技部、农业部、国家发展改革委、人社部、教育部等;地方层面的政府网站主要包括 31 个省(自治区、直辖市)政府网站及上述中央机关直属厅级部门的网站,对于地方政府政策文本的整理统一划归到某省级政府下进行统计分析,不将某省的具体厅级单位设为独立的分析单元。例如,将《河北省人民政府关于加快科技服务业发展的实施意见》和《河北省科学技术厅关于印发〈河北省农业科技十项重点工作〉的通知》这两个文件统一纳入对河北省整体政策文本的统计和分析中。

为了保证数据的相对完整性和针对性,本章在收集数据时遵循以下原则:一是收集的政策文本的时间跨度为 2000~2018 年,1998 年 12 月福建省南平市提出并发布了第一个科技特派员政策,但是 2000 年这一政策名词才首次出现在科技部的会议中,同时结合各级政府部门网站上可查询的政策文本的最早年份普遍为 2000 年,因此本章认为将 2000 年作为政策文本收集的开端年份是具有合理性的。此外,由于政府文件的保密性原则,其政策文本的实际颁布时间和公开时间是存在差异的,为保证时间上的精确性,本章主要参考政策的发文时间进行收集。二是收集的政策文本与科技特派员直接相关,因科技特派员制度是农业科技政策中的一类,关于科技特派员制度的政策内容可能作为发展农业科技的一种措施被写入政策文本中,因此为保证政策文本的相对完整性,在收集政策时既应该包括《深入推行科特制度》这类专门针对科技特派员制度的政策文件,也应该包括《科技部关于印发〈新农村建设科技示范(试点)实施方案〉的通知》这类在政策正文中提及"引导专业技术经济合作组织等农村科技中介服务机构的发展,示范推广科技特派员、农业专家大院等新型科技服务模式"的政策文本。三是在政策发文载体的选择上,不计入领导人讲话、批示、会议通知及奖项评选、人员选拔、项目申报等类型的政策。最终筛选出 2000~2018 年科技特派员制度相关政策文本 642 项。其中,中央层面文本 77 项,地方层面(省、自治区、直辖市)文本 565 项。

从图 6.1 可以看出,中央科技特派员政策的数量基本上呈现增长趋势。在 2000~2003 年仅有 2 项政策,且这 2 项政策的主题内容皆为通过科技特派员进行科学技术普及,与现在科技特派员服务"三农"、提供科技帮助、带领农民增收致富的角色定位有较大差异。

2004 年科技部和人事部联合颁布《关于开展科技特派员基层创业行动试点工作的若干意见》，标志着科技特派员制度正式进入国家层面。从 2004 年开始，中央层面每年都会出台与之相关的政策，平均每年颁布 5 项，并且在 2012 年和 2016 年 2 次达到峰值，本章认为这两次峰值的出现和"十二五"及"十三五"开局之年的影响不无关系。

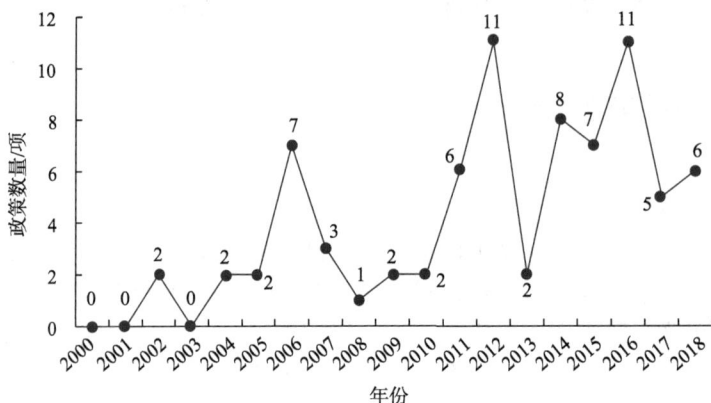

图 6.1　中央科技特派员政策文本数量

从图 6.2 可以看出，地方科技特派员政策数量的增长趋势在总体上和中央层面保持了一致。2000 年以来，地方科技特派员政策首次出现在 2002 年，这一点可以看作是对中央层面 2002 年出台的 2 项政策的回应。2002~2018 年，地方层面出台科技特派员政策年均 33.24 项。需要特别注意的是 2016~2017 年连续 2 年政策数量不低于 100 项，并在 2017 年达到峰值 107 项，这充分说明地方政策数量的变化受到了如"十三五"开局之年及 2016 年《深入推行科特制度》的发布等重大历史事件和政策的影响。

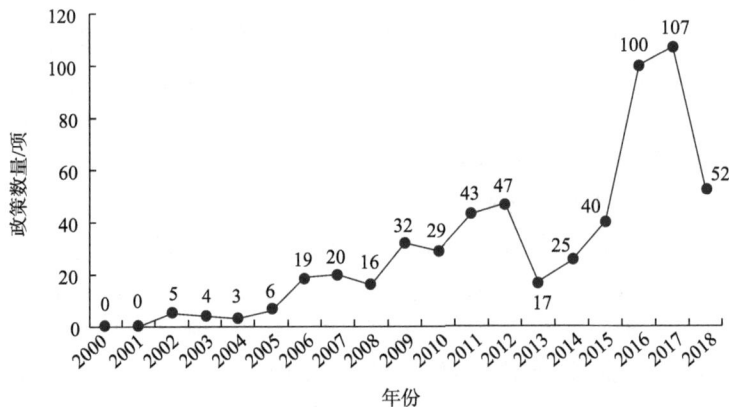

图 6.2　地方科技特派员政策文本数量

2009 年科技部、人社部、农业部、教育部、中宣部、国家林业局、共青团中央、中国银监会联合印发了《农村科技创业行动》，标志着国家开始在中央层面全面推广科技特派员制度。2016 年发布的《深入推行科特制度》，明确要求各级政府壮大科技特派员队伍，完善科技特派员制度。这两个政策具有标志性意义，因此，本章以 2009 年和 2016 年为时间节点，将科技特派员政策的扩散历程分为 2000~2008 年、2009~2015 年、2016~2018 年三个阶段，以此对科技特派员政策文本进行统计性描述。

分阶段对中央和地方层面的科技特派员政策数量进行初步的统计分析，从图 6.3 可以看出中央层面的政策虽然在第三阶段的绝对数量上有所下降，但需要指出的是第三阶段的统计年份只有 2016~2018 年 3 年。从年均数量来看，中央层面第一阶段年均 1.89 项政策，第二阶段年均 5.43 项，第三阶段年均 7.33 项，呈现逐阶段增长的趋势。

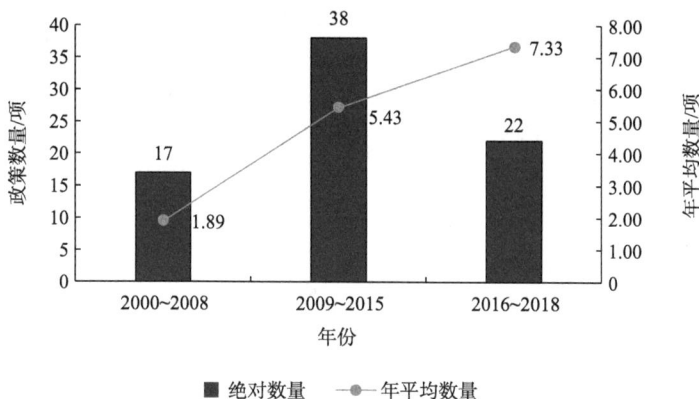

图 6.3　中央科技特派员政策分阶段数量统计

同样地，从图 6.4 可以看出地方层面政策数量的增长趋势与中央基本保持了一致，但不同的是地方层面在绝对数量和年平均数量上都呈现增长趋势，并且在第三阶段的数量不管是绝对值还是年平均值都是最高的，说明自 2016 年以来地方政府对科技特派员的重视相较以往有了明显的提高。

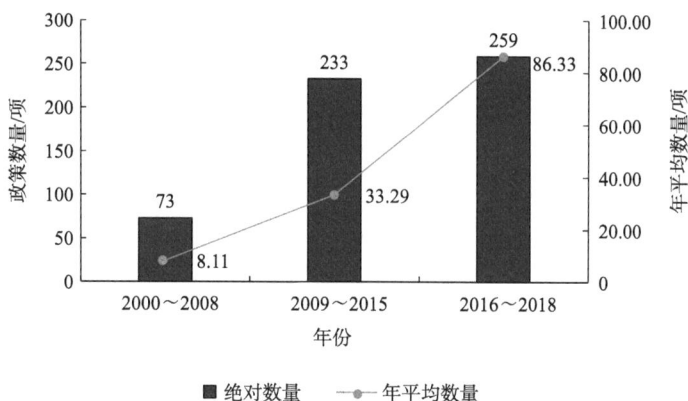

图 6.4　地方科技特派员政策分阶段数量统计

2. 研究方法

（1）政策文本的参照网络分析。文献参照网络也可以被称为文献引用网络，它是学术期刊、专利文献、学位论文等文献的引用和被引用关系的总称。例如，当我们在评价一篇学术论文的重要性或在该研究领域的成就时常常会用到影响因子这一指标，而一篇文献的影响因子就是由该论文被其他文献引用的次数统计得出的。随着信息化时代的到来，文献的数量呈几何式增长，对文献参照网络的研究在借鉴其他领域技术的同时也在不断深入和量化。这其中，对社会学中的社会网络分析法的借鉴是学者进行文献引用网络研究时常用到的方法。

社会网络分析法是在社会学家借鉴图论及数学方法的基础上发展而来的。社会网络分析又叫结构分析，是对社会网络的属性及其关系进行分析的方法。社会网络的组成要素主要包括：行为人，在网络中表示为节点；关系，在网络中表示为双向或单向的带箭头线段，网络中的关系既可以是工作中的职级关系，也可以是亲友之间的关系，且关系的强弱也可以表示在网络中，由此形成不同的社会网络。将社会网络分析法对应到文献引用网络分析中，行动者即是文献，关系的内容即为文献之间的引用和被引用关系。

政策文本之间的参照关系与文献引用相似，通过对大量阅读政策文本不难发现，许多政策文本在正文开头都会指明是根据某一项政策而制定的。这一形式在地方性政策文本中尤为常见。例如，《安徽省人民政府办公厅关于推进农村一二三产业融合发展的实施意见》在开头这样写道："为贯彻落实《国务院办公厅关于推进农村一二三产业融合发展的指导意见》（国办发〔2015〕93 号），加快推进我省农村一二三产业（以下简称农村产业）融合发展，经省政府同意，提出如下实施意见"。这样的参照关系通常包括中央—中央、中央—地方两种。因此，本章在对政策文本的参照网络进行分析时借鉴了文献引用网络分析中的社会网络分析方法。上述政策文本中，安徽省人民政府对国务院政策的参照，即可看作是政策文本之间的参照关系，安徽省人民政府的发文是参照政策，国务院的政策文本是被参照政策。

通过逐条阅读、筛选和对比，本章共从 642 项有关科技特派员制度的政策文本中筛选出 739 对参照关系[①]，利用 Node XL（network overview，discovery and exploration for Excel）软件构建这些政策文本的可视化参照网络，并计算参照网络中各项政策文本的参照频次、被参照频次、程度中心性等。

Node XL 软件是适用于 Excel 的插件，其主要功能是社会网络的可视化分析，包含的主要元素有节点、节点大小、节点间的箭头及箭头方向。本章以政策文本代表节点，以某一政策文本的被参照次数代表节点大小，以政策间的参照关系代表节点间的箭头，箭头方向由被参照政策指向参照政策，由此可以直观地看出某一被参照政策的扩散情况。

在完成对政策文本参照网络的构建后，对属于同一机构的政策文本进行合并，同一机构的政策合并为 1 个节点，统一以该机构代表，如对甘肃省发布的《甘肃省人民政府办公厅关于印发甘肃省加快科技服务业发展实施方案的通知》和《甘肃省科技厅关于印发〈关于开展科技特派员服务"双联"工作的意见〉的通知》进行合并，将其统一合并到"甘肃省"这一机构，在此基础上构建政策颁布机构的参照网络，以颁布机构为节点，节点间的箭头依据政策文本的参照网络进行累加合并，同一机构颁布的政策文本被参照次数累加即为该机构被参照次数，节点的大小即表示被参照次数的多少。对颁布机构进

---

① 因一份政策文本可能存在对多个上级政策的参考，因此参照关系的对数要多于政策样本集的数量。

行参照网络分析不仅能够反映出机构间的政策扩散过程，同时通过观察和分析节点大小及其在参照网络中的位置可以反映出颁布机构在科技特派员政策扩散网络中的重要性。

（2）时间序列分析。我国学者王浦劬和赖先进将我国公共政策扩散的模式分为自上而下、自下而上、同层级的扩散及同层级间的政策跟进四种扩散模式。通过政策文本和机构的参照网络能够分析出中央机构彼此之间及中央机构向地方机构的政策扩散过程与特点，但无法对地方机构之间及地方向中央的政策扩散过程进行分析。因此，结合科技特派员制度最早起源于福建南平这一事实，本章在科技特派员制度的扩散研究中还将引入时间序列分析法。

时间序列分析法是以分析时间序列的发展过程、方向和趋势，预测将来时域可能达到的目标的方法。本章将以"科技特派员"为关键词，通过筛选整理将中央和地方政策文本按照"科技特派员"首次出现的顺序进行排列，形成关键词时间序列图谱，进而分析科技特派员制度在地方政府之间以及地方向中央扩散的特点和过程。

3. 研究维度和测量指标

在社会网络分析中通常使用两类指标对行为人的基本关系进行测量。一类是中心度，其含义是无论行为人是社会关系的接受者还是发起者，当他的知名度较高时，其在多种社会关系中都有着较高的参与程度。广泛使用的中心度测量指标有程度中心度、亲密中心度、中间中心度。程度中心度主要测量行为人在关系网络中与其他行为人相联系的程度。对于一个拥有 G 个行为人的关系网络，其中一个行为人 p 的程度中心度是 p 与其他 G–1 个行为人的直接联系总数。用公式表示如下：

$$C_D(N_p)=\sum_{q=1}^{G} X_{pq}(p \neq q) \tag{6.1}$$

其中，$C_D(N_p)$ 表示节点 p 的程度中心度；$\sum_{q=1}^{G} X_{pq}$ 用于计算节点 p 与其他 G–1 个 q 节点之间的直接联系的数量。如此测量得到的程度中心度，不仅能够反映每一个节点与其他节点的相关性，而且随着关系网络规模的扩大，其程度中心度的最大值也就越大。为了降低网络规模对程度中心度的影响，社会学家沃瑟曼与浮士德提出了标准化程度中心度的概念。这一指标的测量主要是使用行为人 p 的程度中心度除以网络中的最大连接数，得到的比例的值分布在 0 到 1.0 之间，0 表示行为人与网络中的其他任何人都没有关系，1.0 则表示行为人与网络中的每个人都存在关系。标准化的行为人程度中心度主要测量行为人在网络中的参与程度，数值越高、行为人在网络中越显眼，他在网络中的参与程度越高、在网络中越重要。

另一类是密度，它表示自我中心网络中 N 个客体之间相互联络的程度。如果这些客体之间是无方向性的有无关系，即客体之间有关系或不存在关系，那么关系密度（M）就可以表示为某一客体与其他客体间的对偶关系数（用 G 表示）除以该网络中这种对偶关系的极大可能数：

$$M = \frac{G}{C_N^2} \tag{6.2}$$

本章将每个政策文本视为一个行为人，借鉴社会网络分析中对行为人中心度和密度的测量维度及指标，将对行为人程度中心度及标准化程度中心度的测量视为对政策文本扩散强度的测量，将对行为人密度的测量视为对政策文本扩散广度的测量，并结合前人对政策文本扩散的研究维度，主要从扩散强度、扩散广度、扩散速度、扩散方向四个角度对科技特派员制度的扩散过程和特点进行研究。本章的分析维度、测量方法和指标等如表 6.1 所示。

表 6.1　政策扩散研究维度及测量指标

分析维度	分析重点	测量（描绘）指标	测量指标
扩散强度	扩散的路径频次，次数越多，强度越大	绝对强度	N_x
		相对强度	N_x / S_{xz}
扩散广度	扩散的覆盖范围，范围越大，广度越大	绝对广度	N_y
		相对广度	N_y / S_{yz}
扩散速度	到达目标的速度，时间越短，速度越快	强度速度	N_x / Y
		广度速度	N_y / Y
扩散方向	扩散的方向性，不同层级背部及之间的扩散方向	从上而下	参照网络图谱 关键词时序图谱
		从下而上	
		平行扩散	

政策扩散强度是从频次的角度对扩散过程进行分析，是政策在一定年份内的扩散频次，即某一项政策在 Y 年内被参照的次数，被参照的次数越多，频次越大，则扩散强度越强。本章对扩散强度的分析主要从绝对强度和相对强度两方面展开。绝对强度即为某一政策文本在整体的参照网络中被参照次数的总和 N_x，相对强度则为绝对强度 N_x 与参照网络中所有参照关系总数 S_{xz} 的比率，在本章中 S_{xz} 表示科技特派员政策文本参照网络中存在的 739 对参照关系。

政策扩散广度是从政策颁布机构的角度对政策扩散过程进行研究，旨在分析某一个单一政策在政策扩散中的重要性和影响力。引用某一政策的机构数量越多，说明该政策的覆盖范围越广，则其广度越广。对政策扩散广度的研究也分为绝对广度和相对广度。绝对广度为参照某一政策颁布新政策的机构数量 N_y，相对广度则是绝对广度 N_y 与整个政策参照网络中涉及机构总数 S_{yz} 的比率。

政策扩散速度旨在分析单一政策的扩散速度，政策在扩散中所用的时间越短，速度越快。对政策扩散速度的研究主要从强度速度和广度速度两方面展开。分析强度速度是为了描述某一政策在指定路径的纵向传播速度，对广度速度的分析则是为了描述某一政策在机构之间的横向扩散速度。因此，强度速度为绝对强度 N_x 与政策已经颁布实施的年数 Y 的比率，广度速度则为绝对广度 N_y 与政策已经颁布实施的年数 Y 的比率。

政策扩散方向旨在分析政策的传播路径。就本章而言，旨在梳理科技特派员政策的扩散路径。根据王浦劬学者和赖先进学者的研究，政策在中央和地方之间的扩散可分为自上而下、自下而上、同一层级的平行扩散三种方向。因此，本章希望能够结合政策参照网络中箭头的方向及对"科技特派员"这一关键词的时间序列分析，对科技特派员政策在中央和地方之间的扩散路径进行深入和细致的描述与分析，梳理出科技特派员政策的时间序列关系。

6.1.3　实证分析

1. 政策扩散强度

将 739 对参照关系输入 Node XL 软件以构建政策文本的参照网络，得到如图 6.5 所示的参照网络图。

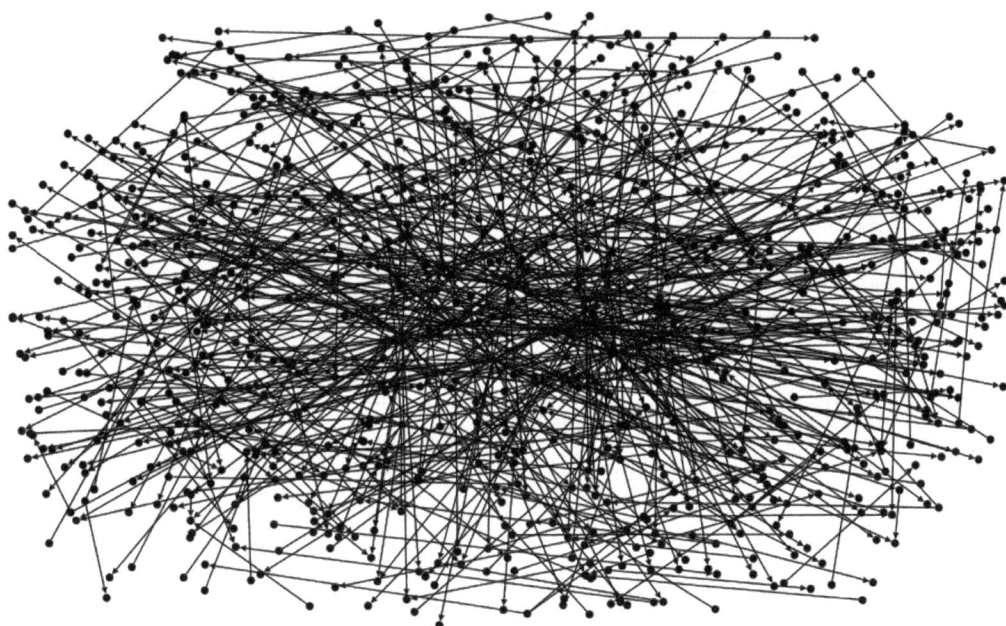

图 6.5　科技特派员政策文本参照网络

在得到政策文本参照网络的基础上，对科技特派员制度相关政策文本的样本集进行扩散强度分析。通过构建样本集的政策文本参照网络，利用 Node XL 求得每件政策的被参照次数即可知道每件政策的绝对强度 N_x。如前所述，本章通过梳理、阅读共整理出 739 对参照关系，因此总的参照对数 S_{xz} 为 739，相对强度即为 N_x / S_{xz}。绝对强度前 30（Top 30）的政策如表 6.2 所示。

表 6.2　科技特派员政策扩散强度 Top 30

排名	政策名称	发布机构	发布年份	绝对强度	相对强度
1	《深入推行科特制度》	国务院办公厅	2016	33	0.0447
2	《农村科技创业行动》	科技部	2009	32	0.0433
3	《国务院关于印发全民科学素质行动计划纲要（2006—2010—2020 年）的通知》	国务院	2006	31	0.0419

排名	政策名称	发布机构	发布年份	绝对强度	相对强度
4	《国家中长期科学和技术发展规划纲要（2006—2020年）》	国务院	2006	29	0.0392
5	《国务院办公厅关于印发全民科学素质行动计划纲要实施方案（2016—2020年）的通知》	国务院办公厅	2016	25	0.0338
6	《中共中央 国务院关于加快推进农业科技创新持续增强农产品供给保障能力的若干意见》	中共中央	2012	18	0.0244
7	《中共中央 国务院关于打赢脱贫攻坚战的决定》	中共中央	2015	16	0.0217
8	《国务院办公厅关于支持返乡下乡人员创业创新促进农村一二三产业融合发展的意见》	国务院办公厅	2016	15	0.0203
9	《中华人民共和国科学技术普及法》	全国人大	2002	14	0.0189
10	《中共中央 国务院印发〈国家创新驱动发展战略纲要〉》	中共中央	2016	14	0.0189
11	《国务院办公厅关于县域创新驱动发展的若干意见》	国务院办公厅	2017	14	0.0189
12	《国务院办公厅关于支持农民工等人员返乡创业的意见》	国务院办公厅	2015	13	0.0176
13	《国务院办公厅关于推进农村一二三产业融合发展的指导意见》	国务院办公厅	2015	12	0.0162
14	《国家中长期人才发展规划纲要（2010—2020年）》	中共中央	2010	12	0.0162
15	《国务院办公厅关于印发促进科技成果转移转化行动方案的通知》	国务院办公厅	2016	12	0.0162
16	《"十三五"国家科技创新规划》	国务院	2016	10	0.0135
17	《中共中央 国务院关于实施乡村振兴战略的意见》	中共中央	2018	10	0.0135
18	《国务院办公厅关于印发全民科学素质行动计划纲要实施方案（2011—2015年）的通知》	国务院办公厅	2011	10	0.0135
19	《国务院办公厅关于加快转变农业发展方式的意见》	国务院办公厅	2015	9	0.0122
20	《科技部等关于动员广大科技人员服务企业的意见》	科技部	2009	9	0.0122
21	《国务院关于发挥科技支撑作用促进经济平稳较快发展的意见》	国务院	2009	7	0.0095
22	《国务院关于印发国家技术转移体系建设方案的通知》	国务院	2017	7	0.0095
23	《中共中央 国务院关于深入推进农业供给侧结构性改革加快培育农业农村发展新动能的若干意见》	中共中央	2017	7	0.0095
24	《中华人民共和国促进科技成果转化法》	全国人大	2015	7	0.0095
25	《国务院办公厅关于完善支持政策促进农民持续增收的若干意见》	国务院办公厅	2016	7	0.0095
26	《中共中央 国务院关于印发中国农村扶贫开发纲要（2011—2020年）》	中共中央	2011	7	0.0095

续表

排名	政策名称	发布机构	发布年份	绝对强度	相对强度
27	《国务院关于印发实施国家中长期科学和技术发展规划纲要（2006—2020 年）若干配套政策的通知》	国务院	2006	6	0.0081
28	《国务院办公厅转发科技部等部门关于推进县（市）科技进步意见的通知》	国务院办公厅	2006	6	0.0081
29	《中共中央 国务院关于深化体制机制改革加快实施创新驱动发展战略的若干意见》	中共中央	2015	6	0.0081
30	《中共中央 国务院关于全面深化农村改革加快推进农业现代化的若干意见》	中共中央	2014	5	0.0068

注：当存在多个发文机构时，以第一发文机构为其实际发文机构进行统计

在科技特派员制度的政策文本参照网络中，被参照频次最多即绝对强度最强的三个政策分别是《深入推行科特制度》、《农村科技创业行动》及《国务院关于印发全民科学素质行动计划纲要（2006—2010—2020 年）的通知》（以下简称《科学素质行动纲要 2006—2020》）。从中可以看出，作为建设和发展科技特派员制度的专门性文件《深入推行科特制度》和《农村科技创业行动》有着最多的被参照频次，占到了扩散强度前30 名政策的 16.13%。这充分说明《深入推行科特制度》和《农村科技创业行动》政策在科技特派员制度相关的政策体系中的重要性，同时也说明中央和地方机构对这两份政策的执行力度是所有科技特派员政策中最强的。

在扩散强度最强的三个政策中还有一个是《科学素质行动纲要 2006—2020》，本章认为该政策扩散频次之所以能够达到 31，一方面是因为其规划的时间跨度较长，为2006~2020 年，是一个典型的长期类政策，因此中央和地方机构在制定相应的中期或短期政策时必然会以该政策为参考。另一方面，国家对科技特派员最早的功能定位之一就是科学素质普及，这从科技部联合其他部门在 2002 年发布的《关于认真贯彻党的十六大精神深入扎实开展文化科技卫生"三下乡"活动的通知》中可以窥探一二，从《科学素质行动纲要 2006—2020》位于前三的高扩散频次中也可以看出，科学技术普及无论是在过去还是现在仍然是科技特派员的主要工作内容之一。

值得注意的是，扩散强度第 9 名的《中华人民共和国科学技术普及法》的绝对扩散频次达到了 14，说明有 14 个地方政府机构在制定本地区的"科普条例"时将科技特派员作为了科学技术普及的工具之一。

从颁布机构的角度对 Top 30 政策文本的强度进行分析，如图 6.6 所示，在 Top 30 的政策文本中，国务院及其办公厅牵头发布的政策为 17 项，占比 56.67%，中共中央次之，共 9 项占比 30.00%，科技部和全国人大都是 2 项，占比均为 6.67%。从颁布机构中可以看出，国务院作为国家行政机关中级别最高的机构，具有最高的扩散强度。同时，作为我国的执政党，中共中央发布的文件的扩散强度仅次于国务院及其办公厅，这充分说明党和国家领导机关在宏观层面上对科技特派员制度的重视。

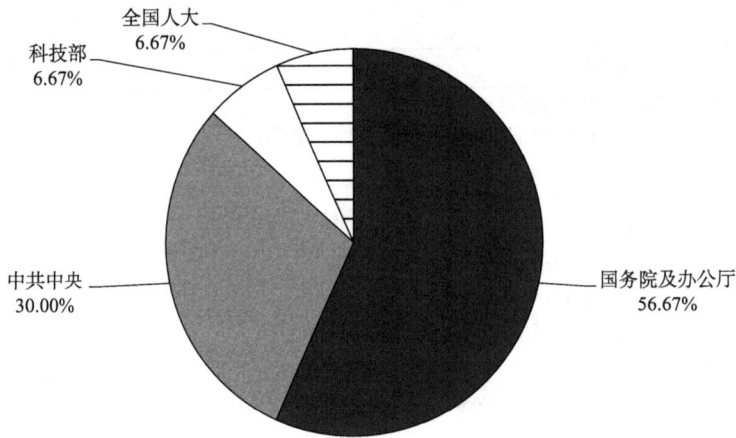

图 6.6 Top 30 扩散强度的发文机构

从政策载体的角度对 Top 30 政策文本的强度进行分析,如图 6.7 所示。意见类政策的主题内容可以归纳为"加快农业发展,推动农村科技创新",这些政策具有宏观性的指导意义,因此其扩散的强度最高。同样地,规划类政策普遍为中长期的科学素质规划或人才、扶贫类规划,这些规划大多是国家 5 年或以上的纲领性文件,其他各部门或地方政府为了完成规划中的任务要求,通过出台各种专项科技政策、科技计划来落实规划中提出的任务要求。带有宏观性和指导意义的意见类政策与规划类政策具有最高点的扩散强度也说明了从中央到地方形成了广泛的任务实施机制。

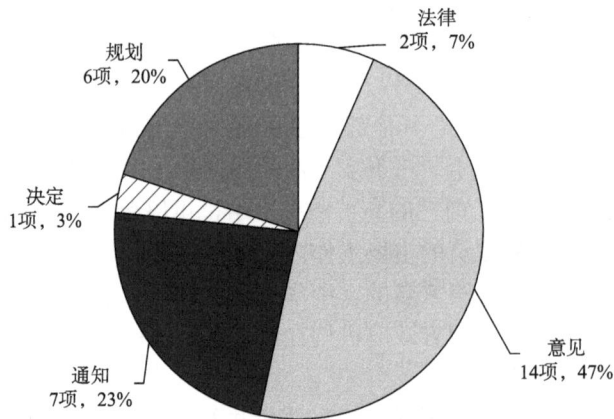

图 6.7 Top 30 扩散强度的发文类型

利用 Top 30 的科技特派员政策文本构建散点图(图 6.8),对这 30 项政策文本的时间顺序进行排列,可以分析出这些政策在扩散强度上的时序性聚集分布特征。通过散点图可以看出,我国科技特派员政策中扩散频次最多即扩散强度最高的 30 项政策大部分集中在 2009~2016 年,这其中又以 2016 年前后一年之间即 2015~2017 年的政策最多。这说明从 2009 年开始科技特派员政策正式进入全国性强制扩散阶段,开始进入大面积的政策扩散时期,并在 2016 年达到科技特派员政策扩散的最高峰时期,这一年也是绝对强度最强的政策出台年份，这充分说明 2016 年作为第十三个五年规划及国家科技创新规划的开局之年，在创新驱动发展、促进农村三次产业融合发展及脱贫攻坚中的重要地位。此外，在 2006 年还存在着两项相对强度较高的政策，即《科学素质行动纲要 2006—2020》和《国家中长期科学和技术发展规划纲要（2006—2020 年）》，这两项政策都是规划类的中长期政策，为我国相当长一段时间内科学技术普及和科技发展方面制定了发展目标。这两项政策在整个科技特派员制度的政策体系中具有高扩散强度也说明科技特派员制度已经融入了我国科技发展的整体性战略中，成为促进我国农业领域科技发展的重要工具之一。

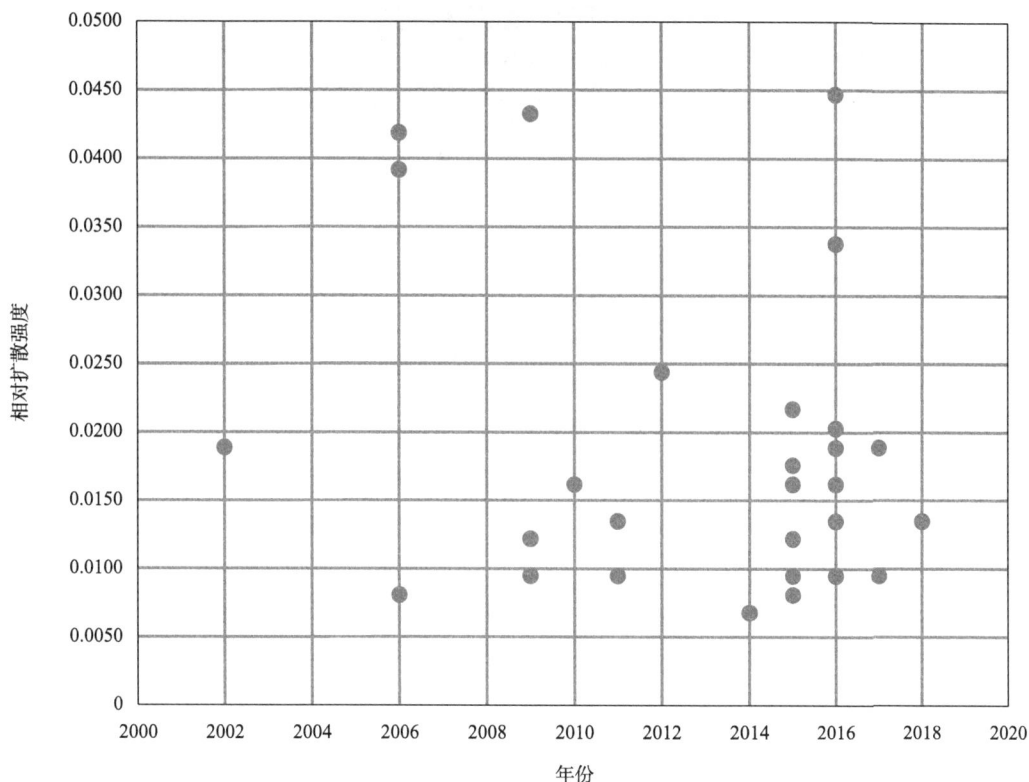

图 6.8　Top 30 政策文本相对强度

2. 政策扩散广度

在构建政策文本参照网络的基础上，将同属于一个政策参照机构发布的政策进行"合并重复边"，并将合并后的边记录为 1，以构建政策发布机构参照网络（图 6.9）。例如，将参照《深入推行科特制度》发布的《新疆生产建设兵团贯彻〈国务院办公厅关于深入推行科技特派员制度的若干意见〉的实施意见的通知》和《关于印发新疆生产建设兵团星创天地管理暂行办法的通知》统一合并到"新疆"这一个政策发布机构中，并记录为 1，视为"参照《深入推行科特制度》政策的机构数量为 1"。

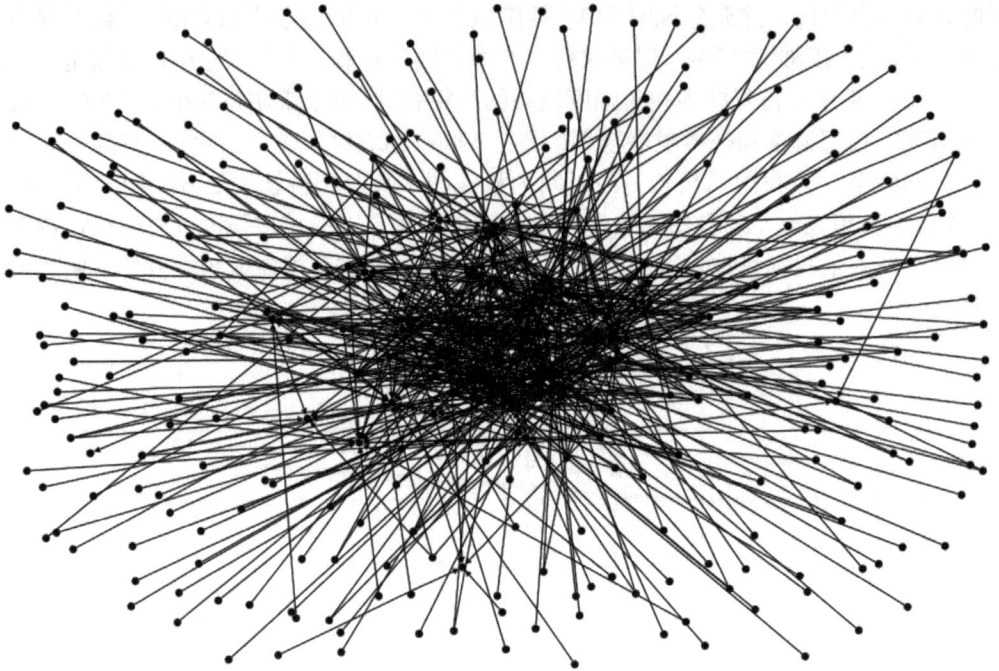

图 6.9　政策发布机构参照网络

对科技特派员相关政策样本集扩散广度的分析主要从绝对广度和相对广度两方面展开，描述政策的覆盖范围。绝对广度 N_y 即为参照某一政策的机构数量之和，每个政策的绝对广度可以从政策发布机构的参照网络中计算求得。在科技特派员政策发布机构参照网络中共有中共中央、全国人大、国务院及其直属组成部门等 29 个[①]中央机构及 31 个省（自治区、直辖市）等地方机构，对中央和地方的政策发布机构进行求和可以得到机构数量总和 S_{yz}，共 60 个。通过计算 N_y / S_{yz} 即可求得每件政策的相对广度，如表 6.3 所示。

表 6.3　科技特派员政策扩散广度（绝对广度＞10）

排序	政策名称	绝对广度	相对广度	发布机构
1	《深入推行科特制度》	24	0.4000	国务院办公厅
2	《国务院办公厅关于印发全民科学素质行动计划纲要实施方案（2016—2020 年）的通知》	22	0.3667	国务院办公厅
3	《科学素质行动纲要 2006—2020》	20	0.3333	国务院
4	《农村科技创业行动》	19	0.3167	科技部
5	《国家中长期科学和技术发展规划纲要（2006—2020 年）》	15	0.2500	国务院

① 数据来源于中华人民共和国中央人民政府网站（www.gov.cn）。

续表

排序	政策名称	绝对广度	相对广度	发布机构
6	《国务院办公厅关于支持返乡下乡人员创业创新促进农村一二三产业融合发展的意见》	14	0.2333	国务院办公厅
7	《国务院办公厅关于县域创新驱动发展的若干意见》	13	0.2167	国务院办公厅
8	《国务院办公厅关于支持农民工等人员返乡创业的意见》	13	0.2167	国务院办公厅
9	《中共中央 国务院关于加快推进农业科技创新持续增强农产品供给保障能力的若干意见》	13	0.2167	中共中央
10	《国务院办公厅关于推进农村一二三产业融合发展的指导意见》	12	0.2000	国务院办公厅
11	《中共中央 国务院印发〈国家创新驱动发展战略纲要〉》	12	0.2000	中共中央
12	《国务院办公厅关于印发促进科技成果转移转化行动方案的通知》	11	0.1833	国务院办公厅
13	《国务院办公厅关于印发全民科学素质行动计划纲要实施方案（2011—2015 年）的通知》	10	0.1667	国务院办公厅
14	《中共中央 国务院关于打赢脱贫攻坚战的决定》	10	0.1667	中共中央
15	《中共中央 国务院关于实施乡村振兴战略的意见》	10	0.1667	中共中央

　　绝对广度大于 10 的政策如表 6.3 所示，其中《深入推行科特制度》和《国务院办公厅关于印发全民科学素质行动计划纲要实施方案（2016—2020 年）的通知》（以下简称《科学素质行动计划 2016—2020》）具有最高的扩散广度，即这两个政策的覆盖范围最广。《深入推行科特制度》的绝对广度为 24，相对广度为 0.4000，只在地方的 24 个机构中进行了扩散，并未在中央机构之间进行扩散。《科学素质行动计划 2016—2020》的绝对广度为 22，相对广度为 0.3667，同样只在 22 个地方机构中进行了扩散。如表 6.3 所示，并未有绝对广度大于 31 的政策，说明科技特派员相关的政策无论在中央层面还是地方层面都未得到充分扩散。从发布机构的角度看，绝对广度大于 10 的政策的发布机构以国务院及其办公厅和中共中央为主，其中国务院及其办公厅牵头发布的有 10 项政策，中共中央牵头发布的有 4 项政策。由此可以分析出，在科技特派员相关政策的扩散中，国务院和中共中央的政策得到了相对充分的扩散，但其他如科技部、农业部等部门的政策并未得到充分的扩散。

　　虽然《深入推行科特制度》和《科学素质行动计划 2016—2020》是所有政策中扩散广度最高的两项政策，但因其发布年份为 2016 年，距离本章政策统计的截止时间只有 2 年，无法对其扩散时间进行长期测量。因此，本章以《科学素质行动纲要 2006—2020》和《农村科技创业行动》两项政策为例，测算其广度，在此基础上构建这两项政策的历年扩散广度折线图和扩散广度增量面积图，以分析其特征，如图 6.10 所示。

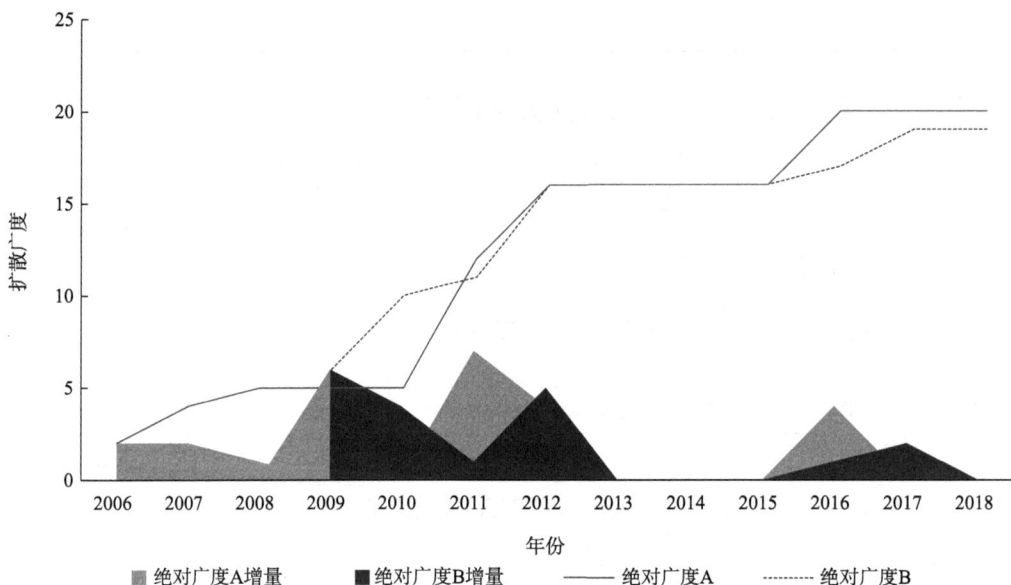

图 6.10　政策扩散广度及其增量面积

A 为《科学素质行动纲要 2006—2020》；B 为《农村科技创业行动》

从图 6.10 的折线图部分可以看到，《科学素质行动纲要 2006—2020》从 2006 年发布以来其扩散的广度呈缓慢式的增长，并在 2010~2012 年迎来了第一个快速增长期，之后 2013~2014 年该政策的扩散广度并未出现增长，直到 2016 年其扩散广度再次出现增长。从面积增量图可以看出，《科学素质行动纲要 2006—2020》的面积要大于《农村科技创业行动》，也就是说其扩散的覆盖范围要更大。《科学素质行动纲要 2006—2020》在 2009 年、2011 年及 2016 年出现三次增量的峰值，这一增量规律基本与其绝对广度折线图的趋势一致。通过阅读、整理文献发现，《科学素质行动纲要 2006—2020》发布于 2006 年，它是对 2006~2020 年全民科学素质的整体性规划，但在政策发布的最初 5 年内其扩散范围的增长十分有限，2011 年和 2016 年两次短期的快速增长是因为各地方机构出台的 2011~2015 年和 2016~2020 年全民科学素质规划对该政策进行了参照，导致其在 2011 年和 2016 年两次扩散范围的扩大。同时，《科学素质行动纲要 2006—2020》在 2013~2015 年出现了扩散的停滞。总结以上特征可以发现，规划类政策在短期内会获得扩散广度上的较快增长，这一现象尤其会发生在国家新的"五年规划"的开局之年，但之后会进入缓慢增长时期。

《农村科技创业行动》发布于 2009 年，从图 6.10 的折线图部分可以看出在发布之后到 2012 年其政策扩散的绝对广度呈现了较快的增长，之后在 2013~2015 年出现了政策扩散广度的停滞增长，再之后于 2016 年和 2017 年再次出现了短暂的缓慢增长。《农村科技创业行动》的绝对广度的趋势与《科学素质行动纲要 2006—2020》基本一致，呈阶梯式增长。从面积图可以看出，《农村科技创业行动》在最初的 1 年扩散广度的增量有着较快速度的增长，之后趋于缓和，并在 2012 年再次出现增量的快速增长，2012 年之后该政策的扩散范围不再增加，直到 2016 年和 2017 年出现了缓慢的增长。通过分析该政策的绝对广度折线图和增量面积图可以发现：《农村科技创业行动》在发布之初的 4 年里其覆盖范围在较为明显增长，之后随着政策的时效性和影响力的下降，其扩散范围出现停滞。2016 年《深入推行科特制度》出台，个别地方机构在出台本地区的相应政策时对《农村科技创业行动》进行了参考，但其扩散范围的增长是十分有限的。通过对该政策扩散广度特征的分析可以看到，普通的短期政策出台之后会在短暂时间内得到迅速扩散，但之后随着政策时效性、影响力的下降，以及与其类似的替代性政策的出台，其扩散的范围的增长速度会下降并最终停止向其他机构扩散。

3. 政策扩散速度

政策的扩散速度是指政策在一定年限内在扩散强度和扩散广度上的速度。科技特派员相关政策的强度速度是指某一科技特派员政策在一定年限内指定方向上扩散频次的速度。科技特派员政策的广度速度是指某一政策一定年限内在机构之间扩散的速度。在获得了绝对强度 N_x 和绝对广度 N_y 的基础上，分别计算 N_x 和 N_y 与政策已发布的年数 Y 的比值，就可以求得政策的强度速度和广度速度，并分析其特征。本章以《科学素质行动纲要 2006—2020》和《农村科技创业行动》为例，计算其扩散速度并分析其特征。《科学素质行动纲要 2006—2020》的绝对强度为 31，绝对广度为 20，截至 2018 年已经发布实施 13 年，其强度速度为 2.38，广度速度为 1.54；《农村科技创业行动》的绝对强度为 32，绝对广度为 19，截至 2018 年已经发布实施 10 年，其强度速度为 3.20，广度速度为 1.90。

如图 6.11 所示，《农村科技创业行动》无论是在强度速度还是广度速度上都要高于《科学素质行动纲要 2006—2020》。从强度速度来看，《农村科技创业行动》在政策刚发布的 2 年内保持了比较快的扩散速度，说明在政策刚发布时各机构在制定科技特派员相关政策时较多参考、借鉴了该政策，可能存在一个机构在多项政策文件中引用该政策的情况。但从 2011 年开始，《农村科技创业行动》的扩散速度开始下降且下降速度明显变快，到 2015 年速度开始趋于缓和。从广度速度来看，除 2012 年有小幅度的上升外，《农村科技创业行动》在各机构间的扩散速度一直处于下降的趋势。《科学素质行动纲要 2006—2020》无论是广度速度还是强度速度，整体上保持着比较平稳的变化趋势，这与该政策的长期性有着一定关系。从图 6.11 可以看出，《科学素质行动纲要 2006—2020》的广度速度和强度速度在 2011 年和 2016 年都出现了上升—下降的变化趋势。

4. 政策扩散方向

对科技特派员政策的扩散方向进行分析是为了厘清科技特派员政策在中央和地方的时间顺序，梳理出科技特派员政策从形成到扩散的历史轨迹，从而判断出科技特派员政策在扩散方向上的特征。

前文对科技特派员政策的分析能够反映出科技特派员政策从中央到地方的扩散情况，但无法判断科技特派员政策在中央与地方之间及地方与地方之间的流动方向。因此，需要运用时间序列法对其进行检验和补充分析。科技特派员政策作为促进农业科技发展

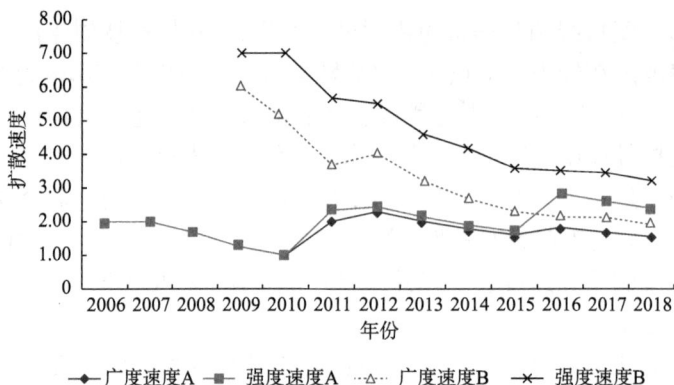

图 6.11　政策强度速度与广度速度的对比

A 为《科学素质行动纲要 2006—2020》；B 为《农村科技创业行动》

的工具之一，常常出现在各类和农业科技有关的政策中。因此，本章将"科技特派员"一词设置为关键词，对 2000~2018 年科技特派员政策样本集中的发文机构进行整理，将"科技特派员"这一关键词按首次在各机构中出现的年份进行排序，结合福建省南平市在 1998 年发布了第一份科技特派员相关政策这一事实，形成关键词的时间序列图（图 6.12），在此基础上分析科技特派员制度在各机构间的扩散方向。

1998 年南平市发布了我国历史上第一个科技特派员政策《南平市科技特派员下村服务实施方案》，科技特派员政策的扩散由此正式开始。2002 年开始，南平市首创的科技特派员制度开始向宁夏、青海扩散，即图 6.12 中 2002 年所对应的 2 点，宁夏回族自治区在 2002 年 6 月 7 日出台了《关于同意科技特派员制度试点方案的通知》，青海省则在 9 月 3 日出台了《青海省科学技术厅关于开展科技特派员下村服务试点工作的通知》。2002年末，"科技特派员"首次出现在科技部联合其他部门出台的《关于认真贯彻党的十六大精神深入扎实开展文化科技卫生"三下乡"活动的通知》中，文件提出要"开展西部农村科技特派员、科技扶贫青年志愿者、科普志愿者、星火农村信息化、西部农村科普信息化示范等工作试点"。2004 年科技部和人事部正式出台《关于开展科技特派员基层创业行动试点工作的若干意见》，鼓励全国各地区根据本地区情况开展科技特派员制度试点。甘肃、天津、河北、黑龙江、内蒙古等省（自治区、直辖市）纷纷出台了本地区的科技特派员制度试点政策文件，科技特派员政策开始在地方机构间扩散。在中央层面，2002 年科技部联合其他部门发文开始，科技特派员就开始了在中央层面的扩散，先后扩散到国务院、中共中央、教育部等部门，但科技特派员在中央层面的平行扩散较慢且覆盖的部门较少，如图 6.12 所示，科技特派员制度 2016 年才首次出现在国家发展改革委的文件中。

通过对科技特派员在机构间扩散的特征进行分析，可以梳理出科技特派员政策在纵向和横向上的扩散方向。从横向来看，科技特派员政策同时存在着中央机构间的平行扩散和地方机构间的平行扩散；从纵向来看，科技特派员政策是自下而上和自上而下相结合的扩散模式。

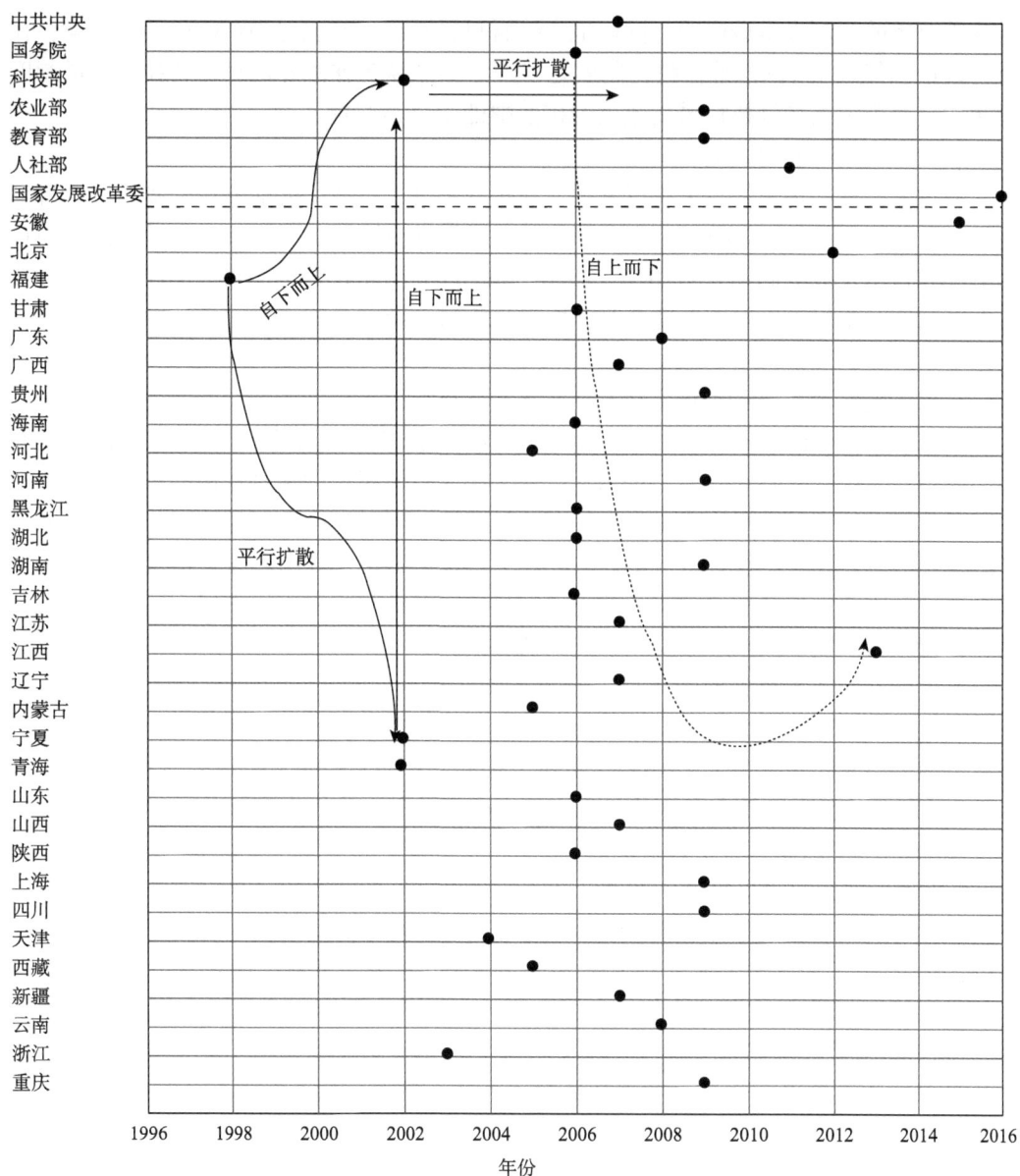

图 6.12　"科技特派员"在发文机构间的扩散方向

6.1.4　科技特派员政策扩散的特征

1. 专门性政策在扩散体系中处于核心位置

专门性政策是指政策全文以科技特派员相关的内容为主题，专门针对科技特派员制度发布的政策文件。通过前文的分析可以看到，《深入推行科特制度》在科技特派员制度的政策样本集中有着最高的扩散强度和扩散广度，也就是说该政策不仅扩散的频次最高，其政策覆盖的范围也是最广的。同样地,《农村科技创业行动》具有 32 的绝对强度,在所有政策中仅次于《深入推行科特制度》。因此,本章认为作为专门针对科技特派员制度发布的这两个政策在科技特派员政策的扩散中处于核心位置。

2. 短期政策与长期政策相结合

通过分析样本集中的政策可以发现,在扩散强度、扩散广度前五位的政策中既有专门针对科技特派员的短期政策,也有如《科学素质行动计划 2016—2020》及《国家中长期科学和技术发展规划纲要(2006—2020 年)》这类长期政策,证明各机构在落实科技特派员制度时不仅注重发布短期政策,同时也将科技特派员制度融入各地中长期科技发展中。

3. 国务院及中共中央在政策扩散中居于主导地位

无论是扩散强度 Top30 的政策还是绝对广度大于 10 的政策中,中共中央和国务院发布的政策在其中都有着 90%左右的占比。作为国家行政机关中级别最高的机构,国务院发布的政策在国家行政机构中也具有最高的权威性。同时,作为领导国家的政党,中共中央发布的政策文件不仅具有权威性,它也为其他国家机关发布政策提供宏观层面的方向性指导。因此,中共中央和国务院能够在科技特派员政策的扩散中居于主导地位,说明科技特派员制度在国家层面受到了较高的重视。

4. 扩散时间具有聚集性

通过对 Top 30 政策相对强度的分析可以看到,扩散强度最高的 30 项政策中有 23.33%的政策的发布时间集中在了 2016 年。同理,通过对代表性文件政策扩散广度的分析也可以看出,科技特派员政策在扩散的时间上具有聚集性,大部分政策集中在 2009 年、2011 年及 2016 年三个时间节点上进行扩散。

5. 扩散广度和速度呈阶梯式变化

经过对《科学素质行动纲要 2006—2020》和《农村科技创业行动》这两个代表性文件的分析可以归纳出这样一个结论:科技特派员政策的扩散广度和速度呈阶梯式变化。通过分析可以看到,《科学素质行动纲要 2006—2020》和《农村科技创业行动》出现过增长的停滞,虽然《农村科技创业行动》在扩散速度上总体呈下降,但其速度变化趋势是呈快速—缓慢—快速—缓慢的阶梯式变化。同理,《科学素质行动纲要 2006—2020》在速度上则呈现出了更为明显的阶梯式变化。因此,本章认为科技特派员政策在扩散的广度和速度上大致呈现出阶梯式的变化趋势。

6. 纵向和横向相结合的扩散模式

通过前文对关键词的时间序列分析可以看出,科技特派员政策在 1998 年开始扩散的初期经历了地方机构间的平行扩散、地方向中央机构自下而上的扩散及中央机构间平行扩散相结合的扩散模式。从 2006 年国务院首次在长期规划类政策中提及"科技特派员"开始,科技特派员政策开始转变为自上而下的扩散模式。可以说科技特派员相关政策的扩散模式以 2006 年为分界点,在 2006 年之前为纵向和横向扩散相结合并且以横向扩散为主要模式,2006 年之后则以纵向扩散为主要模式。

7. 短期和长期政策扩散速度差异较大

通过对《科学素质行动纲要 2006—2020》和《农村科技创业行动》进行的扩散速度

分析可以看到，作为短期政策的《农村科技创业行动》，其在政策出台初期有着较快的扩散速度，但随着时间的延长，该政策的扩散速度逐渐下降，最终进入一个缓慢扩散的状态。作为长期政策的《科学素质行动纲要 2006—2020》，其整体扩散速度慢于《农村科技创业行动》，该政策的扩散速度整体呈缓慢上升的趋势，且 2011 年和 2016 年的扩散速度出现了两次较大幅度的增长。由此可以看出，在科技特派员的整体政策体系中，短期政策和长期政策在速度上存在着较大差异。

6.2 中国基础研究政策变迁研究：基于 1978~ 2018 年中国基础研究政策文本①

6.2.1 研究背景

基础研究作为自主创新的原动力，直接影响着国家长远发展的利益。20 世纪 80 年代，"科学技术是生产力"这一命题的论述为基础研究恢复了"名誉"。随后，科技体制作为经济发展的配套机制开始实行改革，科技政策作为其依托也开始重建，作为科技政策重要组成部分的基础研究政策也进一步得到了重视。为推进我国基础研究的发展，国家相继出台了一系列基础研究政策，如"863 计划"、"攀登计划"、"963 计划"及 2018 年出台的《国务院关于全面加强基础科学研究的若干意见》等。这些基础研究政策以国家战略目标为导向，对我国基础研究的长足发展起到了重要的作用。

基础研究政策的发展历经经济体制改革的各个阶段，随着长时间以来基础研究政策的出台，我国的基础研究取得了一定程度的发展，一些领域的原创新成果已在国际上产生深远的影响。然而与发达国家相比，我国基础研究的投入与重视程度还远远未达到标准，发展中的问题日益凸显。因此，针对现存问题，对基础研究政策做出相应的调整，进而制定符合现阶段国情的基础研究政策，这在基础研究的发展中起着举足轻重的作用。

通过对我国 1978~2018 年的基础研究政策进行收集与梳理，发现基础研究政策的变迁路径与多源流理论（问题源流、政治源流、政策源流）相契合，多源流理论对改革开放以来基础研究政策的变迁有着较强的解释力。基于此，结合多源流理论模型对我国基础研究政策的变迁进行研究，以期为优化我国基础研究政策提供新的思考角度。

① 本文节取自林晗硕士学位论文《我国基础研究政策变迁研究：基于 1978—2018 年中国基础研究政策文本分析》研究成果，导师为杜宝贵教授。

6.2.2　政策样本选择的范围与方法

本章的基础研究政策样本是指由中共中央、国务院、国务院各组成部门和机构颁发的，以标准公文形式公开发布的，为了保障、促进和规范中国基础研究发展而制定的直接相关或间接相关的规范性文件。政策样本的来源是国务院各部委的相关网站及北大法宝法律数据库。

本章采取"先粗略后精简"的政策检索方式（李牧南，2018），以基础研究、科学研究、核心技术、基础科学、前沿技术、原始创新、重大科技专项、关键技术、社会公益技术、原创为关键词在国务院各部委的相关网站，以及北大法宝法律数据库进行全文查找，得到的政策文本数量为 31 749 项（数据的检索时间截止到 2019 年 1 月 1 日）；剔除相关度不高的文本后，得到政策文本数为 2920 项；通过对这 2920 项政策文本进行研读分析，筛选出 430 项符合条件的政策样本并对其进行政策文本分析。

6.2.3　政策基本情况

通过对收集的 1978 年至 2018 年的以基础研究为主题的 430 项政策进行研读分析，按政策目标的不同，可将我国基础研究政策的发展分为四个阶段：萌芽阶段（1978~1992年），初步发展阶段（1993~1999 年），得到重视阶段（2000~2013 年），快速发展阶段（2014~2018 年）。

需要说明的是，政策变迁是一个动态的过程，是渐进的、连续的，不能把每个阶段孤立地分开，对其进行不同阶段的界限划分主要是为了更加清晰地呈现研究结果。

1. 第一阶段：基础研究政策萌芽阶段（1978~1992 年）

（1）政策概述。1978 年，在邓小平同志的带领下，我国实行改革开放战略，开始逐步由计划经济向市场经济体制转变。"科学技术是第一生产力""尊重知识，尊重人才"方针的提出，第一次把科学技术视为发展经济的主要动力。1978~1992 年，党中央、国务院总览世界科学技术革命发展态势，引导科技界持续开展包括基础研究在内的科技发展战略研究，制订和发布科技战略规划，突出了科技工作的战略性和前瞻性。比较历次科技规划，基础研究的战略地位日益凸显。

1978 年，《1978—1985 年全国科学技术发展规划纲要》的通过，标志着我国科学技术事业发展进入了一个崭新的阶段，此次规划建立了国家科学奖励制度，开始关注科学研究机构的发展等，对基础研究工作产生了积极的促进作用。

全国科学大会闭幕后，国家科委和中国科学院迅速组织制定了《1978—1985 年全国基础科学规划纲要》，对基础研究工作做出全面部署。要求各学科在 3 年内迅速整顿好队伍，建成具有先进水平的实验室和实验中心；8 年内全国应建成一个门类齐全、布局合理、协调发展的科研体系；建设一支 12 万人左右的科研队伍，培养出一批高水平的科学家；完成各项重大科学设施和实验室建设；解决一批国家建设中的重大科学问题，并在一些主要领域取得具有世界先进水平的成果。该规划纲要按数学、物理、化学、天文学、地学和生物学 6 个学科领域划分，提出了 43 个重点研究项目和 14 个重大项目。该规划实施对于饱受"文化大革命"摧残的基础研究事业的恢复和发展起到了积极的推动作用。

1990 年，《全国基础研究和应用基础研究"八五"计划要点》强调要充分重视国家对重大基础研究项目的安排和驱动。

1991 年，《中华人民共和国科学技术发展十年规划和"八五"计划纲要（1991—2000）》，明确提出在基础性研究的某些领域接近或达到国际先进水平，形成一批具有国际水平的基础研究机构。

（2）政策数量与效力级别。第一，政策数量方面。经统计，1978~1992 年，国家层面共 17 个部门，共计出台基础研究相关政策 42 项，如图 6.13 所示。其中，1986 年和 1991 年是基础研究相关政策发布的高峰，原因在于 1986 年国家自然科学基金委员会成立，基金制在基础研究的发展中发挥了重要的作用，此外同年我国设立了国家高技术研究发展计划（863 计划），该计划促进了基础研究相关政策的出台，故在 1986 年我国基础研究政策的发布数量达到了一个小峰值；1991 年，国家为进一步稳定和加强基础研究，开始实施国家基础性研究重大关键项目，即"攀登计划"，该项目的实施驱动了基础研究的发展，因此 1991 年是基础研究政策发布的另一个峰值。

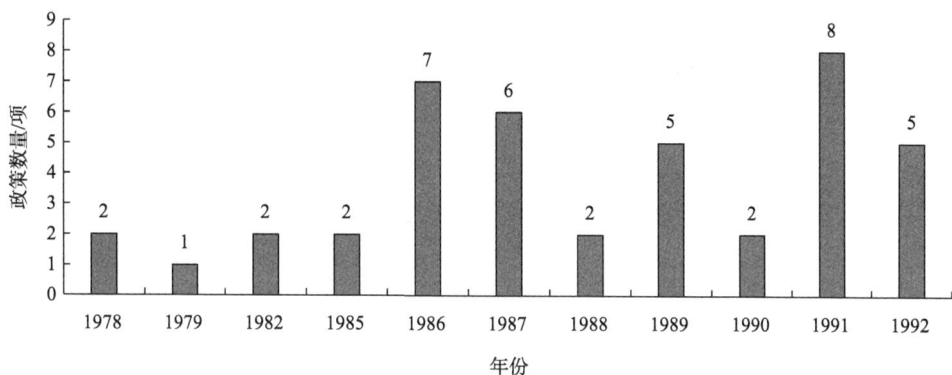

图 6.13　1978~1992 年我国基础研究政策分布时间

第二，政策效力级别分析。从中央法规政策效力级别来看，基础研究涉及的效力级别主要如下：法律、行政法规、部门规章、规范性文件、工作文件。其中法律是指社会认可、国家确认、立法机关制定的行为规则，并由国家强制力保证实施，效力级别最高（顾兵光，2018）；行政法规的行政效力次之；部门规章属于执行法律或国务院的行政法规、规定、命令，因此其权威性和约束力不如前两者；部门规范性文件由于不是《中华人民共和国立法法》规定的正式法律渊源，因此其效力低于法律、行政法规及部门规章；工作文件的效力级别则最低。

根据对 1978~1992 年我国政府制定的 42 项基础研究政策进行统计和分析，这一时期，我国政府在制定基础研究政策时的效力级别具体如图 6.14 所示。效力级别最高的法律发布数为 0，效力级别为行政法规的政策占比 7.5%；该时期的基础研究政策多以部门规章的形式发布，该部分占比 42.5%，其次为效力级别较低、约束力较弱的规范性文件（国务院规范性文件、部门规范性文件），占比 40%；效力级别最低的工作文件占该时期基础研究政策的 10%。

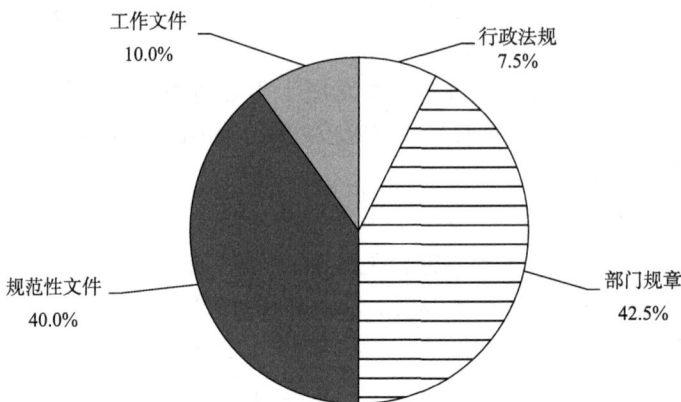

图 6.14　1978~1992 年我国基础研究政策效力级别

2. 第二阶段：基础研究政策初步发展阶段（1993~1999 年）

（1）政策概述。以党的十四大为标志，科技发展进入了一个新阶段。1992 年，我国确立了社会主义市场经济体制的发展方向，要求科技政策围绕市场经济的发展进行调整。这是党的历史上第一次明确提出建立社会主义市场经济体制的目标模式，体制机制的改革推进了基础研究的进一步发展。

1995 年，《全国科技发展"九五"计划和到 2010 年长期规划纲要》进一步强调了基础研究要顺应国家经济建设和社会发展的需要以及现代科学发展趋势，并提出了优化学科布局、完善科学基金制、组织实施关键项目、加强科研基础设施建设等具体措施。

1997 年，国家重点基础研究发展计划（973 计划）以"面向战略需求，聚焦科学目标，造就将帅人才，攀登科学高峰，实现重点突破，服务长远发展"为指导思想，以"指南引导，单位申报，专家评审，政府决策"为立项方式，以原始性创新作为遴选项目的重要标准，重点加强面向国家重大战略需求的基础研究。

（2）政策数量与效力级别。第一，政策数量方面。经统计，1993~1999 年，国家层面共 18 个部门，共计出台基础研究相关政策 37 项。和上一阶段（1978~1992 年）相比，出台的政策数量有所减少，但可以看出更多的部门参与到了基础研究相关政策的制定中。

如图 6.15 所示，这期间国家层面出台了 37 项政策，且每年都有基础研究政策出台。1995 年，中共中央、国务院召开全国科学技术大会并正式颁布《中共中央、国务院关于加速科学技术进步的决定》，决定重点指出"要加强基础性研究"。各部门结合决定中的新战略、新举措，完善已制定但未出台的政策，而一些尚未起草的政策需要经过一段形成时间，多在 1996 年发布，因此 1995 年和 1996 年达到了基础研究政策出台数量的小高峰。1999 年，由科技部牵头，教育部、中国科学院、国家自然科学基金委员会等有关部门共同发起，委托国家自然科学基金委员会具体组织了 18 个基础学科的调研工作，提出

了主要基础学科的发展目标、方向、前沿和优先领域及政策保障措施等建议,这是我国
基础研究政策演进历程上的一个里程碑,对基础研究发展和学科建设产生了重要影响(万
钢,2008)。因此,1999 年是这一阶段政策出台的密集期。

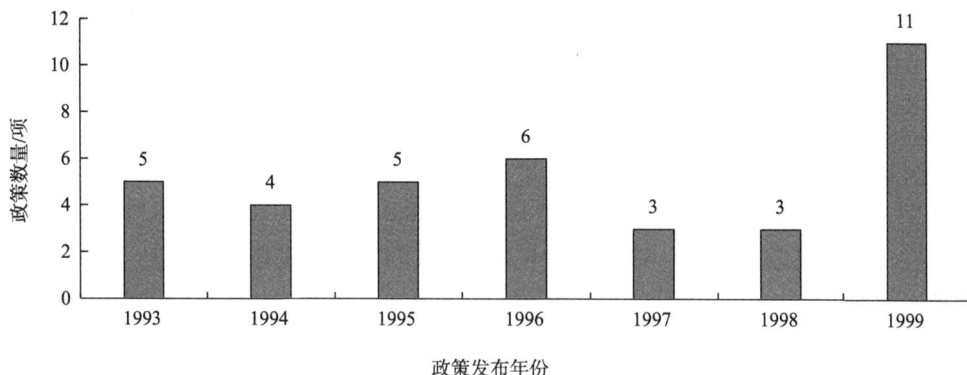

图 6.15 1993~1999 年我国基础研究政策分布时间

第二,政策效力级别分析。根据对 1993~1999 年我国政府制定的 37 项基础研究政策
进行统计和分析,这一时期,我国政府在制定基础研究政策时的效力级别具体如图 6.16
所示。效力级别最高的法律发布数为 2,占比 5.41%;效力级别为行政法规的政策 5 项,
占比 13.51%;以部门规章的形式发布的政策 4 项,该部分占比 10.81%;效力级别为规
范性文件(国务院规范性文件、部门规范性文件)的基础研究政策数量最多,高达 17
项,占比 45.95%;效力级别最低的工作文件占该时期基础研究政策的 24.32%。综上可
以看出,和第一阶段相比,该时期效力级别较高的政策占比增高,从整体上看,该时期
基础研究政策的社会强制力有所增强。

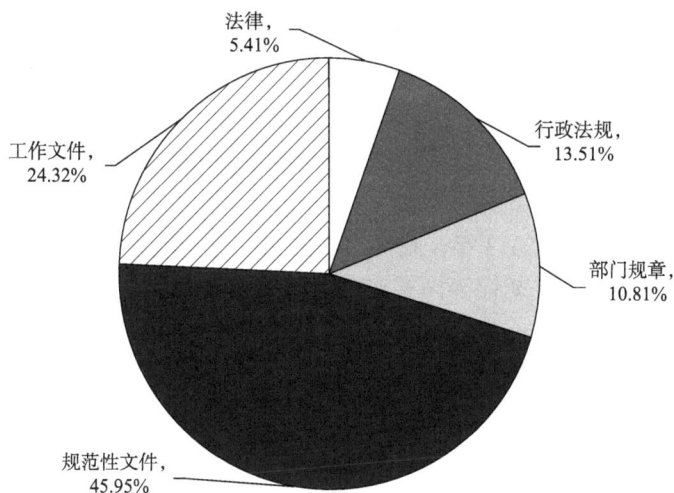

图 6.16 1993~1999 年我国基础研究政策效力级别

3. 第三阶段：基础研究政策得到重视阶段（2000~2013 年）

（1）政策概述。进入 20 世纪 90 年代末期，我国市场经济体制的初步建立使我国掀起了一股推动技术创新、发展高科技的高潮。

2001 年 5 月，国家计委和科技部联合发布《国民经济和社会发展第十个五年计划科技教育发展专项规划（科技发展规划）》。该规划提出了"创造一个自由思考、追求真理、不断进取的环境，鼓励科学家进行探索性研究。不断培养高水平的人才队伍，增强我国基础研究的持续创新能力，努力攀登世界科学高峰，力争经过 10~15 年的努力，使我国进入世界科学中等强国行列"的基础研究发展目标。

2006 年，紧密围绕国家科技中长期发展的战略目标，科技部会同国家发展和改革委员会、教育部、财政部、中国科学院、中国工程院和国家自然科学基金委员会等部门研究制定《国家"十一五"基础研究发展规划》，明确了"十一五"基础研究总体发展目标和任务，提出了加强基础研究宏观管理、完善政策体系、推进评价工作等政策措施，为营造有利于创新的良好环境提供了保障。

2006 年 2 月 7 日，国务院颁布《国家中长期科学和技术发展规划纲要（2006—2020 年）》（以下简称《规划纲要》），《规划纲要》明确指出，"发展基础研究要坚持服务国家目标与鼓励自由探索相结合，遵循科学发展的规律，重视科学家的探索精神，突出科学的长远价值"。

2012 年，科技部颁布了多项科技专项规划，如《新型显示科技发展"十二五"专项规划》《高性能膜材料科技发展"十二五"专项规划》《高品质特殊钢科技发展"十二五"专项规划》等，该类规划中反复强调了要加强基础研究建设、加大基础研究投入力度，并在政策中详细制定了各领域内基础研究的突破方向。

（2）政策数量与效力级别。第一，政策数量方面。经统计，2000~2013 年，国家层面共 45 个部门，共计出台基础研究相关政策 204 项，和前两个阶段相比，这一阶段政策的出台数量有了质的飞跃，虽然政策数量的增长和该阶段时间跨度较长有一定的关系，但是另外，该阶段政策发布部门几乎覆盖所有相关国家机关，综合以上两个角度，可以粗略看出 2000~2013 年，在市场经济体制磨合时期，国家开始意识到基础研究在经济发展、科学进步等方面的重要性，对基础研究的重视程度增加。因此，这一阶段基础研究政策的数量显著增加，政策覆盖的领域更加全面。

如图 6.17 所示，2000~2013 年，我国出台的基础研究政策的数量整体上出现了三次波动。第一次是在 2006 年，胡锦涛同志在全国科学技术大会上提出了"走出中国特色自主创新道路，推动科学技术的跨越式发展"[①]，同年颁布和实施的《国家中长期科技发展规划纲要》使国家科技发展的重大战略转变为自主创新和国家创新体系建设，基础研究作为创新能力的突破口之一再次引起了高度重视。因此围绕自主创新这一国家战略主线，2006 年陆续出台了多项基础研究政策，这使得该年的政策数量较之前有了小幅度上升。第二次政策数量的波动是在 2011 年，2011 年是"十二五"规划的起始时间，该年

---

① 坚持走中国特色自主创新道路 为建设创新型国家而努力奋斗——在全国科学技术大会上的讲话. http://www.most.gov.cn/ztzl/qgkjdh/qgkjdhyw/200601/t20060110_27736.html[2006-01-09].

多个部门颁布了相关领域的专项规划，在农业发展方面如农业机械化、渔业标准化，生物技术发展方面，新材料产业等方面的发展规划都将基础研究作为规划重点任务的第一项进行阐述。同时按照《国家"十二五"科学和技术发展规划》的部署，2012 年制定了《国家基础研究发展"十二五"专项规划》，该规划的颁布也促进了同年其他基础研究政策的出台。因此，2011 年基础研究政策颁布数量出现了一个高峰。另一个基础研究政策数量高峰即第三次波动是在 2012 年，该年中国共产党第十八次全国代表大会提出"实施创新驱动发展战略"①，之后陆续发布了相关科技体制改革文件，包括《国家创新驱动发展战略纲要》等，这为自主创新和创新驱动发展提供了强有力的政策支撑，也为基础研究的发展注入了新的催化剂。因此，在这一系列政策的推动下，2012 年出台了多项基础研究相关政策。

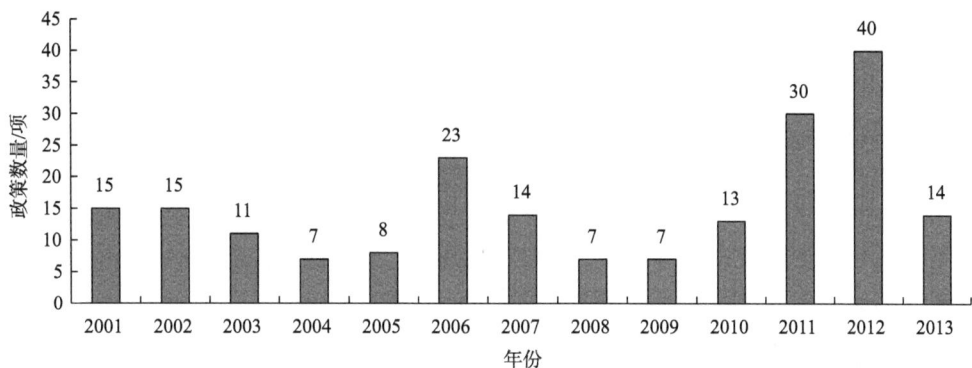

图 6.17　2000~2013 年我国基础研究政策分布时间

在统计范围内，2000 年未出台基础研究政策，数量为 0，故省略

第二，政策效力级别分析。对 2000~2013 年我国政府制定的 204 项基础研究政策进行统计和分析，这一时期，我国政府在制定基础研究政策时的效力级别具体如图 6.18 所示。效力级别最高的法律发布数为 0；效力级别为行政法规的政策 6 项，占比 2.94%；以部门规章的形式发布的政策 4 项，该部分占比 1.96%；效力级别为规范性文件（国务院规范性文件、部门规范性文件）的基础研究政策 84 项，占比 41.18%；效力级别最低的工作文件数量最多，高达 110 项，占该时期基础研究政策的 53.92%。综上可以看出，虽然 2000~2013 年出台的基础研究政策数量较多，但是从政策效力级别上来看，政策多以部门工作文件的形式发布，政策的效力较低，强制力不大，政策颁布后的执行和落实情况需进一步估量。

---

① 参见《人民日报》2012 年 11 月 18 日第 1 版文章《坚定不移沿着中国特色社会主义道路前进　为全面建成小康社会而奋斗》。

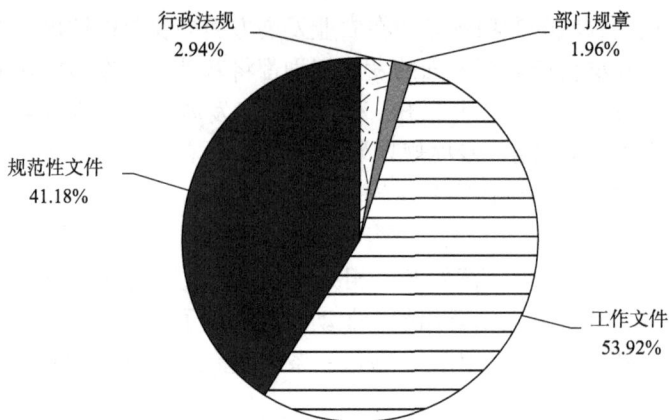

行政法规
2.94%

部门规章
1.96%

规范性文件
41.18%

工作文件
53.92%

图 6.18　2000~2013 年我国基础研究政策效力级别

4. 第四阶段：基础研究政策快速发展阶段（2014~2018 年）

（1）政策概述。党的十八大以来，以习近平同志为核心的党中央将科技创新放在国家战略的高度，对其给予了高度重视，以期提高我国的综合国力。在党的十九大报告中，习近平同志又对"创新"赋予了两个重要定位，强调创新是引领发展的第一动力，是建设现代化经济体系的战略支撑。国家对基础性、战略性、前瞻性科学研究和颠覆性技术研究的支持，对我国基础研究产生了重大的影响。

2015 年《关于深化体制机制改革加快实施创新驱动发展战略的若干意见》提出对基础和前沿技术研究实行同行评价，突出中长期目标导向，评价重点从研究成果数量转向研究质量、原创价值和实际贡献。对公益性研究强化国家目标和社会责任评价，定期对公益性研究机构组织第三方评价，将评价结果作为财政支持的重要依据，引导建立公益性研究机构依托国家资源服务行业创新机制。

2016 年，《国家创新驱动发展战略纲要》指出要加强基础研究前瞻布局，加大对空间、海洋、网络、核、材料、能源、信息、生命等领域重大基础研究和战略高技术攻关力度；大力支持自由探索的基础研究，推进变革性研究，并加强学科交叉与融合。

2018 年，《关于全面加强基础科学研究的若干意见》提出要进一步加强基础科学研究，大幅提升原始创新能力，夯实建设创新型国家和世界科技强国的基础。该政策的颁布极大地促进了我国基础研究的发展，是基础研究政策发展历程上的一个里程碑。

（2）政策数量与效力级别。第一，政策数量方面。经统计，2014~2018 年，国家层面共 42 个部门，共计出台基础研究相关政策 147 项。

如图 6.19 所示，这期间国家层面出台的 147 项政策时间分别分布在 2014~2018 年的各个年份，且呈逐年递增的趋势，其中 2017 年和 2018 年出台的政策数量较同一阶段其他年份有较高的增长。2017 年是实施"十三五"规划的重要一年，为贯彻落实《"十三五"国家科技创新规划》，我国颁布了《"十三五"国家基础研究专项规划》。该规划的发布加快推动了我国基础研究的发展，也提高了 2017 年基础研究政策出台的数量。2018年可以说是我国基础研究政策发展上的又一个里程碑，该年发布了《国务院关于全面加强基础科学研究的若干意见》,该政策针对我国目前基础研究发展上的短板共提出了二十三条意见。该政策发布后，有关部门结合意见中的基础研究发展布局纷纷出台相关政策，因此 2018 年是基础研究政策出台的又一密集期。

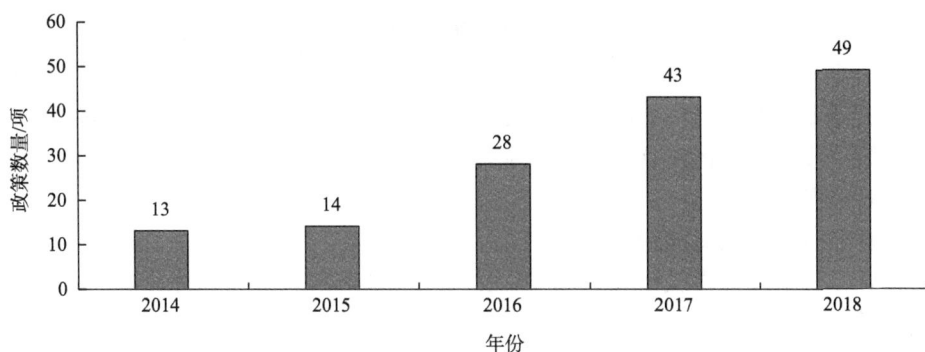

图 6.19　2014~2018 年我国基础研究政策分布时间

第二，政策效力级别分析。对 2014~2018 年我国政府制定的 147 项基础研究政策进行统计和分析，这一时期，我国政府在制定基础研究政策时的效力级别具体如图 6.20 所示。效力级别最高的法律发布数为 2 项，占比 1.36%；效力级别为行政法规的政策 15 项，占比 10.20%；以部门规章的形式发布的政策 11 项，该部分占比 7.48%；效力级别为规范性文件（国务院规范性文件、部门规范性文件）的基础研究政策 57 项，占比 38.78%；效力级别最低的工作文件占该时期基础研究政策的 42.18%。横向对比来看，该阶段和上一阶段相比，每年平均出台基础研究政策数量相差不大，出台政策部门的覆盖率所差无几，但该时期以行政法规和部门规章形式发布的基础研究政策数量占比增加。综上可以看出，虽然该阶段的基础研究政策形式中政策效力较低的规范性文件和工作文件依旧占较大比重，但和上一阶段（2000~2013 年）相比政策的效力级别已有所提高。

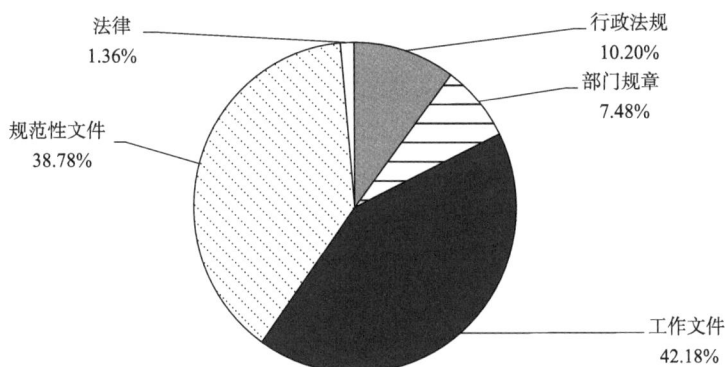

图 6.20　2014~2018 年我国基础研究政策效力级别

6.2.4　实证分析：我国基础研究政策文本分析及特征

本章仍以 430 条符合条件的基础研究政策文本为数据源，运用 ROST CM 软件进行词频分析、高频词分析，剔除彼此无共现关系的词语后，运用有效高频关键词构建共词网络；在此基础上建立共现矩阵，通过 Excel 2016 将共现矩阵转换为相关矩阵和相异矩阵；然后进一步借助 SPSS 软件进行系统聚类分析，最后总结出每个阶段我国基础研究政策的变迁特征。

1. 高频关键词提取与共词分析

关键词是能够表征文献研究内容，从文献中提炼出来的，揭示文献本质的词语或者词组（朱明，2011）。2012 年《党政机关公文处理工作条例》的出台取消了公文中的主题词（陈祖芬，2012）。为了提炼政策文件中的核心内容，学者往往将政策文本中出现频率较高且与政策主题内容高度相关的词语作为政策文件的关键词（王曰芬，2009），也就是本章所指的高频关键词。

本章借助 ROST CM 软件分别对 4 个阶段的政策进行词频分析，首先分别合并各个阶段的基础研究政策文本，接下来将合并后的政策文本进行分词，然后将得到的词频进一步进行高频词分析，通过软件进行初步过滤后再次剔除所得数据中无共现关系的高频词，得到的即为有效的高频关键词。

（1）1978~1992 年基础研究政策高频关键词及共词网络。对 1978~1992 年出台的 42 项基础研究政策进行词频分析，经过软件初筛，筛选出 166 组高频词，剔除无共现关系词频后，得到 30 组高频关键词。如表 6.4 所示。

表 6.4　1978~1992 年基础研究政策高频词及词频　　　　　单位：次

高频词	词频	高频词	词频	高频词	词频
技术	2151	管理	685	组织	430
研究	1660	提高	613	水平	424
发展	1472	加强	612	重点	423
科技	1398	企业	611	积极	383
开发	958	科学技术	541	我国	357
国家	861	科研	511	应用	354
建设	857	基础	504	逐步	346
经济	820	部门	468	建立	331
项目	798	人员	455	推广	325
单位	721	成果	444	服务	311

对上述高频词构建共词网络，如图 6.21 所示。从图 6.21 中可以看出：第一，技术、国家、建设、经济、发展等词语位于网络图的中心，说明这一时期基础研究政策多是围绕这些中心词展开的，即以上词语是 1978~1992 年基础研究政策的热点关键词；第二，项目、人员等词语处于网络图的边缘，说明该阶段的基础研究政策对这些领域的关注还

比较少,通过详读政策发现这些词语多出自这一阶段后半期即 1990 年左右的政策,且这些词语多为 1992~1999 年基础研究政策的中心关键词,这间接地证明了基础研究政策的连贯性。

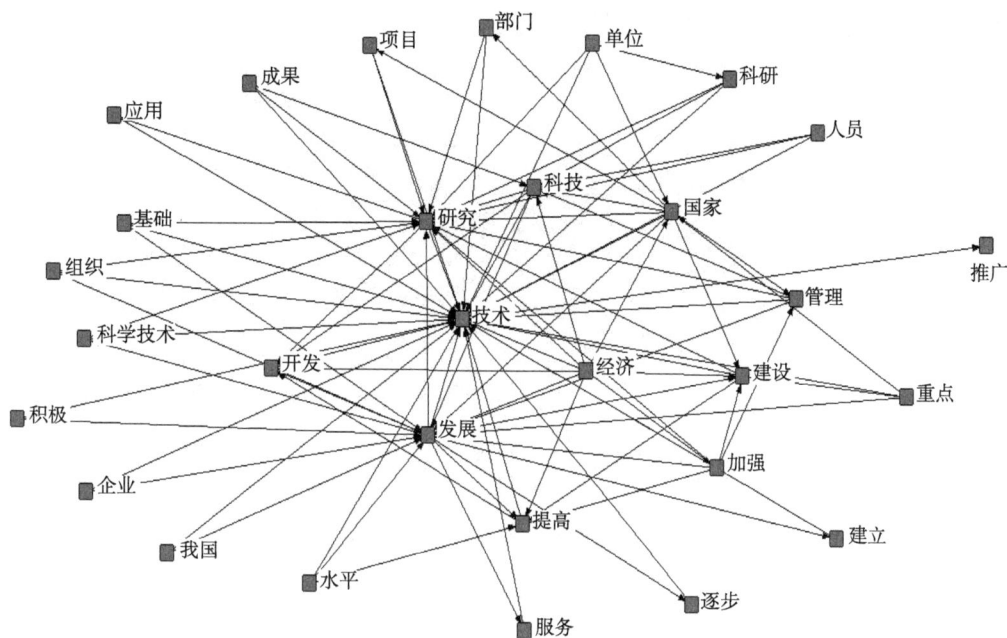

图 6.21　1978~1992 年基础研究政策热点关键词共词网络

（2）1993~1999 年基础研究政策高频关键词及共词网络。对 1993~1999 年出台的 37 项基础研究政策进行词频分析,用上述同样方法进行筛选剔除后,得到 26 组高频关键词,如表 6.5 所示。

表 6.5　1993~1999 年基础研究政策高频词及词频　　　　单位:次

高频词	词频	高频词	词频	高频词	词频
研究	1024	科研	661	成果	465
发展	923	单位	654	加强	463
国家	912	管理	649	开发	458
科技	856	建设	606	社会	410
技术	729	经费	548	水平	404
项目	720	基础	532	人才	403
重点	717	提高	516	重大	394
实验室	688	部门	511	科学	384
人员	676	组织	485		

对上述高频词构建共词网络,如图 6.22 所示。从图 6.22 中可以看出:与上一阶段相比,这一时期政策关键词增加了实验室、经费等词语;上一时期处于共词网络边缘的高

频关键词，如科研、人员等词语逐步向网络图的中心靠拢，且与其他词语有了更多的联系。表明了这一时期基础研究政策关注重点变化的同时，证实了第 5 章对基础研究政策发展趋势的猜想。

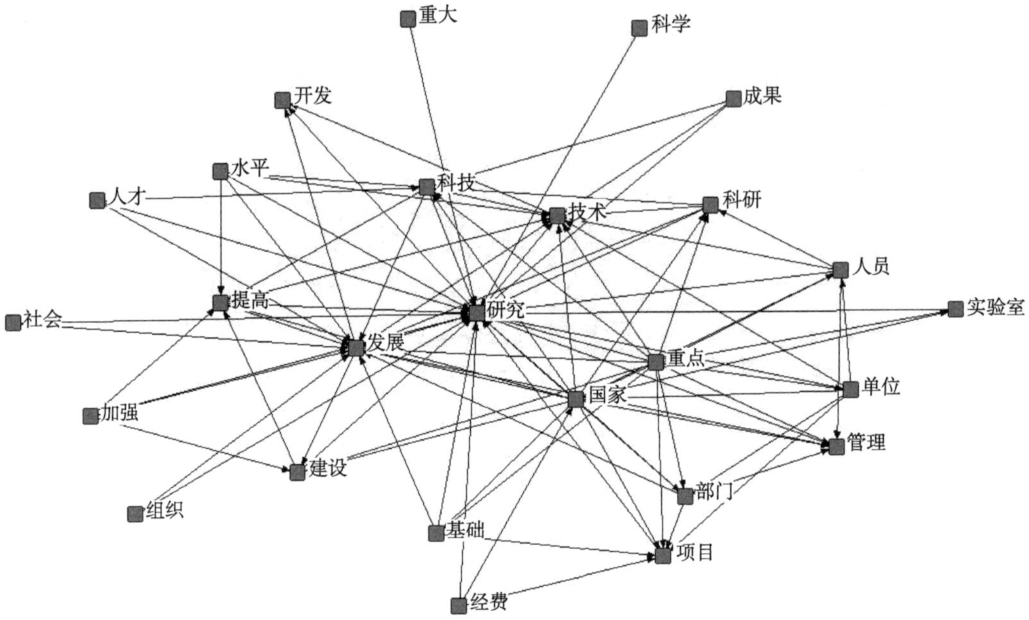

图 6.22　1993~1999 年基础研究政策热点关键词共词网络

（3）2000~2013 年基础研究政策高频关键词及共词网络。2000~2013 年是我国基础研究政策出台的高峰期，这一时期共出台基础研究相关政策 204 项。对这一时期出台的基础研究政策进行词频分析，用上述同样方法进行筛选剔除后，得到 25 组高频关键词。如表 6.6 所示。相比于前两个时期政策高频词相对集中的特点，这一阶段基础研究政策的高频关键词更加多元化。从另一个侧面来看，多元化带来的是政策的分散度，通过分析可以看出，除了"技术""研究""发展""科技"等常规高频关键词外，其他高频词的频数整体上呈降低趋势。

表 6.6　2000~2013 年基础研究政策高频词及词频　　　　单位：次

高频词	词频	高频词	词频	高频词	词频
技术	3256	管理	445	重大	274
研究	2887	资源	439	能力	268
发展	2539	基础	436	开展	264
科技	2331	环境	429	开发	257
建设	768	服务	403	水平	233
创新	649	体系	401	应用	214
国家	642	建立	386	关键	202
重点	556	提高	376		
加强	531	科学	315		

2000~2013 年的共词网络分析图，如图 6.23 所示。从图中可以看出：第一，上一阶段中的"经费"等边缘词语凝缩为基础研究"资源"一词，在这一阶段的政策中被多次提及；第二，这一阶段基础研究涉及的领域更加广泛，科研"环境"、国家"创新"成为这一阶段政策的新关注点；第三，和前两个时期相比，共词网络图中的高频词更加发散，但可以看出整体上关键词的分布更加均匀。

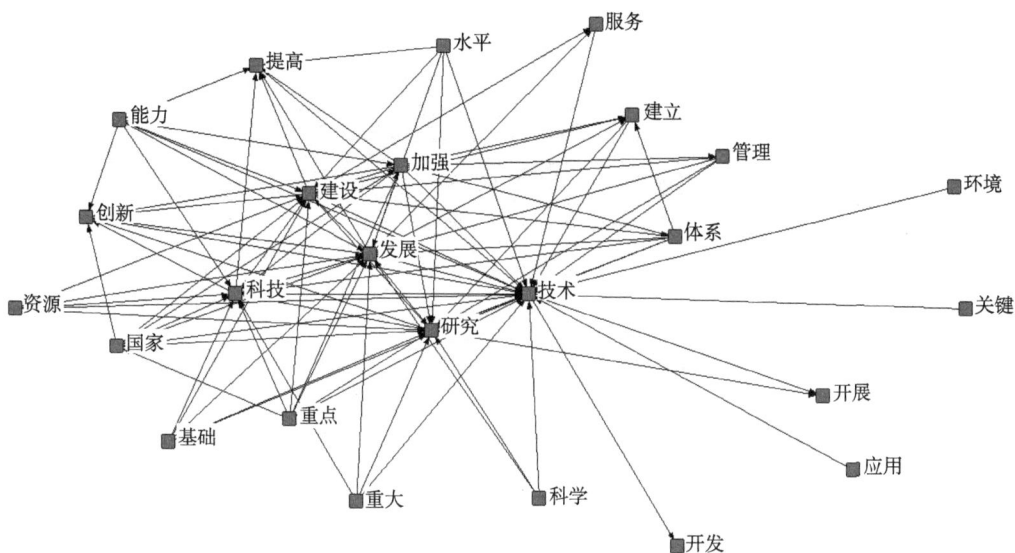

图 6.23　2000~2013 年基础研究政策热点关键词共词网络

（4）2014~2018 年基础研究政策高频关键词及共词网络。2014~2018 年共出台基础研究政策 147 项。对这一时期出台的基础研究政策进行词频分析，得到 25 组高频关键词。如表 6.7 所示。

表 6.7　2014~2018 年基础研究政策高频词及词频　　　　单位：次

高频词	词频	高频词	词频	高频词	词频
技术	4416	管理	758	能力	504
创新	1219	企业	742	推动	502
发展	1130	资源	735	应用	487
科技	1045	开展	677	提升	459
研究	1034	体系	611	领域	459
建设	980	基础	595	关键	442
国家	852	重点	536	研发	436
服务	845	建立	524		
加强	768	重大	507		

对 2014~2018 年的基础研究政策的热点关键词构建共词网络，得到图 6.24。从图中可以看出：第一，创新跃升成为为这一时期共词网络的中心词，是这一时期基础研究政策的主旋律；第二，技术、发展、建设等其他中心关键词是边缘关键词与创新之间联系

的桥梁。第三，这一时期的边缘关键词为重点、领域、企业、应用等，研读政策发现，这些词语多出现于该阶段末期的基础研究政策中。如 2018 年 5 月发布的《关于推动民营企业创新发展的指导意见》中，明确指出要加快科技企业技术创新，推动基础研究与企业应用研究、技术创新对接融通；2018 年 12 月出台的《进一步深化管理改革 激发创新活力确保完成国家科技重大专项既定目标的十项措施》，强调要突破核心领域关键技术，促进基础研究发展。

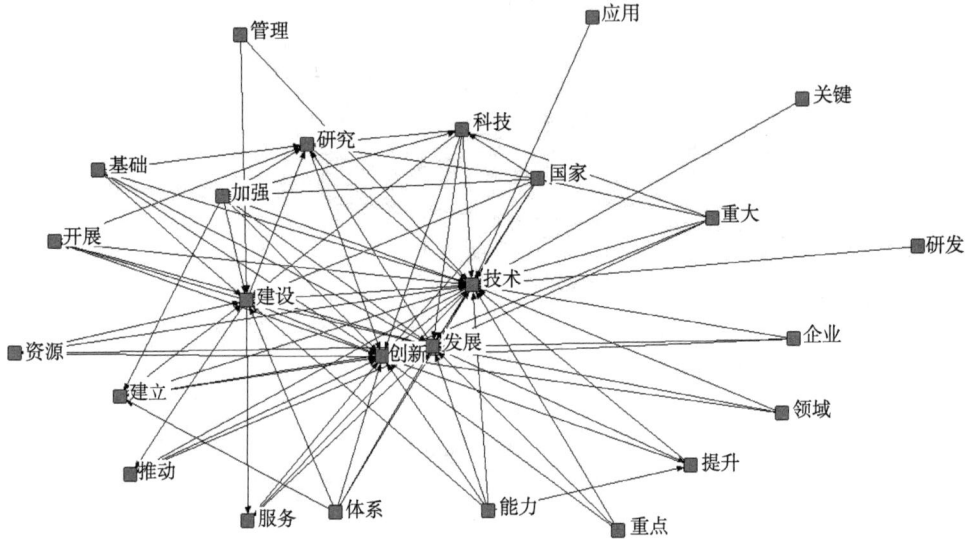

图 6.24　2014~2018 年基础研究政策热点关键词共词网络

2. 聚类分析与政策特征概括

本节首先利用 Excel 对 ROST CM 软件得到的四个阶段政策高频关键词的共词矩阵进行数据分析，构建出四个阶段的相关系数矩阵。为避免统计误差过大，用 1 与相关矩阵中系数相减，进而得到相异系数矩阵（Cohen，2006）。接下来，借助 SPSS 统计软件，在生成的相异矩阵的基础上对每一阶段基础研究政策高频关键词进行系统聚类分析，并结合政策的具体内容，对每个阶段基础研究政策的特征进行概括。

（1）"科学技术面向经济建设"主导下的基础研究政策（1978~1992 年）。用上述方法进行分析，得到 1978~1992 年基础研究政策高频关键词相异矩阵如表 6.8 所示，因高频关键词数量较多，故只截取部分相异矩阵。

表 6.8　1978~1992 年基础研究政策高频关键词相异矩阵

高频词	技术	研究	发展	科技	开发	国家	建设	经济	项目
技术	0	0.910 862	0.899 541	0.685 974	0.730 627	0.711 057	0.692 156	0.541 404	0.936 281
研究	0.910 862	0	0.902 556	0.455 228	0.649 907	0.597 998	0.695 836	0.497 794	0.798 555
发展	0.899 541	0.902 556	0	0.805 953	0.505 238	0.817 801	0.541 535	0.591 455	0.542 593
科技	0.685 974	0.455 228	0.805 953	0	0.376 725	0.562 844	0.417 878	0.465 982	0.438 604
开发	0.730 627	0.649 907	0.505 238	0.376 725	0	0.335 356	0.289 561	0.272 853	0.399 009

续表

高频词	技术	研究	发展	科技	开发	国家	建设	经济	项目
国家	0.711 057	0.597 998	0.817 801	0.562 844	0.335 356	0	0.528 068	0.461 142	0.659 903
建设	0.692 156	0.695 836	0.541 535	0.417 878	0.289 561	0.528 068	0	0.347 884	0.484 183
经济	0.541 404	0.497 794	0.591 455	0.465 982	0.272 853	0.461 142	0.347 884	0	0.521 143
项目	0.936 281	0.798 555	0.542 593	0.438 604	0.399 009	0.659 903	0.484 183	0.521 143	0

通过对这一时期基础研究政策高频关键词进行系统聚类分析,得到 4 个群组,如图 6.25 所示。对这一时期的政策文本进行进一步回溯研读,将其政策特点概括为如下 4 点。

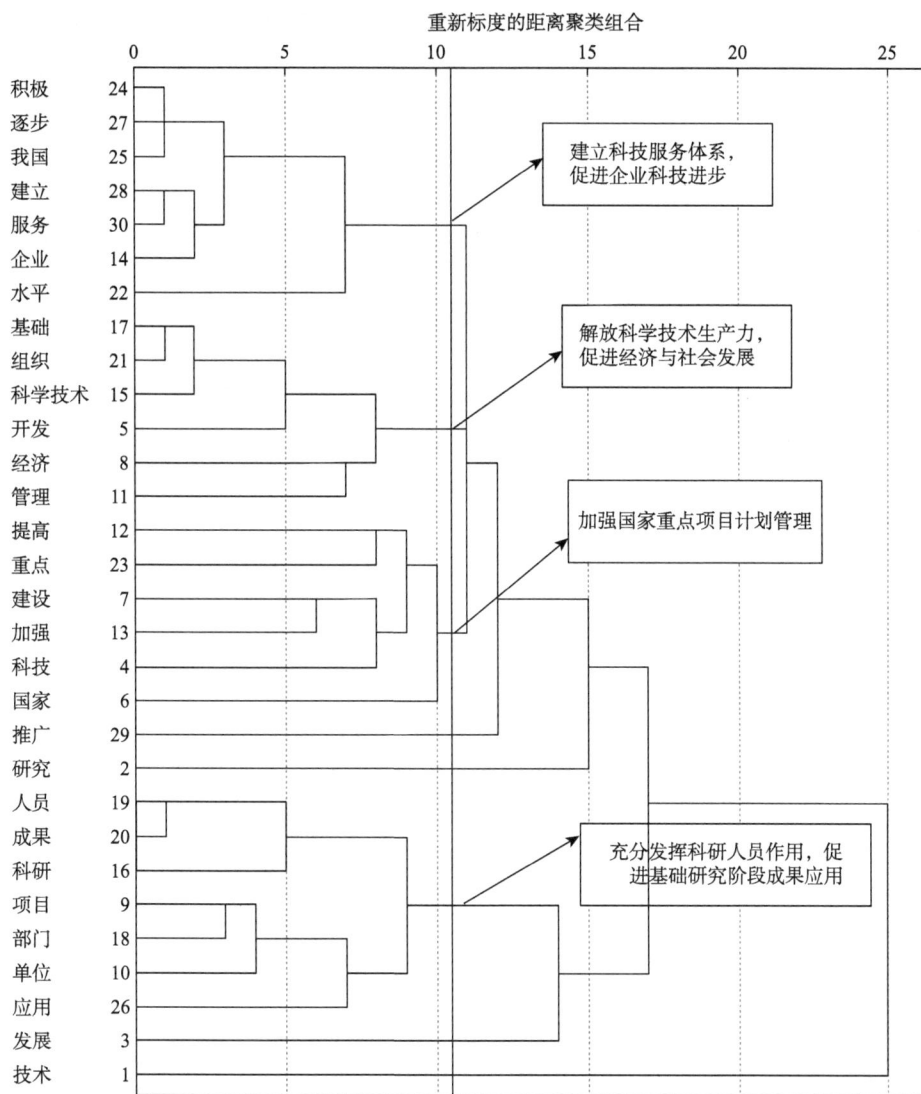

图 6.25 1978~1992 年基础研究政策热点关键词谱系图

聚类一：建立科技服务体系，促进企业科技进步。在计划经济向市场经济转变阶段，由于要促进各领域的经济发展，这一时期的政策倡导以科技服务为主的研究机构要具有自我发展和主动适应经济建设需要的能力，扩大自主权。但这一时期由于一些企业的科学技术吸收能力较弱，基础研究的技术成果流向企业生产线的渠道不是很通畅，因此，这一时期的政策聚焦于通过开展信息交流和科技服务使现阶段技术开发被企业较快地吸收。

聚类二：解放科学技术生产力，促进经济与社会发展。为全面贯彻邓小平同志的"科学技术是第一生产力"的战略思想，这一时期的基础研究政策强调为经济建设服务，为社会发展服务。例如，1992 年国家科学技术委员会、国家经济体制改革委员会发布的《关于分流人才、调整结构、进一步深化科技体制改革的若干意见》中指出："技术开发机构要面向经济，多渠分流，走创办科技企业、企业集团和发展高新技术产业的道路。""发展高科技，实现产业化""科学技术工作必须面向经济建设"是这一时期的科技战略思想（王红，2011）。

聚类三：加强国家重点项目计划管理。以适应我国经济建设的需要和科学发展的趋势，加强国家对基础研究工作的领导，这一时期的基础研究政策强调："国家在以指导性的方式支持基础研究中科学家自主选题、学科发展重点课题的同时，设立国家基础研究重大关键项目。"加强对国家重点项目实施计划管理，同时要运用经济杠杆和市场调节，使科学技术机构具有自我发展的能力和自动为经济建设服务的活力。除了重点项目，这一时期的基础研究政策也开始关注重点实验室建设及其运行期间的管理和政策性指导。为支持国家重点实验室建设，开展基础研究的重大关键项目，国家自然科学基金委员会特设立国家重点实验室研究项目基金。

聚类四：充分发挥科研人员作用，促进基础研究阶段成果应用。在经济改革初期，由于要克服"左"的影响，扭转对科学技术人员限制过多，科技人才以及技术成果得不到应有尊重的局面，这一时期的政策开始关注科研人员的重要性，加强基础研究人才队伍建设，通过定期对从事基础研究项目的科研人员进行考核、对项目成果进行评审和鉴定，促进阶段成果的应用。

（2）"科教兴国"战略背景下的基础研究政策（1993~1999 年）。1993~1999 年基础研究政策高频关键词相异矩阵如表 6.9 所示，因高频关键词数量较多，故只截取部分相异矩阵。

用上述同样的方法对这一时期基础研究政策高频关键词进行系统聚类分析，得到 3 个群组，如图 6.26 所示。通过与政策文本的具体内容相结合，将这一时期政策特点概括如下。

聚类一：资源向重大项目集中的趋势。随着经济体制改革的不断深入，与之配套的科技体制也进入了改革的新阶段。在科技体制改革中更多地引入市场机制是这一时期深化科技体制改革的要点。因此，这一时期的基础研究政策多次提到了要促进高技术研究成果的商业化和产业化。1995 年，中共中央、国务院颁布了《关于加速科学技

表6.9 1993~1999年基础研究政策高频关键词相异矩阵

高频词	研究	发展	国家	科技	技术	项目	重点	实验室	人员
研究	0	0.988 051 601	0.750 644 462	0.856 106 774	0.885 969 688	0.851 843 112	0.758 305 548	0.700 088 313	0.836 627 646
发展	0.988 051 601	0	0.862 776 361	0.659 683 283	0.817 024 721	0.721 344 127	0.825 360 978	0.560 491 6	0.633 542 307
国家	0.750 644 462	0.862 776 361	0	0.737 036 24	0.717 827 307	0.535 866 657	0.482 962 773	0.594 219 845	0.525 733 35
科技	0.856 106 774	0.659 683 283	0.737 036 24	0	0.428 014 866	0.805 570 892	0.786 000 63	0.524 708 605	0.521 607 221
技术	0.885 969 688	0.817 024 721	0.717 827 307	0.428 014 866	0	0.737 635 525	0.689 062 514	0.555 837 183	0.649 495 803
项目	0.851 843 112	0.721 344 127	0.535 866 657	0.805 570 892	0.737 635 525	0	0.607 608 043	0.323 664 359	0.509 515 144
重点	0.758 305 548	0.825 360 978	0.482 962 773	0.786 000 63	0.689 062 514	0.607 608 043	0	0.736 793 607	0.518 026 334
实验室	0.700 088 313	0.560 491 6	0.594 219 845	0.524 708 605	0.555 837 183	0.323 664 359	0.736 793 607	0	0.440 424 319
人员	0.836 627 646	0.633 542 307	0.525 733 35	0.521 607 221	0.649 495 803	0.509 515 144	0.518 026 334	0.440 424 319	0

重新标度的距离聚类组合

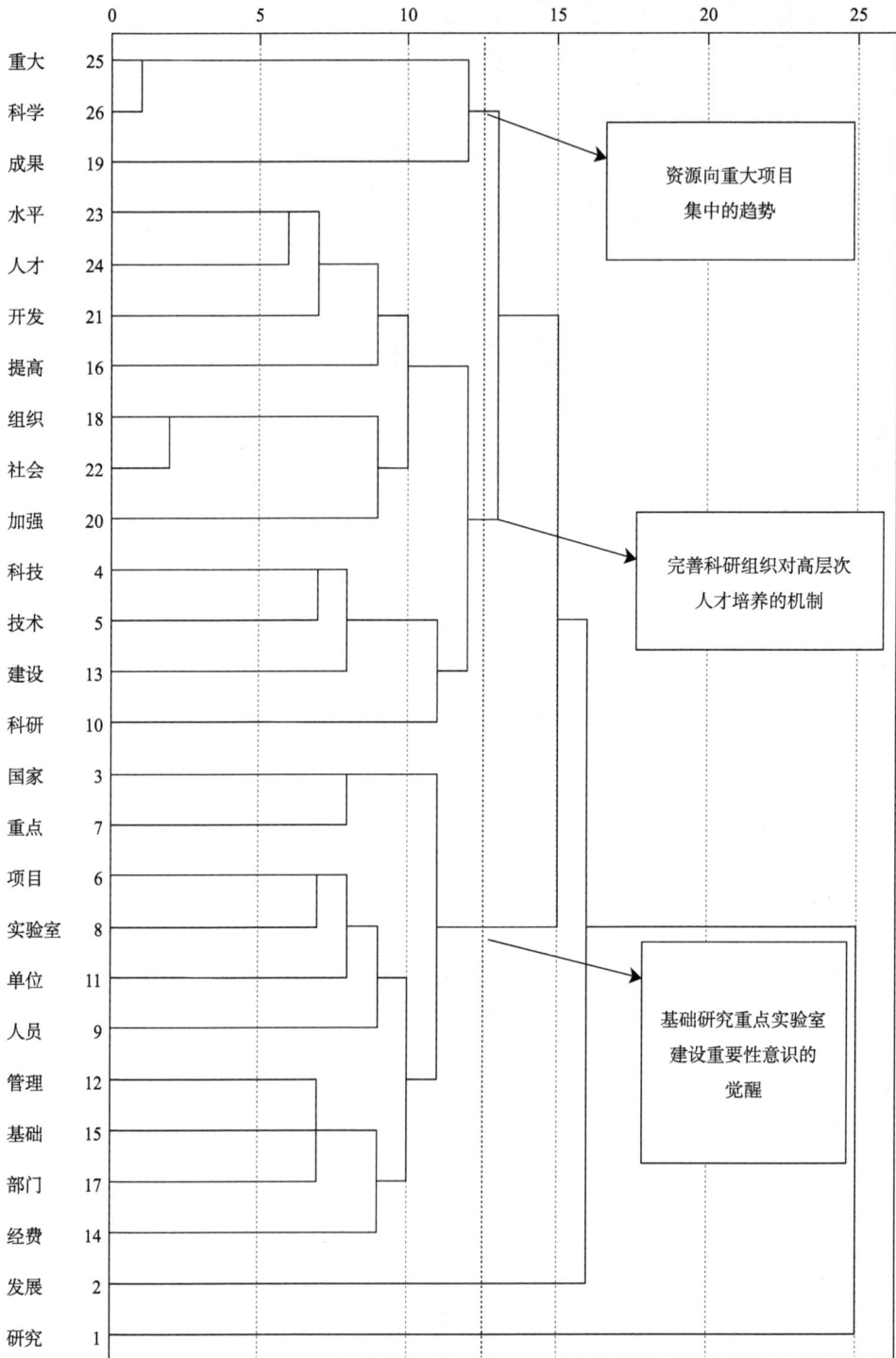

图 6.26　1993~1999 年基础研究政策热点关键词谱系图

术进步的决定》，该决定首次提出了"攀登世界科学技术高峰"的科技发展方针。此后，我国的基础研究政策明显表现出了资源向重大项目、重要课题集中的趋势。这些项目包括：教育部 21 世纪教育振兴计划以及世界一流大学和高水平大学计划（985 计划）、科技部国家重点基础研究发展计划（973 计划）、国家自然科学基金杰出青年基金项目等。

聚类二：完善科研组织对高层次人才培养的机制。1995 年，中共中央、国务院发布了《关于加速科学技术进步的决定》，该决定发布后，我国开始实行"科教兴国"战略。围绕这一战略，这一时期，我国基础研究政策强调深化科研院所改革，鼓励大学、研究院等科研组织机构与企业相结合，构建"产学研"联合体。呼吁科学研究与人才培养相结合，加快重点、难点领域科研机构建设，打造一批精干高效的高层次科研人员队伍，建设一批基础研究骨干基地。同时，在高校基础研究方面，强调改革高等学校的科技体制，调整结构，分流人才，呼吁大学等科研机构形成育人与研究相辅相成、相互促进的良性循环。

聚类三：基础研究重点实验室建设重要性意识的觉醒。这一时期基础研究政策的另一个特点是开始重视重点领域基础研究实验室的建设。把建设重点实验室作为这一时期组织领导的工作目标之一。对在重点实验室从事研究的科研人员给予资源倾斜，同时，实施择优支持和淘汰的制度，对科研成果不突出，研究无意义的实验室进行评议，评议不通过的实验室被取消重点实验室资格。逐步加强实验室管理工作，加大对国家重点实验室经费的投入力度，培养和吸引优秀科研人才，旨在提高实验室的研究水平。

（3）"国家创新体系"建设下的基础研究政策（2000~2013 年）。2000~2013 年基础研究政策高频关键词相异矩阵如表 6.10 所示，因高频关键词数量较多，故只截取部分相异矩阵。

用上述同样的方法对这一时期基础研究政策高频关键词进行系统聚类分析，得到 3 个群组，如图 6.27 所示。通过与政策文本的具体内容相结合，将这一时期政策特点概括如下。

聚类一：营造有利于基础研究发展的科研创新环境。基础研究需要长期的积累，为了充分发挥科学家的积极性，鼓励科学工作者创新的自信心，这一时期的基础研究政策倡导学术自主，鼓励从事基础研究的科学家勇于发表不同的学术观点。倡导基础研究创新，营造学术气氛浓郁、有利于人才培养、有助于基础研究发展的科研环境。

聚类二：基础研究在各领域专项发展规划中位置凸显。这一时期，基础研究政策涉及的领域更加广泛。在多个领域发布的"十三五"发展规划中，加强各专项领域的基础研究发展均作为规划的目标之一居于规划政策的重要位置。这一时期，为避免基础研究发展中的马太效应，在加大重点领域、重点项目基础研究科研投入的基础上，对基础研究领域进行外延性的扩张，部署了很多基础研究领域和交叉领域。

聚类三：以自主创新战略为抓手优化科技资源布局。党的十七大提出了提高自主

表6.10 2000~2013年基础研究政策高频关键词相异矩阵

高频词	技术	研究	发展	科技	建设	创新	国家	重点	加强
技术	0	1.164 331 177	0.975 618 231	0.693 852 022	0.762 740 63	0.704 998 234	0.555 362 952	0.652 873 56	0.645 037 4
研究	1.164 331 177	0	0.552 309 419	0.542 126 449	0.585 089 861	0.644 249 631	0.537 109 262	0.582 571 163	0.632 015 485
发展	0.975 618 231	0.552 309 419	0	0.504 364 837	0.447 757 039	0.565 773 046	0.552 675 933	0.579 811 716	0.462 345 995
科技	0.693 852 022	0.542 126 449	0.504 364 837	0	0.443 291 4	0.458 299 983	0.396 068 105	0.407 311 448	0.406 973 324
建设	0.762 740 63	0.585 089 861	0.447 757 039	0.443 291 4	0	0.522 444 097	0.524 499 644	0.573 623 049	0.451 040 093
创新	0.704 998 234	0.644 249 631	0.565 773 046	0.458 299 983	0.522 444 097	0	0.289 388 21	0.095 709 074	0.354 112 945
国家	0.555 362 952	0.537 109 262	0.552 675 933	0.396 068 105	0.524 499 644	0.289 388 21	0	0.245 760 768	0.338 526 423
重点	0.652 873 56	0.582 571 163	0.579 811 716	0.407 311 448	0.573 623 049	0.095 709 074	0.245 760 768	0	0.379 146 964
加强	0.645 037 4	0.632 015 485	0.462 345 995	0.406 973 324	0.451 040 093	0.354 112 945	0.338 526 423	0.379 146 964	0

重新标度的距离聚类组合

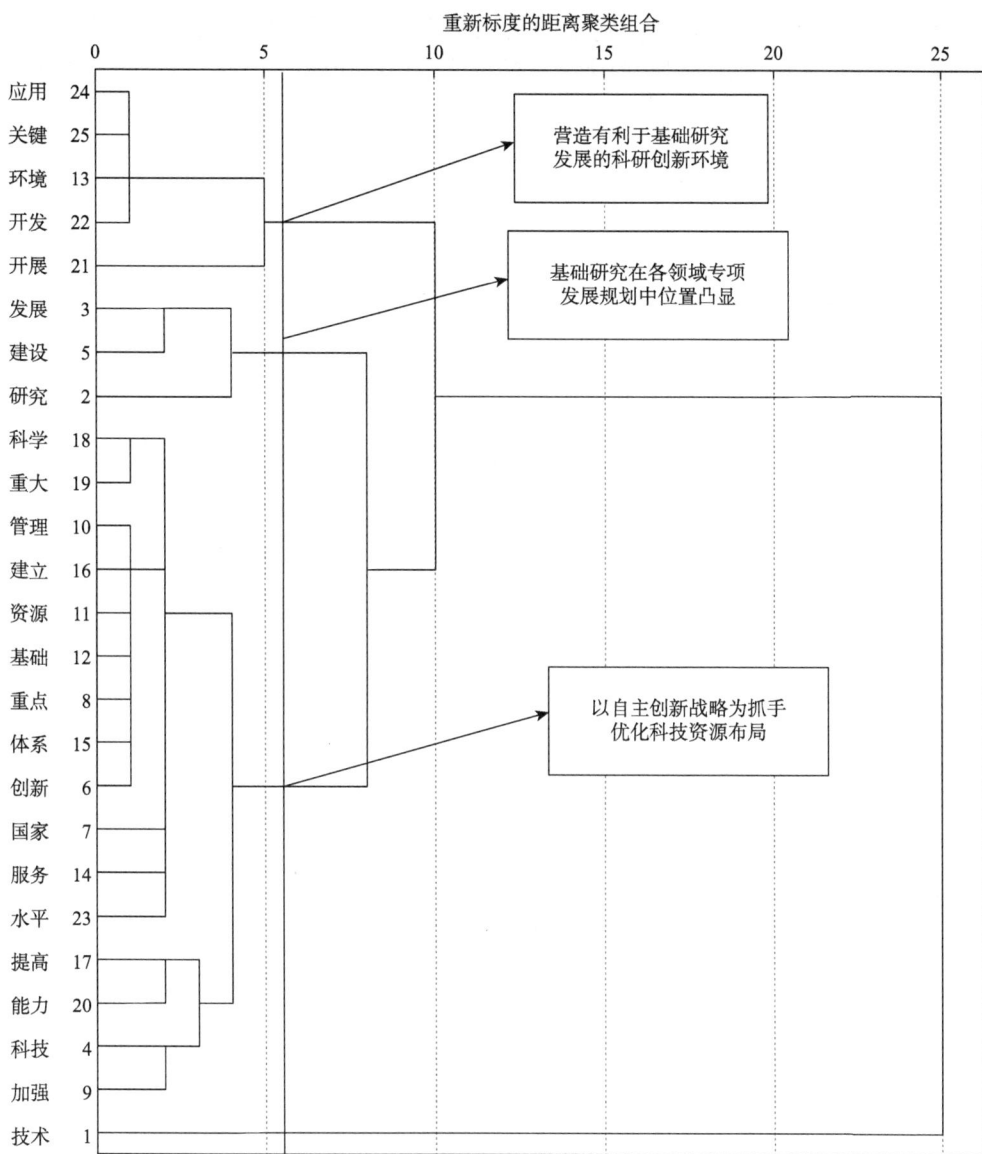

图 6.27　2000~2013 年基础研究政策热点关键词谱系图

创新能力是国家发展战略的核心。因此该阶段的后半期，即 2007~2013 年，"自主创新"成为基础研究政策的新关注点。这一时期的基础研究相关政策从增强国家创新能力出发，坚持创新驱动，强调要加强企业技术创新主体地位，突破核心技术，提升各领域创新水平。同时，为了保证国家创新体系建设，这一时期的政策倡导从金融支持、税收激励、基础研究经费、基地建设等多个方面进行资源整合，优化我国基础研究资源布局。

（4）"新时代"全面深化科技体制改革下的基础研究政策（2014~2018 年）。2014~2018 年基础研究政策高频关键词相异矩阵如表 6.11 所示，因高频关键词数量较多，故只截取部分相异矩阵。

用上述同样的方法对这一时期基础研究政策高频关键词进行系统聚类分析，得到 3 个群组，如图 6.28 所示。通过与政策文本的具体内容相结合，将这一时期政策特点概括如下。

重新标度的距离聚类组合

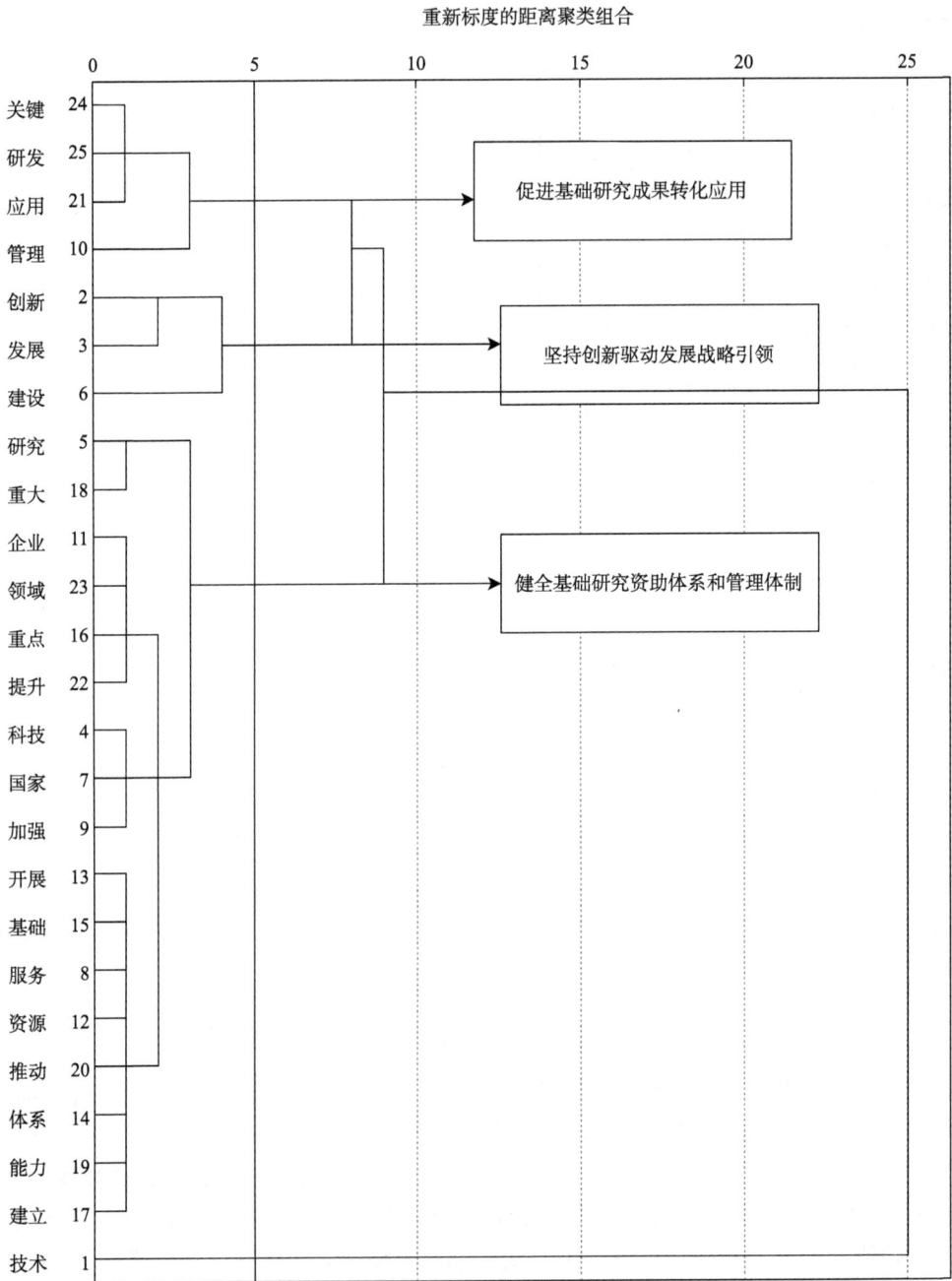

图 6.28　2014~2018 年基础研究政策热点关键词谱系图

表6.11 2014~2018年基础研究政策高频关键词相异矩阵

高频词	技术	创新	发展	科技	研究	建设	国家	服务	加强
技术	0	0.983 960 96	1.006 830 193	0.715 410 521	0.932 569 428	0.791 191 84	0.644 276 348	0.844 412 04	0.642 405 291
创新	0.983 960 96	0	0.514 449 445	0.732 264 365	0.524 932 645	0.578 259 965	0.541 148 266	0.715 200 703	0.526 537 908
发展	1.006 830 193	0.514 449 445	0	0.579 318 651	0.539 096 904	0.636 574 895	0.607 241 668	0.715 831 601	0.559 131 488
科技	0.715 410 521	0.732 264 365	0.579 318 651	0	0.355 733 037	0.550 480 177	0.203 674 234	0.225 551 297	0.247 470 697
研究	0.932 569 428	0.524 932 645	0.539 096 904	0.355 733 037	0	0.434 374 07	0.352 220 316	0.333 129 571	0.358 165 203
建设	0.791 191 84	0.578 259 965	0.636 574 895	0.550 480 177	0.434 374 07	0	0.593 052 896	0.673 493 666	0.548 123 966
国家	0.644 276 348	0.541 148 266	0.607 241 668	0.203 674 234	0.352 220 316	0.593 052 896	0	0.258 055 502	0.244 378 833
服务	0.844 412 04	0.7152 007 03	0.715 831 601	0.225 551 297	0.333 129 571	0.673 493 666	0.258 055 502	0	0.248 110 594
加强	0.6424 052 91	0.526 537 908	0.559 131 488	0.247 470 697	0.358 165 203	0.548 123 966	0.244 378 833	0.248 110 594	0

聚类一：促进基础研究成果转化应用。这一时期我国经济由高速增长阶段逐步转向高质量发展阶段，科技发展也相应地进入质量提升的阶段。因此这一时期的基础研究政策聚焦于加快提高基础研究转化为原始创新能力，促进基础研究成果转化。这一时期的政策从政府、市场、科研机构多维度的创新主体出发，提高其对基础研究成果转化重要性的认识，调动创新主体的科研积极性。从政策上加强各类科技计划的衔接，同时出台了多部针对基础研究的应用转化类科技计划，进一步促进基础研究成果的开发与转化。

聚类二：坚持创新驱动发展战略引领。党的十九大报告指出，创新是引领发展的第一动力。因此，以市场为导向促进自主创新、激发企业创新内生动力、促进科研机构跨界融合是这一时期基础研究政策的特征之一。随着新一轮科技革命和产业变革的兴起，"中国制造 2025"、"互联网+"大数据等发展战略，正在推动网络和信息技术与其他领域的深度融合。这些战略的实施对科技创新提出了更高的要求。因此这一时期的基础研究政策，以创新驱动发展战略为引领，以突破重点领域和前沿技术为目标，推动我国基础研究发展。

聚类三：健全基础研究资助体系和管理体制。针对我国基础研究投入不足，分配不均的现实状况，这一时期的基础研究政策从体制的角度出发，建立多元化基础研究资助体系，多渠道增加基础研究投入，提高基础研究占全社会研发投入的比例。另外，政策聚焦于科研和学术环境，针对不同领域的基础研究项目，建立符合基础研究发展规律和个性化特点的评价机制。确立以创新价值和学术贡献度为核心的评价导向，使基础研究资助能够最大化地发挥作用。

参 考 文 献

曹希敬，袁志彬. 2019. 新中国成立 70 年来重要科技政策盘点[J]. 科技导报，（18）：20-30.

陈悦，陈超美，刘则渊，等. 2015. CiteSpace 知识图谱的方法论功能[J]. 科学学研究，33（2）：242-253.

陈祖芬. 2012. 探究《党政机关公文处理条例》和《党政机关公文格式》的新变化[J]. 档案学通讯，（5）：15-19.

丁潇君，房雅婷. 2019. "中国芯"扶持政策挖掘与量化评价研究[J]. 软科学，33（4）：34-39.

顾兵光. 2018. 基于文本量化分析的我国劳动关系政策演变研究[D]. 南京：南京信息工程大学.

郭本海，李军强，张笑腾. 2018. 政策协同对政策效力的影响——基于 227 项中国光伏产业政策的实证研究[J]. 科学学研究，36（5）：790-799.

胡峰，戚晓妮，汪晓燕. 2020. 基于 PMC 指数模型的机器人产业政策量化评价——以 8 项机器人产业政策情报为例[J]. 情报杂志，39（1）：121-129，161.

黄萃，苏竣，施丽萍，等. 2011. 政策工具视角的中国风能政策文本量化研究[J]. 科学学研究，29（6）：876-882，889.

李牧南. 2018. 技术预见研究热点的演进分析：内容挖掘视角[J]. 科研管理，（3）：141-153.

彭纪生，仲为国，孙文祥. 2008. 政策测量、政策协同演变与经济绩效：基于创新政策的实证研究[J]. 管理世界，（9）：25-36.

清华大学中国科技政策研究中心. 2018. 中国人工智能发展报告 2018[R/OL]. http://www.cbdio.com/BigData/2018-07/17/content_5767419.htm[2019-10-04].

苏新宁. 2018. 完善评价体系 推动科技创新[EB/OL]. http://edu.people.com.cn/n1/2018/0621/c1006-30070180.html[2019-10-04].

万钢. 2008. 中国科技改革开放 30 年[M]. 北京：科学出版社.

王帮俊，朱荣. 2019. 产学研协同创新政策效力与政策效果评估——基于中国 2006~2016 年政策文本的量化分析[J]. 软科学，33（3）：30-35，44.

王红. 2011. 基于共词分析法对近十年我国图情学研究热点的分析[J]. 情报杂志，（3）：59-64.

王曰芬. 2009. 文献计量法与内容分析法综合研究的方法论来源与依据[J]. 情报理论与实践，（2）：21-26.

王再进，田德录，刘辉. 2018. 区域全面创新改革试验评估框架和指标研究[J]. 中国科技论坛，（12）：44-51.

徐美宵，李辉. 2018. 北京市机动车污染防治政策效力评估——基于 2013—2017 年政策文本的量化分析[J]. 科学决策，（12）：74-90.

臧维，李甜甜，徐磊. 2018. 北京市众创空间扶持政策工具挖掘及量化评价研究[J]. 软科学，32（9）：56-61.

张永安，郄海拓. 2017. 国务院创新政策量化评价——基于 PMC 指数模型[J]. 科技进步与对策，34（17）：127-136.

赵筱媛，苏竣. 2007. 基于政策工具的公共科技政策分析框架研究[J]. 科学学研究，（1）：52-56.

朱明. 2011. 国内近十年图书馆管理研究领域的实证分析——基于关键词频次统计及共现分析[J]. 现代

情报，（5）：107-112.

Cohen M. 2006. Transforming Public Policy：Dynamics of Policy Entrepreneurship[M]. San Francisco：Jossey-Bass.

Estrada M A R. 2010. The policy modeling research consistency index（PMC-Index）[EB/OL]. https://www.researchgate.net/publication/228302925_The_Policy_Modeling_Research_Consistency_Index_PMC-Index[2019-08-01].

Estrada M A R. 2011. Policy modeling：definition，classification and evaluation[J]. Journal of Policy Modeling，33（4）：523-536.